Materialien für den Sekundarbereich II

Biologie

Lutz Hafner

Eckhard Philipp

Ökologie

Schroedel Schulbuchverlag

Materialien für den Sekundarbereich II

Biologie

Ökologie

Herausgegeben und bearbeitet von
Prof. Dr. Lutz Hafner, Berlin
Dr. Eckhard Philipp, Berlin
unter Mitarbeit der Verlagsredaktion

Titelfoto:
Euplotes (Ciliat) mit kleinem Ciliat, Unteransicht
Rasterelektronenmikroskopische Aufnahme
Foto: M. Kage, Schloß-Weißenstein

Zeichnungen:
Regina Brendel
Susanne Fischer
Liselotte Lüddecke

CHLORFREI
Gedruckt auf Papier, das nicht mit Chlor gebleicht wurde. Bei der Produktion entstehen keine chlorkohlenwasserstoffhaltigen Abwässer.

ISBN 3-507-**10519**-5

Druck A 10 9 8 /Jahr 1995 94 93 92

Alle Drucke der Serie A sind im Unterricht parallel verwendbar. Die letzte Zahl bezeichnet das Jahr dieses Druckes.

Satz: Con Composition, Berlin
Druck: Appl, Wemding

Inhaltsverzeichnis

1. Was ist Ökologie?

1.1. Einleitung 7
1.2. Von der Natur- zur Kulturlandschaft . 10

2. Abiotische Faktoren

2.1. Toleranzkurven 12
2.2. Umweltfaktor Wärme 14
2.2.1. Die Temperaturverhältnisse auf der Erde 14
2.2.2. Einfluß der Temperatur auf Tiere 16
Praktikum: Umweltfaktor Wärme 19
2.2.3. Einfluß der Temperatur auf Pflanzen 20
2.3. Umweltfaktor Licht 21
2.3.1. Einfluß des Lichts auf Tiere 21
2.3.2. Einfluß des Lichts auf Pflanzen . 22
2.4. Umweltfaktor Wasser 24
2.4.1. Wasserhaushalt der Tiere 24
2.4.2. Wasserhaushalt der Pflanzen ... 26
2.5. Wirkungsgesetz der Umweltfaktoren .. 30

3. Wechselbeziehungen zwischen Organismen 31

3.1. Intraspezifische Beziehungen 31
3.2. Interspezifische Beziehungen 32
3.2.1. Interspezifische Konkurrenz ... 32
3.2.2. Räuber-Beute-Beziehungen ... 33
3.2.3. Parasitismus 36
3.2.4. Symbiose 40

4. Populationsökologie 44

4.1. Wachstum einer Population 44
4.2. Altersstruktur von Populationen 47
4.3. Regulation der Populationsdichte 47

5. Wechselwirkungen zwischen abiotischen und biotischen Faktoren

5.1. Die ökologische Nische 50
5.2. Ökosystem Nakuru-See 52
5.3. Funktionelle Gliederung eines Ökosystems 55
5.4. Stoffwechsel der Produzenten – Photosynthese 56
Praktikum: Blattpigmente 58
Praktikum: Faktoren der Photosynthese 59
5.4.1. Energieumwandlung in der Lichtreaktion 60
5.4.2. Die lichtunabhängige Substanzumwandlung 62
5.4.3. C_4-Pflanzen 64

5.5. Stoffwechsel der Nichtproduzenten – Dissimilation 66
5.5.1. Gärungen – unvollständiger Substratabbau 66
5.5.2. Atmung – vollständiger Substratabbau 68
Praktikum: Gärung und Atmung 70
5.6. Energiefluß durch ein Ökosystem 71
5.7. Kreislauf der Stoffe 72
5.8. Produktivität und Stabilität von Ökosystemen 74

6. Ökosystem Wald 78
Praktikum: Wald 81
6.1. Bedeutung des Waldes 82
6.2. Waldsterben 84
Praktikum: Luftschadstoffe 85

7. Ökosystem Gewässer
7.1. Fließgewässer 90
7.1.1. Gliederung eines Fließgewässers 90
7.1.2. Lebensbedingungen und Lebewesen im Fließgewässer 92
7.1.3. Ökologische Folgen des Fließgewässerausbaus 94
7.1.4. Verschmutzung des Rheins 98
7.2. Verschmutzung der Nordsee 100
7.3. See 102
7.3.1. Gliederung eines Sees 102
7.3.2. Der See im Wechsel der Jahreszeiten 104
7.3.3. Nahrungsbeziehungen 106
7.3.4. Kreislauf der Stoffe im See 108
7.4. Eutrophierung der Gewässer 110
7.5. Vom See zum Moor 112
Praktikum: Gewässer 114
7.6. Wassernutzung 130
7.7. Abwasserreinigung 132

8. Wechselwirkungen zwischen Mensch und Umwelt
8.1. Belastung der Luft 134
8.1.1. Emission – Immission 135
8.1.2. Auswirkungen der Luftverschmutzung 136
8.1.3. Pflanzen als Bioindikatoren ... 138
8.1.4. Maßnahmen zur Luftreinhaltung 139
8.2. Belastung des Bodens 140
8.2.1. Aufbau des Bodens 140
Praktikum: Boden 141
8.2.2. Schadstoffe im Boden 142
8.2.3. Schadstoffe in der Nahrung 144
8.2.4. Probleme der Abfallbeseitigung 146
8.3. Schädlingsbekämpfung 148
8.3.1. Chemische Schädlingsbekämpfung 148

8.3.2. Schädlingsbekämpfungsprobleme 149
8.3.3. Biologische Schädlingsbekämpfung 150
8.3.4. Integrierter Pflanzenschutz 151
8.4. Naturschutz 152
8.4.1. Artenrückgang – Rote Liste ... 152
8.4.2. Biotopschutz und Rekultivierung 154
8.4.3. Naturschutzgesetze – Naturschutzgebiete 156

Register 158

Bildquellenverzeichnis

10.1.: Archiv für Kunst und Geschichte, Berlin; 27.1.A, 27.1.B: I.N.A. Lott, St. Louis (USA); 27.1.C: Hafner, Berlin; 34.1., 34.2.: PAYSAN, Stuttgart; 34.3.: Pfletschinger/Angermayer, Holzkirchen; 34.4.: Chrile/MAURITIUS, Mittenwald; 35. oben: PAYSAN, Stuttgart; 35. Mitte: Hafner, Berlin; 35. unten: Pfletschinger/Angermayer, Holzkirchen; 36.1.A: Narchin/SILVESTRIS, Kastl/Obb.; 36.1.B: Mehlhorn/Institut für Spezielle Zoologie und Parasitologie, Bochum; 37.1.: Greiner/PHOTO-CENTER, Braunschweig; 40.2.: Angermayer, Holzkirchen; 41.1.: Nittinger/XENIEL-DIA, Neuhausen; 42.1.: Angermayer, Holzkirchen; 42.2.: Camara Tres/MAURITIUS, Mittenwald; 42.3., 43.1.: Hafner, Berlin; 52.2., 52.3., 53.1.: Varechi, München; 58.2., 58.4., 59.2.: Hafner, Berlin; 59.4.: Tegen, Hambühren; 62.1.: Hafner, Berlin; 68.2.: Robinson/Lehrstuhl für Pflanzenphysiologie, Göttingen; 80.1.: Dierschke/Lehrstuhl für Geobotanik, Göttingen; 87.1., 88.1.–9.: Philipp, Berlin; 90.1.: Vidler/MAURITIUS, Mittenwald; 92.1.: ZEFA, Düsseldorf; 95.1., 96.1., 97.1.,97.5.: Philipp, Berlin; 102.1.: Lindenburger/SILVESTRIS, Kastl/Obb.; 112.1.: Wisniewski, Waltrop; 120.1.–7.: Kowalski, Berlin; 120.8.: ZEFA, Düsseldorf; 121.1., 122.5., 124.3.: Philipp, Berlin; 126.1., 127.3.: Tegen, Hambühren; 138.1.: Steubing, Gießen; 138.2., 138.3., 150.1.: Philipp, Berlin; 155.1.: Mehlig/MAURITIUS, Mittenwald; 155.2.: F.P.G./MAURITIUS, Mittenwald;

6.1. Räumliche Verteilung des Lebens in der Biosphäre

1. Was ist Ökologie?

1.1. Einleitung

Der Begriff Ökologie wurde schon vor rund 100 Jahren von dem Biologen Ernst HAECKEL geprägt. Er verstand darunter die Lehre vom Haushalt der Natur. Als ein Teilgebiet der Biologie wird die Aufgabenstellung der Ökologie heute wie folgt beschrieben: **Die Ökologie untersucht die Beziehungen der Lebewesen untereinander und zu ihrer abiotischen Umwelt.**

Unter Umwelt versteht man alle äußeren Einflüsse, die auf einen Organismus einwirken. Gehen diese Einflüsse von anderen Lebewesen aus, so spricht man von den **biotischen Umweltfaktoren.** So gehören z. B. Nahrungsbeziehungen zwischen den Lebewesen zu diesen Faktoren. Aber auch die unbelebte Umwelt beeinflußt das Gedeihen eines Organismus: Zu den **abiotischen Faktoren** zählen Wärme, Licht, Wasser und andere chemisch-physikalische Bedingungen des Lebensraumes.

Die biotische Umwelt eines Wasserfrosches z. B. besteht aus Artgenossen, aus Beuteorganismen wie Insekten und Würmern, aus Freßfeinden wie Reiher und Ringelnatter, aber auch aus Pflanzen seines Lebensraumes. Die Gesamtheit aller in einem geographisch abgrenzbaren Raum vorkommenden Organismen bilden eine **Biozönose** oder *Lebensgemeinschaft*. In ihr sind die Lebewesen durch vielfältige Wechselbeziehungen voneinander abhängig. Der räumlich abgrenzbare Lebensbereich einer Biozönose wird **Biotop** genannt. Er bedingt die abiotischen Umweltfaktoren, die sich aus Klima, Boden- und Wasserbeschaffenheit und Oberflächengestalt des Lebensraumes ergeben. Biozönose und Biotop bilden eine funktionelle Einheit, das **Ökosystem.** Die Gesamtheit aller Ökosysteme der Erde ergibt die **Biosphäre.**

Das Zusammenwirken der Umweltfaktoren ist heute in fast allen Ökosystemen durch menschliche Eingriffe stark gestört.

Autökologie – Populationsökologie – Synökologie

Die Untersuchung der Wechselbeziehungen zwischen Lebewesen und ihrer Umwelt kann auf unterschiedlichen Stufen erfolgen. Die **Autökologie** betrachtet die einzelne Organismenart und beschreibt den Einfluß der auf sie einwirkenden Faktoren. Während autökologische Untersuchungen Individuen zum Gegenstand haben, befaßt sich die **Populationsökologie** mit den Umweltbeziehungen von Populationen. Dabei ist eine Population die Gesamtheit aller Angehörigen einer Art, die in einem bestimmten Gebiet vorkommen. Die komplexeste Fragestellung beinhaltet die **Synökologie,** die Lebensgemeinschaften untersucht. Um aber synökologische Aussagen zu erhalten, wird man zunächst immer die Ökologie einzelner Arten untersuchen müssen.

Grenzen der Biosphäre

Die Grenzen der Biosphäre können nicht exakt angegeben werden. Ihre Ausdehnung läßt sich aber etwa an dem Vorkommen von Lebewesen an extremen Standorten ablesen. In der Lufthülle der Erde, der **Atmosphäre,** wird das Auftreten von Leben nach oben durch Kälte, UV-Strahlung und Sauerstoffmangel begrenzt. Vögel fliegen bis zu 5000 m hoch. Dauerformen von Einzellern hat man bis zu 18 km Höhe gefunden. In das Erdreich, in die **Lithosphäre,** dringen Organismen nur wenige Meter tief vor. Erdölbakterien treten jedoch in 4000 m Tiefe auf. Der Lebensraum Wasser, die **Hydrosphäre,** wird in seiner gesamten Ausdehnung belebt. Auch in 10000 m Meerestiefe trifft man z. B. Tiefseefische mit besonderen Leuchtorganen an.

Geschichte eines Tales im deutschen Mittelgebirge

Um 700 n. Chr. Der Fluß führt sauberes Wasser und sucht sich selbständig sein Bett. Er wird für den Fischfang genutzt. Der Wald dient den Menschen einer kleinen Siedlung zur Ernährung (Beeren, Pilze, Jagd), als Holzlieferant (Hausbau, Brennmaterial) und für die Viehmast.

Um 1400 n. Chr. Aus dem Fluß sind Hindernisse entfernt worden, um die Flößerei zu erleichtern. Große Teile des Waldes sind gerodet. Die Feldwirtschaft beansprucht große Flächen und bestimmt wesentlich das siedlungsnahe Landschaftsbild. Zentraler Punkt der Siedlung ist die Kirche.

Um 1800 nach Chr. Am Fluß werden erste Regulierungen vorgenommen. Der Laubwald ist übernutzt, was eine Verarmung des Bodens bewirkt. Erste Nadelholzkulturen werden angelegt. Die landwirtschaftliche Nutzfläche hat erheblich zugenommen. Eine Brücke verbindet das Dorf mit dem anderen Ufer.

Heute. Der Fluß ist begradigt und führt Industrieabwässer. Der siedlungsnahe Wald einschließlich des artenreichen Auenwaldes ist verschwunden. Der sonstige Wald besteht nur noch aus Nadelholzforsten. Die Stadt hat sich ausgebreitet; betonierte Verkehrswege und Schneisen zerschneiden die Landschaft.

A 10.1. Die Abbildung zeigt das Bild „März“ von den Brüdern von Limburg um 1416. Werten Sie das Bild aus, indem Sie auf Formen der Landwirtschaft dieser Zeit schließen. Schildern Sie die weitere Entwicklung der Landwirtschaft unter Einbeziehung der Abb. 11.1.!

A 10.2. Auf den Seiten 8 und 9 ist das Aussehen eines Waldtales in vier verschiedenen Phasen der Kulturlandschaftsentwicklung rekonstruiert worden. Ordnen Sie durch Auswertung des Dargestellten die vier Stadien den im nebenstehenden Text beschriebenen Epochen zu.

Brachewirtschaft	Fruchtwechselwirtschaft	
Dreifelderwirtschaft	Verbesserte Dreifelderwirtschaft	Moderne Vierfelderwirtschaft
Getreide	Getreide	Getreide
Getreide	Getreide	Hackfrucht
Brache ↓	Hackfrucht ↓	Getreide
		Hackfrucht ↓
Mittelalter	ab 18. Jh.	ab 19. Jh.

10.3. Verschiedene Fruchtfolgen in der Geschichte des Landbaus

1.2. Von der Natur- zur Kulturlandschaft

Das Bild, das die Oberfläche Mitteleuropas heute bietet, ist das einer Kulturlandschaft: Die **Kulturlandschaft** ist ein Lebensraum, der erst durch das Einwirken des Menschen entstanden ist. Tatsächlich gibt es bei uns kein Stück der Erdoberfläche mehr, das Landschaft noch in ihrem Naturzustand zeigt.

Unmittelbar nach Rückzug des Inlandeises der letzten Eiszeit vor rund 10000 Jahren war der Mensch wieder nach Mitteleuropa vorgedrungen. Er lebte als *Jäger* und *Sammler* und dürfte die Entstehung einer **Naturlandschaft** kaum nachhaltig gestört haben. Man schätzt, daß der maximale Waldanteil der Nacheiszeit bei 95% lag.
Mit dem *Seßhaftwerden* des Steinzeitmenschen trat ein erster Wandel von der Natur- zur **Agrarlandschaft** ein. Die Bauern dieser Zeit trieben in den fruchtbaren Lößgebieten Ackerbau und züchteten Rinder, Schweine, Ziegen und Schafe. Das Vieh weidete dabei in den gelichteten Laubwäldern. Der Ulmenrückgang um 3000 v. Chr. wird auf die Nutzung abgeschnittener Ulmenzweige als Viehfutter zurückgeführt. Die Ausbreitung der Eiche wurde gefördert, da man Eicheln zur Schweinemast verwendete.

Die nachfolgende Zeit war durch verbesserte landwirtschaftliche Bearbeitungsmethoden gekennzeichnet, da jetzt Eisengeräte zur Verfügung standen. Ab 800 n. Chr. nahm die Bevölkerung stark zu, die landwirtschaftliche Nutzfläche wurde durch Rodungen ausgeweitet. Im Mittelalter herrschte dann die **Dreifelderwirtschaft** (Wintergetreide, Sommergetreide, Brache) vor; der Wald wurde als Weide und Holzlieferant stark genutzt. Um 1300 hatte die landwirtschaftliche Nutzfläche in Mitteleuropa ihre größte Ausdehnung. Der Waldanteil lag ähnlich wie heute bei nur 30%. Danach nahm die Bewaldung allerdings aus verschiedenen Gründen wieder zu (Bevölkerungsrückgang durch Pestepidemien und Kriege, Klimaverschlechterung). Im 16. Jahrhundert begannen erste Aufforstungen mit Nadelhölzern.
Nach dem dreißigjährigen Krieg wurde die landwirtschaftliche Nutzfläche noch einmal stark erweitert, diesmal durch Entwässerung großer Feuchtgebiete (Moore Norddeutschlands, „Brüche“ der Flußgebiete). In der verbesserten Dreifelderwirtschaft wurde die Brache durch den Hackfruchtanbau (zunächst Futterrüben und Kartoffeln) ersetzt.

Wurde die Kulturlandschaft über Jahrhunderte hinweg durch die Landwirtschaft geprägt, so brachte gegen Ende des 18. Jahrhunderts die **erste industrielle Revolution** andersartige Umweltveränderungen. Es entstanden große Industrieanlagen in den Kohlegebieten und an den Wasserläufen. Eine erste Belastung von Luft und Wasser setzte ein. Gleichzeitig nahm die *Verstädterung* stark zu. Die Landwirtschaft war durch Mineraldüngereinsatz und eine zunehmende Mechanisierung gekennzeichnet. Eine wesentliche, bis in die aktuelle Umweltdiskussion hineinreichende technische Neuerung war die Erfindung des Benzinmotors 1883: Vermutlich haben die Produktion und die Benutzung von Kraftwagen zu den einschneidensten Veränderungen von Gesellschaft und Umwelt geführt.

Insgesamt hat die Industrialisierung
- eine Umstrukturierung der Gesellschaft mit den Umwelt-, Wirtschafts- und Freizeitproblemen der Industriestaaten bewirkt,
- in Mitteleuropa das Ernährungsproblem gelöst,
- einen Landschaftswandel bewirkt, der mit einer Vernichtung von Arten und naturnahen Lebensräumen in einem nie dagewesenen Ausmaße einhergeht.

Die Tendenzen sind dabei durch die nach dem 2. Weltkrieg einsetzende **zweite industrielle Revolution** verstärkt worden. Diese brachte neue Technologien wie die Automation und die Kernenergie. Als Folge von Fortschritten in Wissenschaft und Technik kam es zu einer weiteren Konzentration von Industrie und Gewerbe. Diese *Verdichtungsgebiete* sind durch leistungsfähige Verkehrswege verbunden. In der Bundesrepublik Deutschland gehen z. B. durch Bebauung jährlich 0,25% landwirtschaftlicher Nutzfläche verloren. Die Entwicklung der Landwirtschaft in der Nachkriegszeit ist durch Flurbereinigungsmaßnahmen, einen zunehmenden Düngereinsatz, einen seit 1950 ansteigenden Einsatz von Pestiziden und eine wachsende Produktivität gekennzeichnet.

Die landwirtschaftlich und industriell-städtisch geprägten Gebiete sind Lebensräume für viele Organismenarten, die den Wandel von der Natur- zur Kulturlandschaft bis heute überlebt haben. Nur durch diese Organismen ist Leben auf der Erde und damit die Existenz des Menschen gewährleistet. Es ist daher unumgänglich, das Zeitalter der „Neotechnik" mit dem Ziel eines umfassenden Schutzes der Umwelt zu verbinden.

	1881	1913	1950	1981
Landwirtschaftlich genutzte Fläche in ha je Einwohner	0,78	0,50	0,29	0,20
Ernährte Personen pro Landwirt	4,00	5,00 (1900)	11,00	43,00
Jährliche Stallmistdüngung in t/ha	2,20	4,50	6,70	8,00
Jährliche Mineraldüngung in kg Reinnährstoffen pro ha	2,50	35,00	103,00	270,00
Weizenertrag in t/ha	1,20	2,10	2,60	5,00
Zuckerrübenertrag in t/ha	22,00	27,00	36,00	48,00

11.1. Die Entwicklung der Landwirtschaft während der letzten 100 Jahre

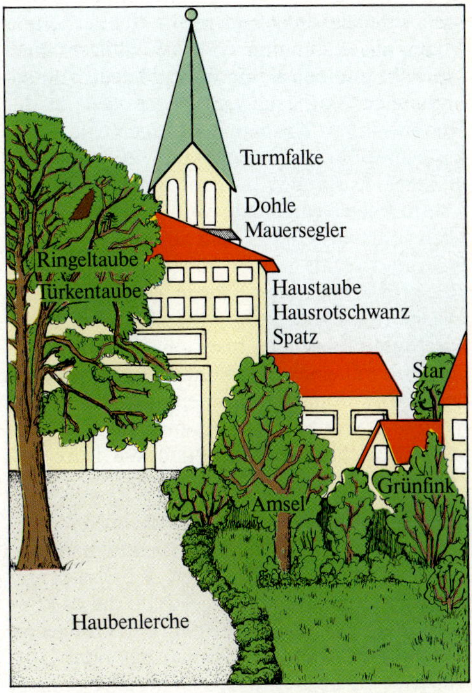

11.2. Die Stadt als Lebensraum. Die Nistplätze verschiedener Vogelarten

2. Abiotische Umweltfaktoren

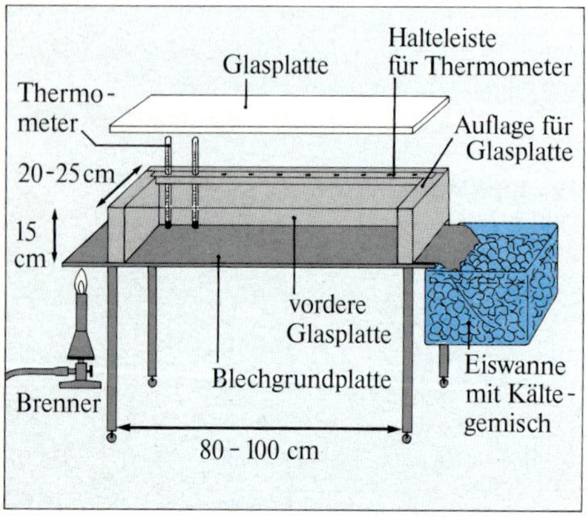

V 12.1. **Bau einer Temperaturorgel**

Der etwa 15 cm hohe Rahmen besteht aus drei Holzseiten, während die Front mit einer Glasscheibe versehen wird. An die Rahmenunterseite wird ein links und rechts überstehender Boden aus Aluminium- oder Weißblech angeschraubt und der rechte überstehende Teil gemäß obiger Skizze nach unten gebogen. An der Rückwand des Kastens wird innen eine Holzleiste mit Bohrungen angebracht, in die in regelmäßigen Abständen bis zum Boden reichende Thermometer eingesetzt werden. Der Meßbereich sollte zwischen 0° und 80 °C liegen. Auch links und rechts werden innen Holzleisten so angebracht, daß der Kasten oben mit einer Glasplatte abgedeckt werden kann (bei Laufkäfern und fliegenden Insekten). Der Blechboden wird mit einer 1 cm hohen Sandschicht bedeckt (bei Bodenorganismen wie Regenwürmern und Schnurfüßern nimmt man eine 5 cm starke Schicht vom Boden, dem die Tiere entnommen wurden).

Zur Ermittlung einer *Temperaturtoleranz-Kurve* wird mit Hilfe eines Gasbrenners und eines Kältegemisches (Eis und Kochsalz) ein Temperaturgefälle erzeugt. Sobald dieses konstant ist, setzt man die Testtiere ein. Gut geeignet sind z. B. Ameisen, Mehlwürmer oder Grillen. Hier verwendet man eine größere Anzahl von Individuen und zählt die Tiere auf den einzelnen Temperaturfeldern aus.

2.1. Toleranzkurven

Alle Lebensprozesse beruhen auf dem Ablauf von chemischen Reaktionen. Diese wiederum erfordern bestimmte Temperaturbedingungen, so daß Wärme für jeden Organismus lebensnotwendig ist. Die Ansprüche an die Temperaturbedingungen der Umwelt können jedoch von Organismenart zu Organismenart ganz unterschiedlich sein.

Im Laborexperiment untersucht man den Einfluß der Temperaturen z. B. mit der sogenannten *Temperaturorgel.* Eine solche Apparatur besitzt eine Fläche, auf der ein Temperaturgefälle von etwa 0 Grad bis 60 Grad Celsius herrscht. Setzt man nun eine größere Anzahl von z. B. Ameisen auf eine beheizte Temperaturorgel, so macht man folgende Beobachtung: Die Tiere verteilen sich auf der Fläche nicht gleichmäßig, sondern sammeln sich um einen Temperaturbereich – er liegt hier bei 27 Grad Celsius – herum an. Man bezeichnet diesen bevorzugten Bereich als das **Präferendum** oder den **Vorzugsbereich,** den für die Organismenart günstigsten Wert als das **Optimum.**

Grundsätzlich gibt es für jeden Umweltfaktor einen für eine bestimmte Organismenart optimalen Wert. Höhere und niedrigere Werte als im Vorzugsbereich bedeuten eine Verschlechterung der Lebensbedingungen. Schließlich werden nach oben und nach unten Grenzwerte erreicht, jenseits von denen die Umwelt für den Organismus lebensfeindlich und schließlich lebensbedrohend ist. Diese Grenzwerte werden **Maximum** und **Minimum** genannt. Sie begrenzen den Toleranzbereich einer Organismenart in bezug auf einen bestimmten Umweltfaktor. *Minimum, Optimum* und *Maximum* sind die charakteristischen Punkte der Toleranzkurven, die man z. B. mit Hilfe der Temperaturorgel für die Temperatur experimentell bestimmen kann.
Vorzugs- und Toleranzbereich können aber z. B. auch aus der geographischen Verbreitung eines Organismus abgeleitet werden. Weltweit in den ver-

schiedenen Klimazonen vorkommende Tiere haben einen in bezug auf die **Temperatur** und vermutlich auch auf andere Faktoren weiten Toleranzbereich. So trifft man z. B. die *Purpurseerose (Actinia equina)* an den Küsten sämtlicher Weltmeere an. Man bezeichnet solche Organismenarten als **euryök.** Zeigt eine Art dagegen einen engen Toleranzbereich, so nennt man sie **stenök.** So gedeiht die *Schneealge (Chlamydomonas nivalis)* nur bei Temperaturen um 0 Grad Celsius. Sie ruft dann durch ihr massenhaftes Vorkommen und durch ihre rötliche Färbung den ‚roten Schnee' im Hochgebirge und in den arktischen Schneefeldern hervor. Die Temperatur ist ein Beispiel für einen abiotischen Umweltfaktor.

Auch hinsichtlich biotischer Faktoren zeigen Organismen einen unterschiedlichen Toleranzbereich. So sind z. B. Tiere wie Schwein und Ratte typische *Allesfresser*. Ihr Toleranzbereich für den Faktor Nahrung ist breit. Der Koala Australiens dagegen ist ein *Nahrungsspezialist;* er frißt nur Blätter weniger Eukalyptusarten.

Generell lassen sich für die verschiedensten Umweltfaktoren Toleranzkurven aufstellen. Dabei kann ein Organismus für den einen Faktor eine breite Toleranz zeigen, für einen anderen Faktor aber durchaus stenök sein. So zeigt die oben erwähnte Purpurseerose eine große **Temperaturtoleranz.** Auch Schwankungen des Wasserspiegels und des Salzgehaltes verträgt sie gut. Dem Faktor Wassertiefe gegenüber ist sie jedoch empfindlicher: Sie kommt – vermutlich aufgrund ihres Nahrungsbedarfes – nur bis zu wenigen Metern Tiefe vor.

Die spezifische Art, wie ein Organismus auf einen Umweltfaktor reagiert, ist angeboren. Man nennt dies die **Reaktionsnorm** einer Art. Sie bestimmt, daß z. B. die *Bettwanze* (Cimex lectularius) ihr *Temperaturoptimum* bei 27 Grad Celsius hat. Die Vorzugstemperatur für den tropischen *Prachtkäfer (Anthaxia moris)* ist dagegen genetisch auf 46 Grad Celsius festgelegt. Auch Entwicklungsstadien der Organismen zeigen angeborene Reaktionsnormen gegenüber Umweltbedingungen. So sind z. B. die Ansprüche der Eier des *Kiefernspanners* an die Feuchtigkeitsbedingungen recht unspezifisch. Die Weiterentwicklung setzt hier nur aus, wenn extrem feuchte oder auch extrem trockene Bedingungen herrschen. Eine schadenfreie Entwicklung der Eier des *Maikäfers* dagegen erfolgt nur bei sehr hoher Luftfeuchtigkeit in den Bodenzwischenräumen.

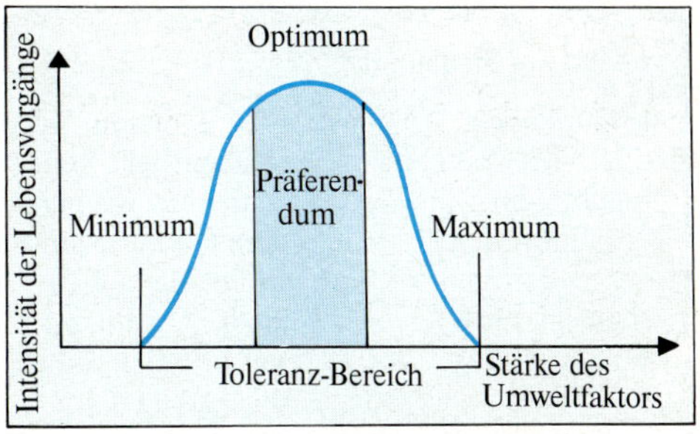

13.1. Toleranzkurve (Allgemeines Schema)

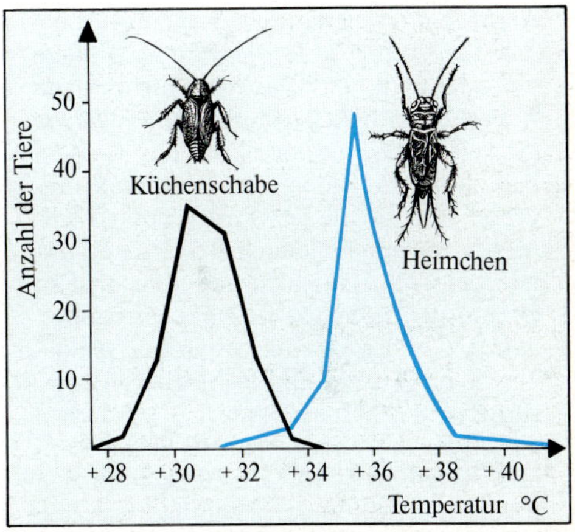

13.2. Temperatur-Toleranzkurven

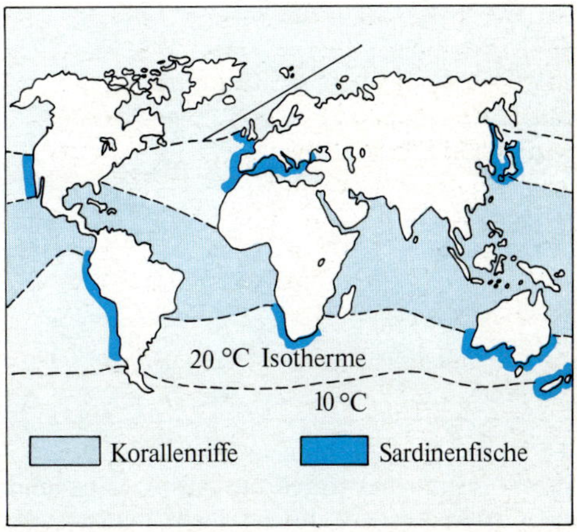

13.3. Verbreitung der Riffkorallen und der Sardinenfische in Abhängigkeit von der Wassertemperatur

Leben am Siedepunkt

In Gebieten, in denen das Trinkwasser durch Krankheitserreger eventuell verseucht sein könnte, soll man das Wasser vor Gebrauch abkochen. Die Erreger werden in der Siedehitze abgetötet. Beim Tauchen im Mittelmeer hat ein Regensburger Wissenschaftler vor kurzem in etwa 10 m Tiefe Bakterien entdeckt, die dort in 103 °C heißem Wasser leben, das vom vulkanischem Untergrund aufgeheizt wird. Der Wasserdruck verhindert dabei ein Kochen des Wassers. Wie überstehen diese Organismen die Siedehitze? Eine nähere Untersuchung ergab, daß es sich um sogenannte **Archaebakterien** handelt. Von allen anderen Lebewesen unterscheiden sich diese u.a. dadurch, daß ihre Zellmembranen Fettstoffe enthalten, die eine *Etherbindung* aufweisen. Die Zellmembran der Archaebakterien wird zudem von einer Hülle umgeben, die so aussieht wie andere Zellwände. Sie besteht jedoch aus „Pseudomurein", einer Substanz, die nirgends sonst im Organismenreich auftritt. Man vermutet, daß u.a. diese Strukturbesonderheiten, aber auch ganz spezifische Stoffwechselleistungen, den Archaebakterien ein Leben am Siedepunkt ermöglichen. Es wird angenommen, daß die Archaebakterien sich schon sehr früh in der Evolution von den anderen Organismen abgespalten haben und sich in heißen Biotopen bis heute konkurrenzlos als Arten erhalten haben.

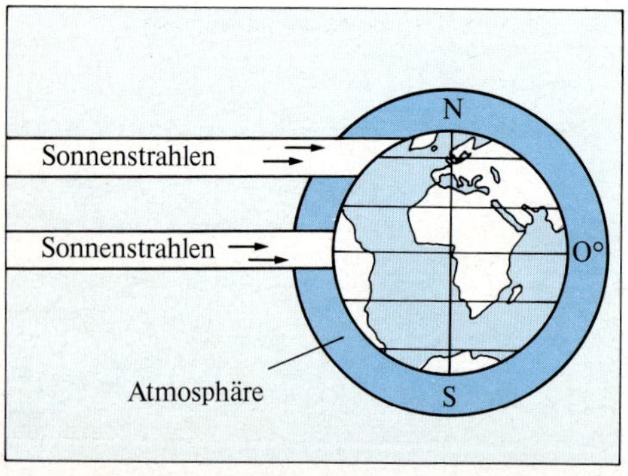

14.1. Der Weg der Sonnenstrahlen. Die Strecke des Sonnenlichtes durch die Atmosphäre und die Größe der bestrahlten Fläche hängen von der geographischen Breite ab. (Der Einfallswinkel der Strahlen entspricht den Verhältnissen am 21. März.)

2.2. Umweltfaktor Wärme

An manchen Stellen des Meeresbodens heizen unterseeische Vulkane das Wasser auf Temperaturen von 103 °C auf. In diesem heißen Wasser wurden vor kurzem Bakterien entdeckt; diese sind *hitzeliebend (thermophil)* und gedeihen erst bei über 80 °C optimal. Für die überwiegende Zahl der anderen Organismen jedoch liegt das Temperaturmaximum bei 50 °C. Dieser Wert ergibt sich aus der Hitzeempfindlichkeit der Körperproteine, die sich bei höheren Temperaturen strukturell verändern und dabei ihre biologische Aktivität verlieren. Nach unten ist die Lebensfähigkeit für viele Organismen durch den Gefrierpunkt des Wassers (0 °C), begrenzt. Aber auch die Zone des ewigen Eises, die Polargebiete, sind belebt; die Organismen besitzen hier verschiedene Mechanismen der Anpassung an tiefe Temperaturen. Eine erstaunliche **Kälteresistenz** zeigen die Dauerstadien der Bärtierchen. Sie überstehen einen 20minütigen Aufenthalt in flüssiger Luft bei –200 °C. Jedoch treten derartige Extremtemperaturen in den bodennahen Luftschichten nicht auf. Als tiefste Temperatur wurden fast –90 °C in der Antarktis ermittelt. Die höchsten gemessenen Temperaturen in den Wüsten Nordafrikas, Mexikos und Kaliforniens lagen bei 58 °C.

2.2.1. Die Temperaturverhältnisse auf der Erde

Ausreichende Wärme ist eine notwendige Voraussetzung für den Ablauf von Lebensprozessen. Als entscheidende Wärmequelle steht den Organismen die Sonneneinstrahlung zur Verfügung. Daneben spielt für die Lebewesen die Produktion von Eigenwärme durch Stoffwechselprozesse eine wichtige Rolle.

In jeder Minute trifft Sonnenstrahlung in der Größenordnung von rund 8 Joule pro cm^2, **Solarkonstante** genannt, auf die äußerste Schicht der Lufthülle der Erde. Von dieser Energiemenge erreichen nur etwa 43% als **Globalstrahlung** die Erdoberfläche. Ein Teil dieser Strahlung wird von der Oberfläche reflektiert. Die übrige Strahlungsenergie wird vom Boden und vom Wasser als Wärme absorbiert. Die Menge der tatsächlich absorbierten Sonnenenergie hängt von der Beschaffenheit der Oberfläche ab. Während eine Schneedecke bis zu 95% der Strahlung reflektiert, setzt ein dunkler Ackerboden an die 90% der auftretenden Sonnenenergie in Wärme um. Ein Teil der aufgenommenen Wärmeenergie wird in tiefere Bodenschichten abgeleitet. Die nicht abgeleitete Wärme wird auf drei Wegen verbraucht:

- Die Erdoberfläche gibt ständig **Wärme** an die Luft ab. Die Luft wird dadurch spezifisch leichter und steigt nach oben. Die Erwärmung der bodennahen Atmosphäre erfolgt daher hauptsächlich von unten her.
- Die **Verdunstung von Wasser** verbraucht Wärmeenergie. Etwa 1/4 der auftreffenden Sonnenstrahlung wird hierzu verbraucht.
- Von der Erdoberfläche her erfolgt eine **Ausstrahlung** von Wärme in die Atmosphäre. Allerdings wird ein Teil dieser ausgestrahlten Energie als *Gegenstrahlung* von den Luftschichten wieder zurückgeworfen.

Nun sind die Temperaturverhältnisse auf der Erde recht unterschiedlich. Die Strahlungsversorgung eines Ortes hängt von der geographischen Breite, der Meereshöhe, der Geländegestaltung und der Häufigkeit der Bewölkung ab. Der Einfluß der geographischen Breite ergibt sich aus der Krümmung der Erdoberfläche. Zu den Polen hin wird die von der gleichen Energiemenge bestrahlte Fläche größer; gleichzeitig verlängert sich auch der Weg der Sonnenstrahlen durch die Atmosphäre. Vom Äquator zum Norden und Süden hin ist daher eine Abnahme der Globalstrahlung und ein entsprechendes Absinken der durchschnittlichen Temperaturen festzustellen. Um die verschiedenen Landregionen zu vergleichen, reduziert man die durchschnittlichen Temperaturen auf das Meeresniveau. Es zeigt sich dann, daß aufgrund der größeren Landmasse die Nordhalbkugel stärker erwärmt wird als die Südhalbkugel. Der sogenannte *thermische Äquator,* der die heißesten Stellen der Erde miteinander verbindet, liegt daher nördlich des 0 Breitengrades.

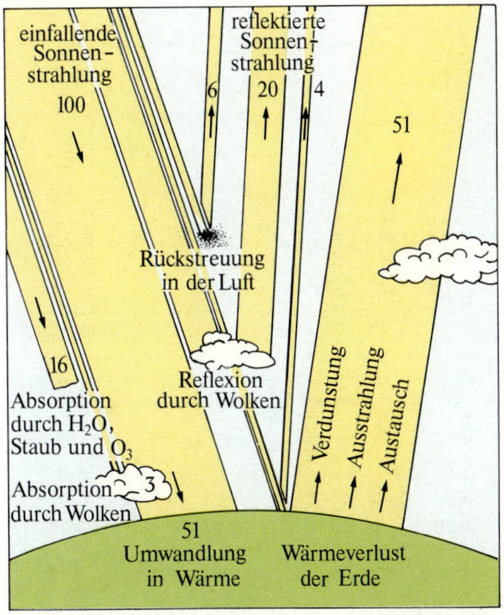

15.2. Strahlungsverhältnisse und Wärmeumsatz an der Erdoberfläche

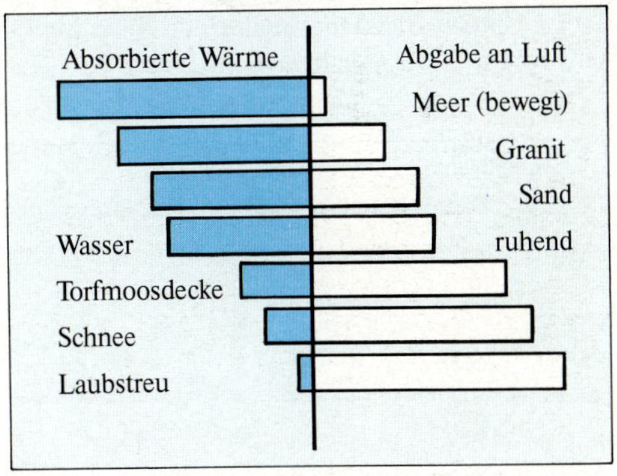

15.3. Wärmeabsorption und -reflexion

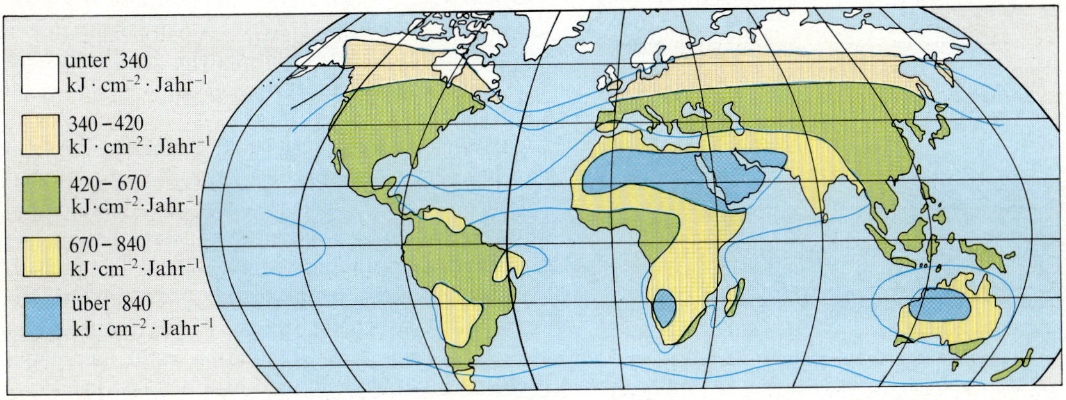

15.1. Jährliche Sonneneinstrahlung auf der Erdoberfläche

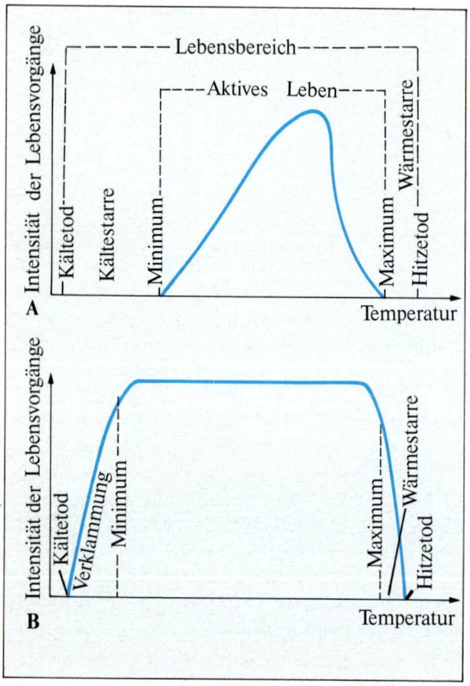

16.1. Temperatur-Toleranzkurven A bei wechselwarmen, **B** bei gleichwarmen Tieren

16.2. Temperaturregulierendes Verhalten eines wechselwarmen Tieres (Beispiel: Australische Agame *Amphibolurus ornatus*)

2.2.2. Einfluß der Temperatur auf Tiere

Wechselwarme Tiere. Tiere wie Eisbären und Pinguine kommen in den kalten Polargebieten vor, nicht aber Amphibien und Reptilien. Die letztgenannten Gruppen gehören nämlich zu den wechselwarmen (poikilothermen) Tieren. Bei diesen schwankt die Körpertemperatur mit der Umgebungstemperatur.

Ein wechselwarmes Tier unseres heimischen Lebensraumes ist z. B. die *Zauneidechse*. Sie verläßt ihr nächtliches Versteck am frühen Morgen und beginnt mit dem ‚Sonnenbaden'. Durch die Sonneneinstrahlung steigt die Körpertemperatur und damit auch die Aktivität des Tieres, und die Echse beginnt mit der Nahrungssuche. Die Vorzugstemperatur der Eidechse liegt bei 39 °C. Steigt die Außentemperatur weiter an, so zieht sich die Eidechse in den Schatten zurück. Eine stärkere Aufheizung des Tieres würde nämlich zum **Hitzetod** führen.

Das Beispiel der Zauneidechse zeigt, daß wechselwarme Tiere ihre Körpertemperatur durch Verhaltensmuster regulieren können. Dies bezieht sich auch auf die Formen des Überwinterns. Sinken im Herbst die Außentemperaturen, so fehlen der Echse Aufwärmmöglichkeiten und ihre Körpertemperatur sinkt unter einen kritischen Wert. Bei der Eidechse tritt die reversible **Kältestarre** ein. In diesem Zustand überwintert sie in einem möglichst kältegeschützten Unterschlupf. Ist das Winterquartier allerdings nicht frostsicher, erniedrigt sich die Körpertemperatur der Zauneidechse noch weiter, und es tritt dann der **Kältetod** ein.

Die Kälteempfindlichkeit wechselwarmer Tiere ist unterschiedlich. Viele Bodentiere wie z. B. Regenwürmer werden schon bei Temperaturen oberhalb des Gefrierpunktes geschädigt. Andere dagegen zeigen eine erstaunliche **Kälteresistenz.** So überdauern z. B. manche Insekteneier bei –30 °C.

Gleichwarme Tiere. Vögel und Säugetiere können ihre Körpertemperatur – sie kann je nach Art zwischen 36 °C und 40 °C liegen – von der Außentemperatur weitgehend unabhängig konstant halten. Sie sind gleichwarm (homoiotherm). Diese Tiere haben eine starke Wärmeproduktion und verfügen über leistungsfähige Mechanismen zur Temperaturregulation. Nur wenn diese Regulation nicht mehr ausreicht und die Körpertemperatur auf 20 ° bis 15 °C absinkt, tritt bei den gleichwarmen Tieren der *Kälte-*

tod ein. Eine Ausnahme machen hier allerdings Tiere, die in einem besonderen Ruhestadium bei sehr niedrigen Körpertemperaturen überwintern.

Winterruhe/Winterschlaf. Die Körperwärme der gleichwarmen Tiere wird durch energiefreisetzende biochemische Reaktionen produziert. Die Stoffwechselintensität und damit auch der Nahrungsbedarf ist daher entsprechend hoch. Für viele Tiere unseres gemäßigten Klimas bedeutet die kalte Jahreszeit, daß bei zunehmendem Wärmebedarf gleichzeitig eine Verarmung des Nahrungsangebots eintritt. Bei verschiedenen Säugetieren der winterkalten Region tritt in der ungünstigen Jahreszeit ein Ruhezustand ein, der durch einen geringen Energiebedarf gekennzeichnet ist. Dabei ist die **Winterruhe** von Eichhörnchen, Dachs und Bären durch einen Schlaf von besonderer Tiefe und Länge gekennzeichnet. Die Körpertemperatur ist nur um wenige Grade herabgesetzt. Die Tiere wachen während des Winters mehrfach auf, um z.B. aus angelegten Vorräten oder durch Jagd Nahrung zu sich zunehmen.

Unter den einheimischen Tieren halten z.B. Igel, Hamster, Murmeltiere und Fledermäuse einen **Winterschlaf.** Hierunter versteht man einen besonderen Ruhezustand gleichwarmer Tiere, bei dem die Körpertemperatur auf Werte um 5 °C herabgesetzt ist. Alle Lebensfunktionen sind auf ein Minimum reduziert, die Atmungs- und Herzschlagfrequenz ist stark verringert. Der Energieumsatz während des Winterschlafs liegt bei etwa 10% des normalen Grundumsatzes.

Die Bereitschaft zum Winterschlaf wird durch die jahreszeitlich bedingte Abnahme der Tageslänge bewirkt. Es erfolgt eine hormonelle Umstellung, und die Tiere legen sich durch gesteigerte Nahrungsaufnahme ein Fettdepot zu. Für den Eintritt des Winterschlafs sind dann die Abnahme der Tageslänge und eine artspezifische kritische Außentemperatur verantwortlich. Das Erwachen aus dem Winterschlaf beruht ebenfalls auf einem Zusammenspiel von inneren und äußeren Faktoren. Es beginnt mit erhöhter Atmung und intensiver Wärmeproduktion. Bei Erreichen der normalen Körpertemperatur setzt dann Bewegungsaktivität ein. Auch während des Winters können Winterschläfer erwachen, so z.B., wenn sie durch Berührungsreize gestört werden. Auch ein Kältereiz – das Absinken der Körpertemperatur auf fast 0°C – wirkt als ‚Alarmsignal', und die Tiere erwachen.

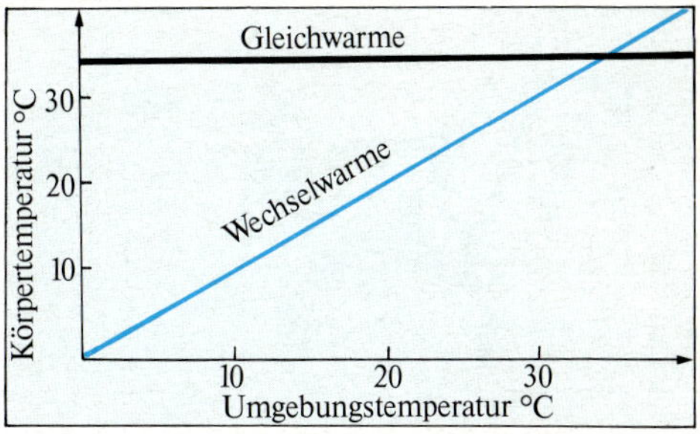

17.1. Körper- und Umgebungstemperatur bei gleich- und wechselwarmen Tieren

A 17.2. Wechselwarme Landwirbeltiere kommen nur in wenigen Ausnahmen in den kalten Gebieten vor. Von den Reptilien dringen z.B. die Kreuzotter und die Bergeidechse bis in die südliche Arktis vor. Beide Arten zeigen folgende Gemeinsamkeiten:
- Sie bringen lebende Junge zur Welt.
- Die Exemplare in den nördlichen Regionen sind deutlich dunkler gefärbt als etwa die Tiere in unseren Breiten.

Erläutern Sie, inwieweit diese beiden Eigenschaften eine Anpassung an einen kalten Lebensraum bedeuten.

Winterschläfer	**Herzschläge** pro Minute		**Atemzüge** pro Minute	
	wach	schlafend	wach	schlafend
Murmeltier	80	5	30	0,2
Igel	bis 320	bis 21	bis 50	bis 1
Ziesel	bis 378	bis 5	bis 200	bis 4

17.3. Erwachen aus dem Winterschlaf (Herzschläge und Atemfrequenz)

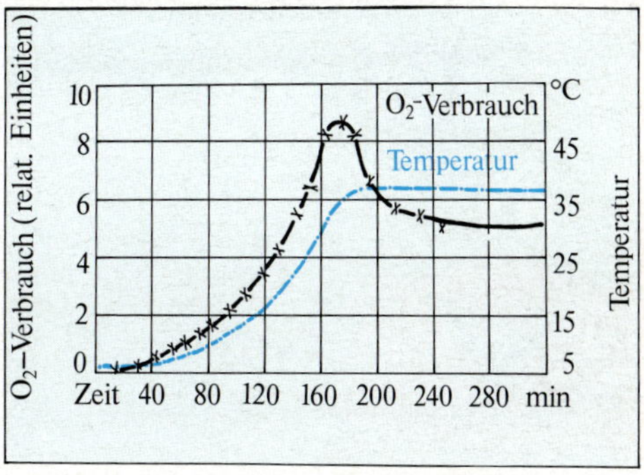

17.4. Erwachen aus dem Winterschlaf: Beispiel Hamster (Körpertemperatur und O_2-Verbrauch)

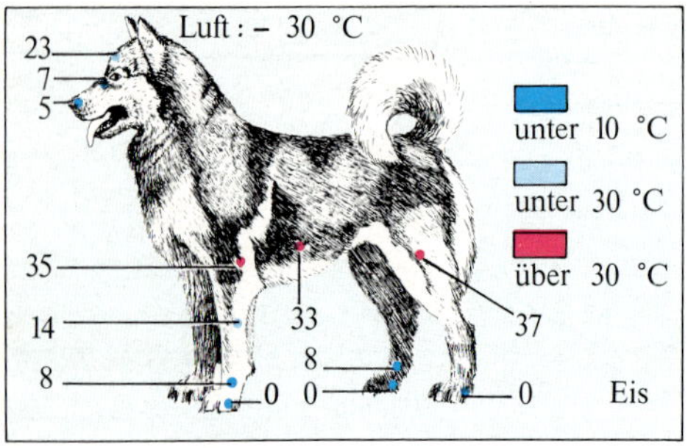

18.1. Körpertemperatur beim Eskimohund

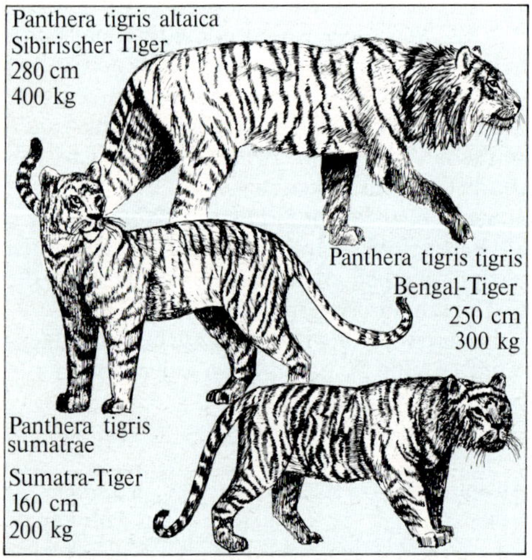

18.2. BERGMANNsche Regel. Drei Tiger-Unterarten. (Körpermaße für große männliche Exemplare; Längenangabe ohne Schwanz.)

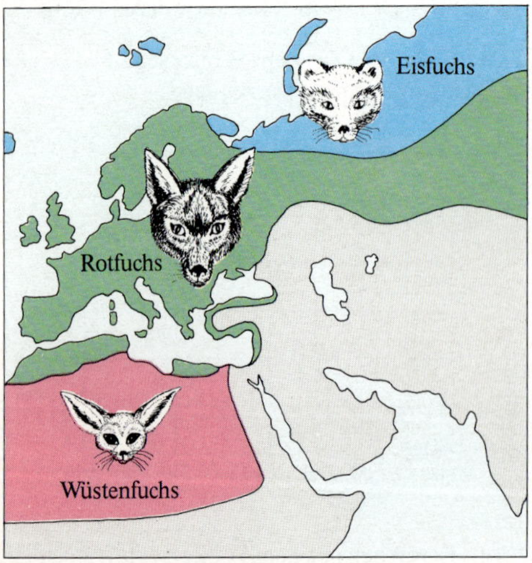

18.3. ALLENsche Regel. Ohrenlänge bei Füchsen

Gleichwarme Tiere in kalten Regionen. Eisbär, Polarfuchs und Eskimohund zeigen selbst bei Temperaturen bis zu –40 Grad Celsius keine Anzeichen von Unbehaglichkeit. Sie können ihre normale Körperwärme bei diesen extremen Außentemperaturen aufrechterhalten. Sie sind durch ein dichtes Fell – das Winterfell des Polarfuchses ist 7 cm dick – hervorragend wärmeisoliert. Dabei spielt die von den Fellhaaren eingeschlossene Luft – sie ist ein schlechter Wärmeleiter – eine wichtige Rolle. Eine weitere Anpassung an den arktischen Lebensraum ist, daß in den weniger behaarten Stellen der Körperoberfläche wie Nase, Augen und Füße die Körpertemperatur stark herabgesetzt ist. Auf diese Weise wird das Gefälle zur Umgebungstemperatur und damit der Wärmeverlust des Körpers gemindert.

BERGMANNsche Regel. Der Zoologe Carl BERGMANN untersuchte den Zusammenhang zwischen der Größe der Tiere und verschiedenen Klimazonen der Erde. Er fand bei den *gleichwarmen Tieren* heraus, daß die Individuen einer Art oder naher verwandter Arten in den kalten Regionen größer sind als in warmen Gebieten. Beispiele dafür sind Reh, Wolf, Wildschwein und Fuchs. Auch bei den Vögeln findet man Belege für die BERGMANNsche Regel. So leben bei den Pinguinen die größten Arten in der Antarktis, die kleinsten am Äquator. Physiologisch deutet man diese Beobachtung dahingehend, daß größere Tiere im Verhältnis zum Volumen einen geringeren Oberflächenanteil haben als kleinere Exemplare. Dadurch ist bei den größeren Tieren auch der relative Wärmeverlust über die Oberfläche geringer.
Bei den *wechselwarmen Tieren* macht man oft eine gegenteilige Beobachtung: Die tropischen Arten sind größer als die der kalten Region. Die geringere Größe der Tiere der kalten Gebiete bedeutet dabei den Vorteil eines geringeren Nahrungsbedarfs, da in kalten Gebieten für die meisten Tiere Nahrungsknappheit herrscht.

ALLENsche Regel. Nach dieser Regel sind die Körperanhänge wie Ohren oder Schwänze in Kaltgebieten kürzer entwickelt als bei verwandten Arten der wärmeren Gegenden. So nimmt z. B. die Ohrengröße vom arktischen Eisfuchs über den heimischen Rotfuchs zum tropischen Wüstenfuchs hin zu. Körperanhänge haben eine relativ große Oberfläche und kühlen leicht aus. Tatsächlich dienen z. B. die großen Ohren der Wüsentiere der Wärmeregulation; sie werden bei großer Hitze abgestellt und evtl. zur Ventilation bewegt.

V 19.1. Die RGT-Regel am Beispiel der Kiemendeckelfrequenz

Einführung: Wechselwarme Tiere sind bei niedrigen Temperaturen sehr träge. Bei Erhöhung der Körpertemperatur steigt die Aktivität an, weil die chemischen Prozesse schneller ablaufen. Dabei zeigen Experimente und Erfahrungswerte, daß eine Temperaturerhöhung um 10 °C einer Beschleunigung der Stoffwechselprozesse um das Zwei- bis Dreifache entspricht. Man spricht in diesem Zusammenhang von der **RGT-Regel** (Reaktionsgeschwindigkeit-Temperatur-Regel). Allerdings kann die RGT-Regel natürlich nur innerhalb der Temperaturtoleranzwerte einer Organismenart Anwendung finden.

Materialien und Geräte: 4 x 1000 ml Bechergläser, Thermometer, Stoppuhr, Eis und angewärmtes Wasser.

Objekt: Goldfisch oder anderer Kaltwasserfisch.

Durchführung: Man stellt mit Hilfe von Eisstückchen und Warmwasser in den vier Bechergläsern jeweils ein Liter Wasser folgender Temperaturen her: 10 °C, 15 °C, 20 °C und 25 °C. Dann wird der Goldfisch nacheinander den unterschiedlichen Temperaturen ausgesetzt und mehrmals die Anzahl der Kiemendeckelbewegungen pro 30 sec bestimmt. Nach dem Umsetzen des Fisches jeweils einige Minuten mit der Messung warten, bis das Tier sich an die veränderte Situation gewöhnt. Vergleichen Sie die Mittelwerte Ihrer Messungen!

V 19.2. Modellversuch „Frostschutzmittel"

Einführung: In der Regel ertragen wechselwarme Tiere tiefe Temperaturen deswegen nicht, weil unterhalb des Nullpunktes das Wasser in ihren Körpergeweben gefriert. Es bilden sich Eiskristalle, die die Zellen mechanisch schädigen. Auch wird dem Körper das Lösungsmittel Wasser entzogen. Dennoch findet man z. B. in den arktischen Gebieten verschiedene Insektenarten, die Minustemperaturen tolerieren. Bei vielen dieser Arten hat man festgestellt, daß ihre Körperflüssigkeiten einen erhöhten Gehalt an Glycerin (z. T. über 30%) oder ähnlichen Substanzen aufweisen. Man vermutet daher, daß diese Substanzen als ‚Frostschutzmittel' wirken; der Gefrierpunkt der Körperflüssigkeit wird herabgesetzt. Auch bei Fischen der Polargebiete – die Temperatur des Meerwassers liegt hier bei –1,9 °C – hat man im Blut als Kälteschutzmittel wirkende Proteine festgestellt.

Materialien und Geräte: 2 Bechergläser (500 ml), 2 Thermometer mit langem Stiel (Meßbereich bis –15 °C), 2 große Reagenzgläser, 2 Gummistopfen mit Doppelbohrung, Drahtbügel zum Umrühren, Styroporplatte, Eis, Glycerin, Kochsalz, Waage.

Vorbereitende Arbeiten: Man stellt zwei Apparaturen gemäß Abb. 19.3. zusammen oder verwendet fertige Meßgeräte (Chemie- oder Physiksammlung). Die Apparaturen werden auf Styropor gestellt, um einen Wärmeabfluß nach unten zu verhindern.

Durchführung: Eiswürfel werden in einem Tuch umwickelt und mit dem Hammer zerschlagen. Das zerkleinerte Eis wird mit Kochsalz im Verhältnis 3 : 1 gemischt und die so erhaltene Kältemischung auf die beiden Bechergläser verteilt. In das eine Reagenzglas gibt man Wasser, in das andere eine 30%ige Glycerinlösung. Mit dem Drahtbügel werden die Flüssigkeiten durchgemischt, damit eine gleichmäßige Abkühlung gewährleistet ist. Man beobachtet dabei die Abnahme der Temperatur bis zum Erstarrungspunkt. Dort tritt vorübergehend ein Stillstand der Temperaturabnahme ein. Vergleichen Sie die Erstarrungstemperatur von Wasser mit der einer Glycerinlösung!

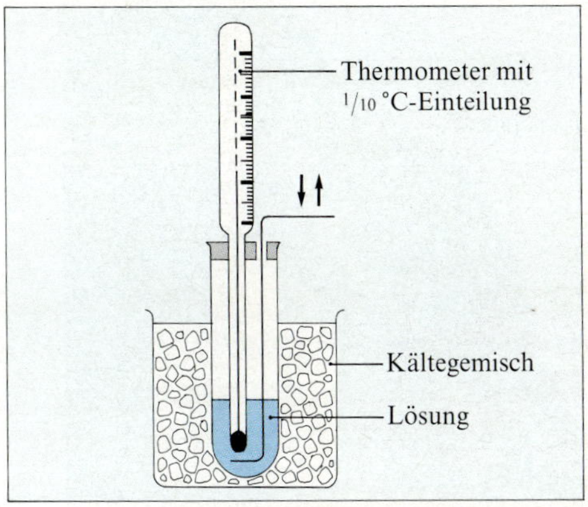

19.3. Bestimmung des Erstarrungspunktes

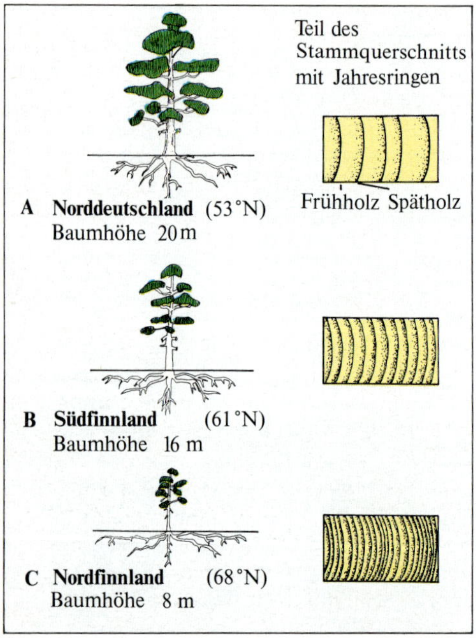

20.1. Wuchsform der Kiefer unter verschiedenen Temperaturbedingungen. (Die Bäume sind alle etwa 130 Jahre alt.)

A 20.2. Jahresringe kommen durch unterschiedliches Wachstum in den Jahreszeiten zustande: Im Sommer ist es stärker. Deuten Sie Jahresringmuster in Abb. 20.1.!

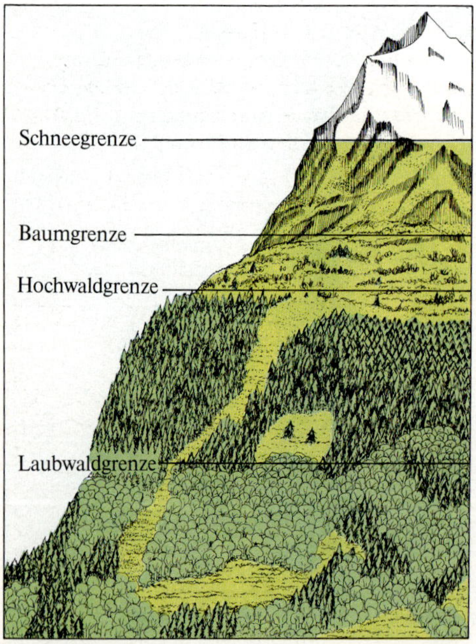

20.3. Höhenstufen der Alpen

2.2.3. Einfluß der Temperatur auf Pflanzen

Auch für die Pflanzen spielt Wärme als Umweltfaktor eine wichtige Rolle. Dabei sind Pflanzen grundsätzlich als wechselwarm anzusprechen. Nur durch die Verdunstungskälte bei der Wasserabgabe über die Blätter können Pflanzen ihre Eigentemperatur gegenüber der Umgebungstemperatur um einige Grad herabsetzen. Diese Fähigkeit dient als Schutz gegen eine mögliche Überhitzung des Pflanzenkörpers.

Die Ansprüche an die Temperaturbedingungen sind von Pflanzenart zu Pflanzenart sehr verschieden. Man kann dies z. B. an Toleranzkurven, aber auch an den *Vegetationsgürteln* der Erde ablesen.
Tropische Arten, wie z. B. die bei uns als Zimmerpflanze gehaltene Buntnessel, werden schon bei Temperaturen über dem Gefrierpunkt geschädigt. Nadelhölzer und verschiedene Zwergstraucharten zeigen dagegen eine große *Kälteresistenz* und überdauern längere Temperaturperioden von bis zu minus 70 °C. Bei Kulturpflanzen ist Wärme ein wesentlicher Faktor, der Anbaugrenzen und Wachstum und damit den Ertrag bestimmt. Die Temperaturminima bestimmen z. B. die Aussaattermine. Sommergetreide wie Weizen, Gerste und Hafer können nur ausgebracht werden, wenn das Temperatur-Tagesmittel 5 °C erreicht hat.
Neben der Samenkeimung ist z. B. auch der Blühvorgang temperaturabhängig. So wird aufgrund langjähriger Erfahrungen in Mitteleuropa der Frühlingseinzug durch den Beginn der Apfelblüte bestimmt. Vor allem die Landwirtschaft erhält aus den Beobachtungen von Blüh- und Reifevorgängen an Pflanzen wertvolle Hinweise.

Nicht nur Agrarlandschaften, sondern auch die natürliche Pflanzendecke unterliegt im hohen Maße der Temperaturwirkung. Besonders deutlich wird dies z. B. an den **Höhenstufen** der Vegetation der Alpen. Von unten nach oben beobachtet man dort folgende Zonen: Laub- und Mischwald, Nadelwald, Krummholz, Zwergsträucher, Grasheide, Polster- und Teppichpflanzen und schließlich noch einzelne Moose und Flechten, die sogar über die Schneegrenze hinweg vordringen können.
Diese Höhenstufen sind überwiegend auf die mit der Höhe abnehmende Temperatur zurückzuführen. Als weitere Faktoren spielen die UV-Strahlung, der Luftdruck, das Wasserangebot und die Windverhältnisse eine Rolle.

2.3. Umweltfaktor Licht

Bei Kernfusionsvorgängen werden auf der Sonne große Mengen an Strahlungsenergie frei. Sie wirken als Wärme (langwellige Infrarotstrahlung) und als Licht auf unsere Biosphäre. Licht ist die Hauptenergiequelle für die belebte Welt: In der Photosynthese wird Lichtenergie in chemische Energie umgewandelt. Licht beeinflußt aber auch viele Entwicklungs- und Bewegungsvorgänge der Organismen. Dabei kann Licht durch Intensitätsunterschiede, durch Farbe bzw. Wellenlänge oder durch den Wechsel von Hell und Dunkel Wirkungen hervorrufen.

2.3.1. Einfluß des Lichtes auf Tiere

Im Frühjahr beginnt der morgendliche Vogelgesang immer mit dem der Amsel. Daran schließen sich Tag für Tag die Gesänge anderer Vogelarten in konstanter Reihenfolge an. Man spricht von der Erscheinung der *Vogeluhr*. Diese ergibt sich daraus, daß der Gesang artspezifisch bei einer bestimmten Helligkeitsstufe einsetzt.

Von dem Landkärtchen, einer heimischen Schmetterlingsart, sind zwei Farbformen bekannt, die man früher für unterschiedliche Falterarten hielt. Tatsächlich liegt hier aber ein sogenannter **Saisondimorphismus** vor, der hier durch den Faktor Tageslänge bewirkt wird. Sind nämlich die Larven dieses Tagfalters im Frühsommer Langtagbedingungen (16 Stunden Licht pro Tag) ausgesetzt, so entwickeln sich die Puppen direkt zur dunklen **Sommerform.** Im Kurztag (weniger als 16 Stunden Licht pro Tag) des Spätsommers ergeben die Larven Puppen, die überwintern. Bei Eintreten der Wärme schlüpfen dann daraus die helleren **Frühjahrsformen** des Landkärtchens.

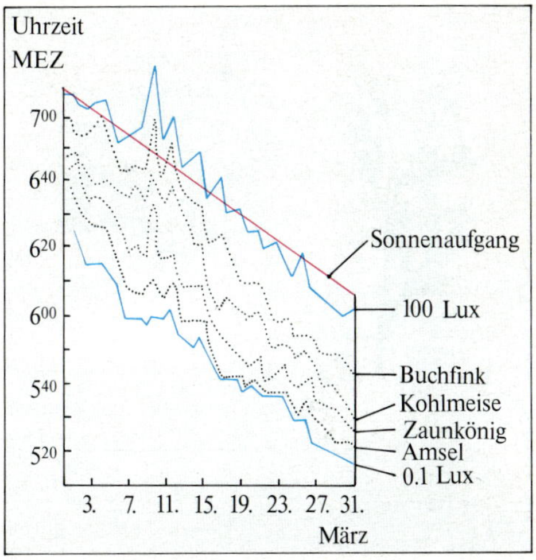

21.2. Singbeginn verschiedener Vogelarten in Abhängigkeit von der Lichtintensität

V 21.3. Lichtbauchreflex beim Salinenkrebschen *(Artemia salina)*

Materialien und Geräte: Artemia-Eier, -Salzmischung und -Futter (sämtliches Artemia-Zuchtmaterial ist in Zoohandlungen erhältlich), große Petrischale, Mikroskopierlampe

Vorbereitende Arbeiten: Jeder Artemia-Packung liegt eine Anweisung zur Aufzucht bei; nach 3 bis 4 Wochen sind etwa 1 cm große Krebschen herangewachsen.

Durchführung: Im abgedunkelten Raum beleuchtet man Salinenkrebschen in einem Glasgefäß nacheinander von oben, von der Seite und von unten.

Beobachtung: Im Gegensatz zu vielen anderen Wassertieren kehrt Artemia beim Schwimmen dem Licht die Bauchseite zu.

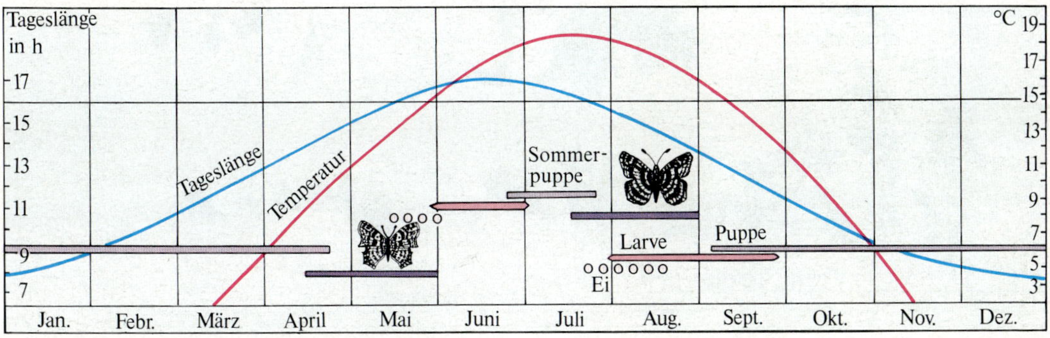

21.1. Saisondimorphismus beim Landkärtchen

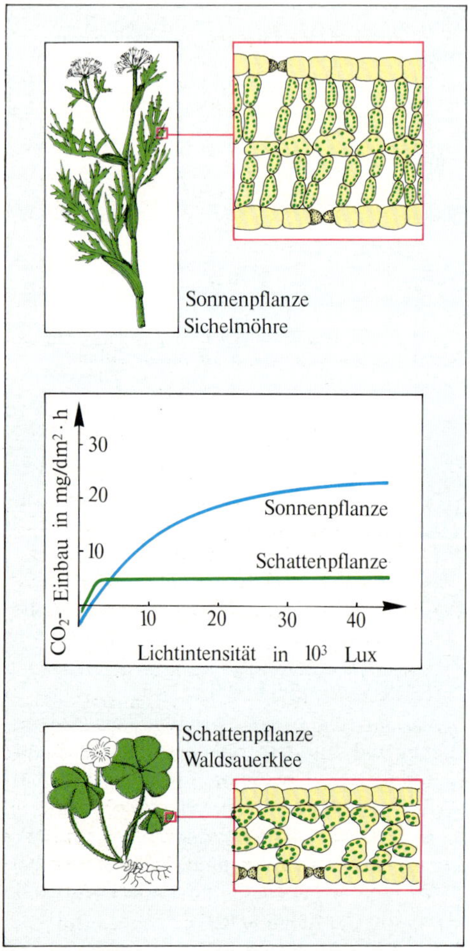

22.1. Sonnen- und Schattenpflanzen (Licht-Photosynthese-Kurve und Blattanatomie)

2.3.2. Einfluß des Lichtes auf Pflanzen

Betritt man eine Felshöhle, so ändert sich innerhalb weniger Meter der Pflanzenbewuchs. Von außen nach innen ist folgende Zonierung zu erkennen: *Blütenpflanzen → Farne → Moose → Algen.* In der Tiefenregion der Höhle schließlich sind z. B. Pilze anzutreffen, die keine Photosynthese betreiben. Die Vegetationszonierung eines Höhleneingangs ist auf die nach innen abnehmende Lichtintensität zurückzuführen; die einzelnen Pflanzengruppen zeigen eine unterschiedliche Beschattungs-Toleranz.

Die Abhängigkeit des Pflanzenwachstums von der Lichtintensität ist z. B. auch am *Stockwerkbau* eines Mischwaldes abzulesen. Hier bilden die sogenannten **Schattenpflanzen** die unterste Vegetationsschicht. Der **Lichtgenuß** von Schattenpflanzen liegt um 5%, d. h., nur dieser Prozentsatz des vollen Außenlichtes erreicht sie. Schattenpflanzen erreichen schon bei relativ geringen Lichtmengen ihr optimales Pflanzenwachstum; eine volle Sonneneinstrahlung können sie dagegen für längere Zeit nicht vertragen. Typische Schattenpflanzen besitzen große dünne Blätter. Sie sind so an die geringe Eindringtiefe des Lichtes und durch die Oberflächenvergrößerung an die knappe Lichtmenge angepaßt.

Pflanzen sonniger Standorte haben dagegen Blätter mit dickem chlorophyllhaltigem Gewebe. Gleichzeitig zeigen **Sonnenpflanzen** auch Anpassungen im Dienste eines Verdunstungsschutzes. Sie haben kleine Blattflächen, eine dicke Kutikula und eine relativ geringe Zahl an Spaltöffnungen.

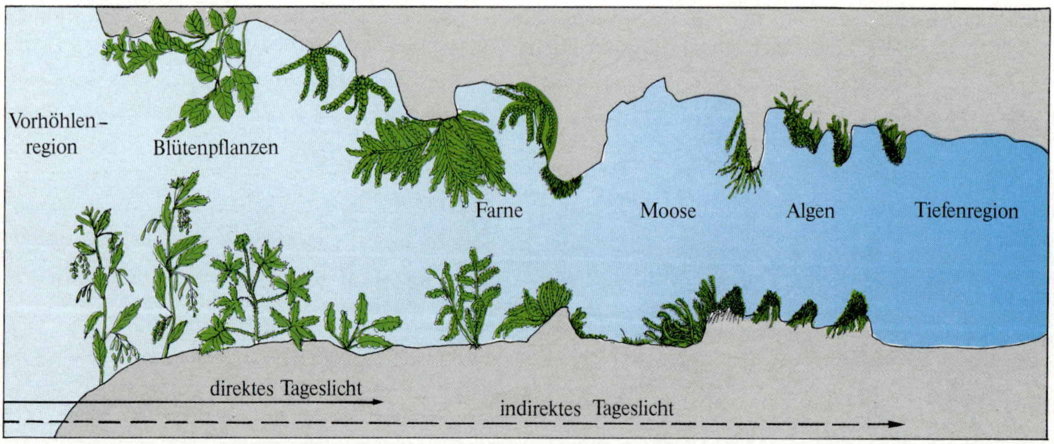

22.2. Vegetationszonierung an einem Höhleneingang

Deutlich wird der Unterschied zwischen Sonnen- und Schattenpflanzen auch in der Beziehung zwischen Lichtintensität und **Photosyntheserate.** Bei Sonnenpflanzen wird die maximale Photosyntheseleistung erst bei fast 100%igem Lichtgenuß erreicht. Bei etwa 2% liegt der sogenannte *Kompensationspunkt,* d.h., hier halten sich CO_2-Abgabe durch die Atmung und CO_2-Einbau durch die Photosynthese die Waage. Schattenpflanzen erreichen ihre maximale photosynthetische Produktion schon bei etwa 10% Lichtgenuß. Höhere Lichtintensiät bringt hier keine weitere Steigerung. Der Kompensationspunkt liegt mit ca. 0,5% Lichtgenuß erheblich niedriger als bei Sonnenpflanzen.
Wüsten-, Steppen und Hochgebirgspflanzen sind typische Sonnenpflanzen; Pflanzen im Bodenbereich der dichten tropischen Wälder extreme Schattenpflanzen. Eine dritte Gruppe von Pflanzenarten verträgt zwar 100%igen Lichtgenuß, kommt aber auch bei leichter Beschattung vor. Für diese **Halbschattenpflanzen** liegt der minimale Lichtgenuß, der für Wachstum und Blütenbildung erforderlich ist, um die 10%.

Auch innerhalb einer einzelnen Pflanze findet man eine Anpassung an unterschiedliche Lichtverhältnisse vor. In der Krone eines Laubbaumes z. B. herrschen für die einzelnen Blätter ganz unterschiedliche Beleuchtungsbedingungen. Während an der Peripherie eine volle Sonneneinstrahlung vorliegt, werden die inneren Blätter von den äußeren beschattet. Tatsächlich entsprechen Bau und Licht-Photosynthese-Kurve der **Sonnenblätter** den Eigenschaften von Sonnenpflanzen. Die inneren **Schattenblätter** dagegen zeigen Analogien zu den Merkmalen der Schattenpflanzen.
Ein *photoperiodischer Einfluß* wird insbesondere bei den Pflanzen deutlich, bei denen die Blütenbildung von der täglichen Belichtungsdauer abhängt. Die sogenannten **Kurztagpflanzen** benötigen zur Blühinduktion eine Belichtungsphase, in der eine kritische Tageslänge (10–14 h) unterschritten wird. Kurztagpflanzen sind viele tropische und subtropische Arten wie etwa Mais, Hirse, Reis, Soja und Baumwolle. In Mitteleuropa kommen diese Arten erst im Herbst zur Blüte. **Langtagpflanzen** blühen nur dann, wenn sie für einige Zeit einer Belichtung ausgesetzt waren, die über einer kritischen Tageslänge (10–14 h) lag. Viele der heimischen Kulturpflanzen sind Langtagpflanzen, so etwa unsere vier Getreidearten. Bei den tagneutralen Pflanzen hat die Photoperiode keinen Einfluß auf die Blütenbildung.

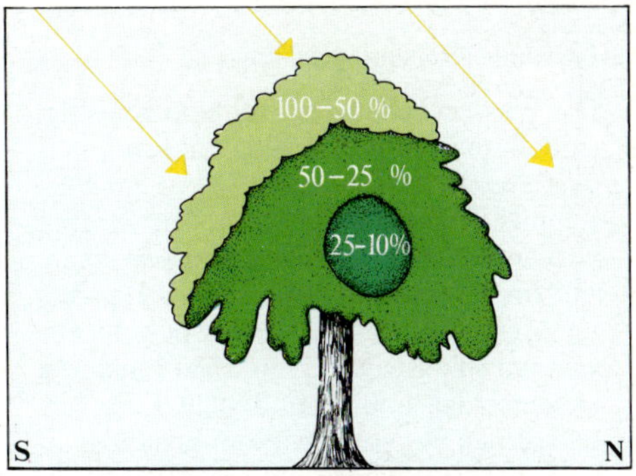

23.1. Lichtgenuß in einer Laubbaumkrone

V 23.2. Vergeilung bei der Buschbohne

Einführung: Wie das Beispiel der Sonnen- und Schattenblätter zeigt, kann Licht Formveränderungen bei Pflanzen bewirken. Eine auffällige lichtbedingte Formveränderung wird deutlich, wenn man Pflanzen das Licht entzieht. Das dann zu beobachtende Phänomen bezeichnet man als Vergeilung.

Objekt: Samen der Bohne (Phaseolus vulgaris)

Durchführung: Man füllt zwei Blumentöpfe mit Blumenerde und steckt in jeden Topf jeweils drei Samen 2 cm tief in die Erde. Die Töpfe sind feucht zu halten. Sobald nach etwa 10 Tagen die Keimlinge den Boden durchstoßen haben, wird ein Ansatz dunkel gestellt. Nach ca. zwei Wochen – die Keimlinge werden weiter bewässert – vergleicht man die beiden Ansätze.

Auswertung: Diskutieren Sie die Bedeutung des Vergeilungsvorganges für beschattete Jungpflanzen im Unterwuchs eines Waldes!

A 23.3. Erläutern Sie anhand der unten dargestellten Beleuchungsexperimente mit Kurz- und Langtagpflanzen, daß es für die Blühinduktion weniger auf die Tageslänge, als auf die Dauer der Dunkelphase ankommt!

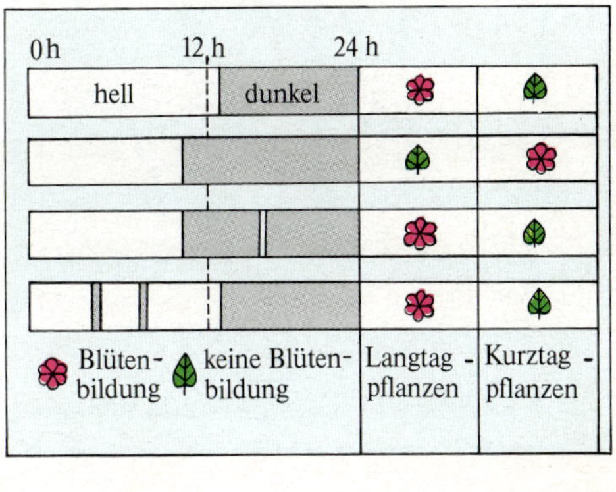

Globaler Kreislauf des Wassers

Die Wasservorräte der Erde sind gewaltig; jedoch stehen nur 0,02% davon den Landökosystemen als Seen und Flüsse zur Verfügung. Rund 97% sind in den Meeren vorhanden. Etwa 2% der Wasservorräte sind als Eis festgelegt; beim Schmelzen dieser Menge würde der Meeresspiegel weltweit um 60 m steigen. Durch Verdunstung, Niederschlag und Abfluß stehen die verschiedenen Wasservorräte miteinander in einem Fließgleichgewicht. In der Atmosphäre zirkulieren dabei weniger als 0,001% des Wasserreservoirs der Erde. Dabei verdunstet über der Meeresoberfläche weit mehr, als durch Niederschläge zugeführt wird. Der Überschuß kommt den Landgebieten zugute: Sie erhalten mehr Niederschläge, als sie durch Verdunstung abgeben. Die Bilanz wird durch den über- und unterirdischen Abfluß zum Meer ausgeglichen. Aus der jährlichen Niederschlagsmenge kann man berechnen, daß sich das Wasser der Atmosphäre innerhalb von 10 Tagen einmal erneuert hat.

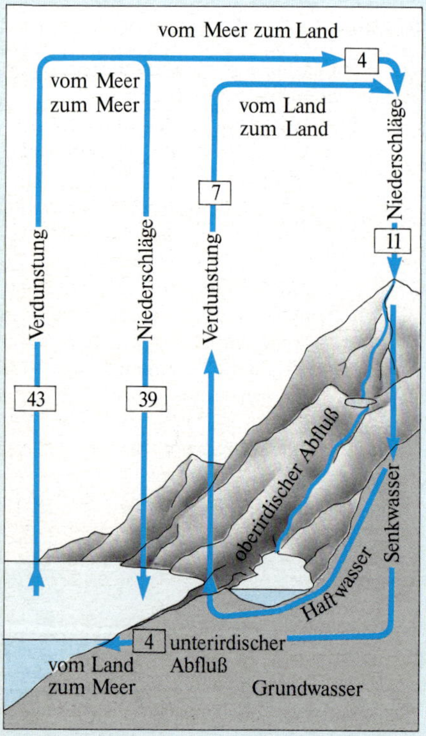

24.1. Jährlicher Wasserumsatz (in 10^{16} kg)

2.4. Umweltfaktor Wasser

Erhitzt man Pflanzensamen für 24 Stunden bei 105 Grad Celsius, so beträgt die Differenz zwischen *Frisch-* und *Trockengewicht* etwa 10%. Dieser Gewichtsverlust zeigt den ursprünglichen Wassergehalt der Pflanzensamen an. Samen sind überdauernde Ruhestadien, in denen die Stoffwechselaktivität stark reduziert ist. Normale Aktivitäten zeigen Lebewesen nur bei einem höheren **Wassergehalt.** Dieser beträgt beim Menschen 64% und liegt für die meisten Tiere und Pflanzen um diesen Wert. Die Lebensprozesse laufen im wässerigen Milieu ab, und eine ausreichende Wasserversorgung ist daher für alle Organismen lebensnotwendig.

2.4.1. Wasserhaushalt der Tiere

Alle Landtiere verlieren ständig durch Verdunstung an der Körperoberfläche Wasser. Auch die Ausscheidungsprodukte enthalten immer einen gewissen Anteil an Wasser. Die Wasserverluste können durch den Wassergehalt der Nahrung, durch Trinken, durch Wasseraufnahme durch die Haut und die Wassersynthese bei der Zellatmung (Oxidationswasser) ausgeglichen werden.

Der Umfang des Wasserverlustes hängt von den abiotischen Faktoren Temperatur und Luftfeuchte ab. Weiterhin spielt die Fähigkeit des Organismus zur Regulation seines Wasserhaushaltes eine entscheidende Rolle. Hierbei ist die Beschaffenheit der Körperoberfläche von besonderer Bedeutung. **Feuchtlufttieren** wie Amphibien, Nacktschnecken und vielen Bodenorganismen fehlt jeglicher *Verdunstungsschutz*. Sie sind daher auf einen hohen Grad an Wasserdampfsättigung der umgebenden Luft angewiesen. **Trockenlufttiere** weisen verschiedene Einrichtungen eines Verdunstungsschutzes auf und können meist zusätzlich die Wasserverluste bei den Ausscheidungsprozessen herabsetzen. Als Verdunstungsschutz wirken Hornbildungen der Haut (Kriechtiere, Vögel, Säuger), Wachsüberzüge des Chitinpanzers (Insekten), Schleimbedeckungen (Schnecken) und Gehäusebildungen. Auch die Ausbildung von *Lungen* dient dem Verdunstungsschutz. Im Körperinneren sind die dünnen Oberflächen des Atmungsorganes vor dem Austrocknen geschützt. *Kiemen* sind dagegen nach außen ausgestülpte Oberflächen und daher für Landtiere nicht geeignet. Dennoch gibt es am Land lebensfähige Kiemenatmer wie z. B. verschiedene Krabbenarten. Sie tragen ihre Kiemen in geschützten, wassergefüllten Kammern.

Besondere Anpassungen an die Situation der Wasserknappheit findet man bei **wüstenbewohnenden Tieren.** Um den Wasserverlust gering zu halten, sind viele nur nachts aktiv. Den heißen Wüstentag verbringen sie in kühlen, relativ feuchten unterirdischen Gängen. Eine nachtaktive nordamerikanische Känguruhratte kann darüber hinaus in der Arizonawüste leben, ohne jemals zu trinken. Dies ist ihr möglich, obwohl sie sich hauptsächlich aus sehr trockenen Pflanzensamen ernährt. Sie deckt ihren Wasserbedarf fast vollständig aus der Wassersynthese bei der intrazellulären Oxidation.
Für tagaktive Wüstenbewohner wird das Problem der Wasserversorgung dadurch erhöht, daß sie sich durch Verdunstung vor Überhitzung schützen müssen. So würde der Mensch im heißen Wüstentag ohne Wasseraufnahme nicht mehr schwitzen können. Innerhalb einer Stunde steigt dann aufgrund fehlender Verdunstungskälte die Körpertemperatur um 5 bis 6 Grad an. Der Mensch stirbt den Hitzetod.

Osmoregulation bei Wassertieren. Die Situation des Wasserhaushaltes bei Wassertieren wird durch den osmotischen Wert des umgebenden Mediums bedingt. Viele marine Wirbellose (z. B. Einzeller, Muscheln, Würmer) sind *isoosmotisch,* d. h., die Konzentration der Körperflüssigkeit entspricht der des Meerwassers.
Süßwasserbewohner, Tiere der Salzseen und die Wirbeltiere des Meeres halten eine von der Umgebung abweichende Konzentration ihrer Körperflüssigkeit aufrecht. Das Blut der Süßwasserorganismen ist *hyperosmotisch.* Es weist eine höhere Konzentration an gelösten Stoffen als das umgebende Wasser auf. Dem durch Osmose ständig erfolgenden Wassereinstrom wirken diese Tiere mit aktiver Wasserabgabe über Vakuolen oder Exkretionsorgane entgegen. Süßwasserfische wie z. B. Forellen können Salzionen aus der Umgebung gegen das Konzentrationsgefälle über die Kiemen aufnehmen.
Bei einem marinen Knochenfisch wie dem Kabeljau ist die Körperflüssigkeit gegenüber dem Meerwasser *hypoosmotisch.* Trotz des wässerigen Milieus besteht hier Wassermangel und dazu ein Überschuß an Salzen. Wasserverluste gleichen marine Knochenfische durch Trinken von Meerwasser aus. Die überschüssigen Salze werden aktiv über die Kiemen ausgeschieden.

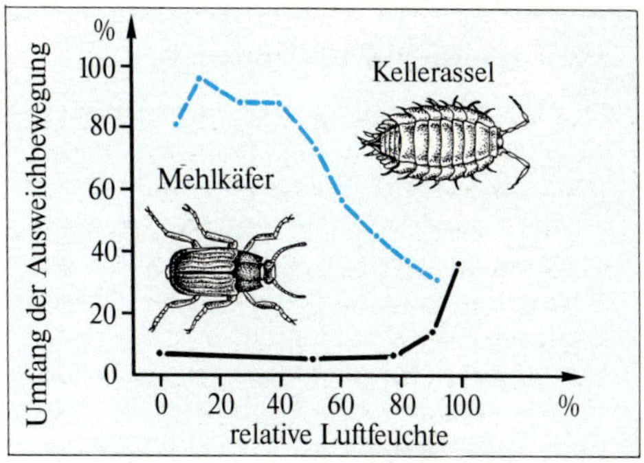

25.1. Feuchtluft- und Trockenlufttier

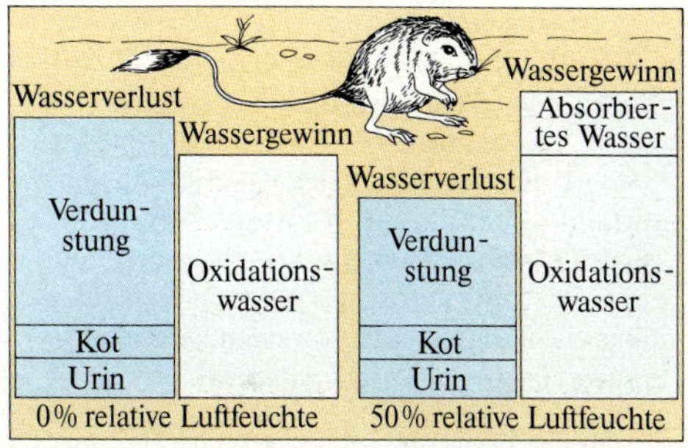

25.2. Wasserhaushalt einer Känguruhratte

Das Kamel – ein Wüstentier

Wie kann das Kamel in einem so trockenen und heißen Lebensraum überleben?
- Ein Kamel kann in 10 Minuten 130 Liter Wasser trinken; das Wasser geht schnell in Blut und Zellen über.
- Das Kamel kann trotz hoher Wasserverluste (bis zu 35% des Körpergewichts) den Wassergehalt des Blutes hoch halten. Es kommt bis zu 8 Tagen ohne Trinkwasser aus.
- Die Körpertemperatur schwankt zwischen 34 °C (nachts) und 41 °C (mittags).
- Das Kamel erzeugt nur wenig Urin; ein Teil des Harnstoffs wird wieder eingebaut.
- In den Kamelhöckern sind große Nahrungsreserven in Form von Fettgewebe vorhanden.
- Lange Beine heben den Körper über die heißen bodennahen Luftschichten.
- Ein schmaler Rücken bietet der Sonne nur eine relativ kleine Angriffsfläche.
- Ein dichter Wollhaarfilz isoliert den Körper vor der heißen Luft des Tages und vor der Kälte der Wüstennacht.

Wasserpotential der Pflanzenzelle

Um die „Saugkraft" von Pflanzengeweben genauer beschreiben zu können, verwendet man den Begriff **Wasserpotential.** Diese Größe ist ein Maß dafür, inwieweit Wasser eines Systems einem anderen System zur Verfügung gestellt werden kann. Dabei wird das Wasserpotential in Druckeinheiten unter Normbedingungen (0 °C und 1013 bar) und zwar in bar angegeben. Definitionsgemäß hat reines Wasser das Wasserpotential 0. Alle Systeme, die eine geringere Wasserverfügbarkeit zeigen, haben ein niedrigeres, d.h. ein negatives Wasserpotential. So liegen die Werte für die Zellsäfte in der Wurzelrinde meist zwischen –5 und –15 bar. Der Wasserstrom erfolgt immer in Richtung des negativeren Wasserpotentials, d.h., in Richtung der höher konzentrierten Lösung. Das Wasserpotential der Zelle hängt nun im wesentlichen von zwei Größen ab; vom **osmotischen Potential** und vom **Druckpotential**:

Wasserpotential der Zelle	=	osmotisches Potential	+	Druckpotential

Das osmotische Potential ergibt sich aus der Konzentration des Zellsaftes in der Vakuole. *Es hat daher immer negative Werte.* Das Druckpotential ergibt sich aus dem Druck, mit dem die Zellwand einer Volumenvergrößerung der Vakuole entgegensteht. Das Druckpotential hat in der Regel positive Werte, da es eine Wasseraufnahme erschwert. Ist die Zellwand entspannt, so hat das Druckpotential den Wert 0. In diesem Fall wird die „Saugkraft" der Zelle (= negatives Wasserpotential) allein durch das osmotische Potential bestimmt.

V 26.1. **Wasserkapazität beim Torfmoos**

Materialien und Geräte: Waage, Filterpapier

Objekt: Torfmoos (Sphagnum spec.), u.a. in Blumengeschäften erhältlich

Durchführung: Die Masse eines Stückes luftgetrockneten Torfmoospolsters wird bestimmt. Danach wird das Moos in einem wassergefüllten Gefäß völlig untergetaucht. Nach frühesten 20 min entnimmt man das Moos, schüttelt anhaftendes Wasser ab und trocknet es zusätzlich vorsichtig mit dem Filterpapier ab. Das Moos wird erneut gewogen. Berechne das Wasseraufnahmevermögen!

2.4.2. Wasserhaushalt der Pflanzen

Wechselfeuchte Pflanzen. Legt man trockenes Torfmoos ins Wasser, so quillt die Pflanze auf. Sie nimmt so innerhalb kurzer Zeit ein Vielfaches ihres Trockengewichtes an Wasser auf. Torfmoos ist eine wechselfeuchte (poikilohydre) Pflanze; hierzu zählen neben Moosen auch Algen, Pilze und einige Farne. Diese Organismen verhalten sich wie tote Quellkörper: Ihr Wassergehalt hängt weitgehend vom Feuchtigkeitszustand ihrer Umwelt ab. Wechselfeuchte Pflanzen verfügen über keine anatomischen Einrichtungen zur Regulation der Aufnahme und der Abgabe von Wasser. Die Zellen wechselfeuchter Pflanzen besitzen keine großen Zentralvakuolen; auch bei stärkerem Wasserverlust schrumpfen sie daher nicht wesentlich ein. Allerdings geht mit der Abnahme des Wassergehalts ein Absinken der Stoffwechselintensität einher. Wechselfeuchte Pflanzen überdauern Zeiten des Wassermangels im inaktiven Zustand; sie sind weitgehend trockenresistent. Erhöht man die Wasserverfügbarkeit, quellen sie auf, und die Stoffwechselprozesse laufen wieder voll an. Wechselfeuchte Pflanzen haben dort Standortvorteile, wo feuchte Perioden und Trockenheit häufig wechseln.

Eigenfeuchte Pflanzen. Die Vegetation des Festlandes wird heute von eigenfeuchten (homoihydren) Pflanzen geprägt. Diese sogenannten Gefäßpflanzen zeigen eine Gliederung in *Wurzel, Stengel* und *Blatt.* Sie besitzen besondere Einrichtungen zur Regulation der Wasserabgabe und sind daher von der Umgebungsfeuchtigkeit weitgehend unabhängig. Die Zellen der eigenfeuchten Pflanzen enthalten große Zentralvakuolen, die ein beträchtliches Wasserreservoir darstellen. Auch haben die Gefäßpflanzen mit der sogenannten *Cuticula* – sie ist ein wachshaltiger Außenüberzug – einen sehr wirksamen Verdunstungsschutz.

Wasseraufnahme. Landpflanzen verlieren durch Verdunstung ständig Wasser. Dieser Verlust muß zur Aufrechterhaltung der Lebensprozesse ausgeglichen werden. Gefäßpflanzen nehmen Wasser und darin gelöste Nährsalze hauptsächlich über die *Wurzel* auf. In der wasseraufnehmenden Region besitzt dieses Organ zahlreiche cuticulafreie Wurzelhaare, wodurch die Oberfläche stark vergrößert wird. Das Haftwasser wird dem Boden aufgrund der Saugkraft der Vakuolen in den Wurzelhaarzellen entzogen. Auch der Quertransport des Wassers durch die Wurzel erfolgt zunächst osmotisch: Die Konzentration

des Zellsaftes steigt von Rindenschicht zu Rindenschicht nach innen hin an.
Die innerste Rindenschicht, die *Endodermis,* ist ein Abschlußgewebe. Die Wände ihrer Zellen sind durch Einlagerung von wachsähnlichen Substanzen wasserundurchlässig. Die Endodermis kontrolliert den Durchtritt des Wassers in den *Zentralzylinder,* wobei der Wassereinstrom über einlagerungsfreie *Durchlaßzellen* erfolgt. Man vermutet, daß hierbei energieverbrauchende Vorgänge eine Rolle spielen, die einen Transport gegen das Konzentrationsgefälle ermöglichen. Schneidet man eine Pflanze kurz über der Wurzel ab, so tritt aus der Schnittstelle Wasser aus. Dieses wird mit einer gewissen Kraft abgegeben, die man als sogenannten *Wurzeldruck* messen kann. Unterbindet man die Energieversorgung der Pflanze, so läßt der Wurzeldruck nach.

Ferntransport. Im Zentralzylinder ist der Wassertransport von unten nach oben gerichtet. Dabei erfolgt dieser Transport in röhrenförmigen Gefäßen, die Wurzel und Blätter miteinander verbinden. Die Gefäße sind verholzt und befinden sich im sogenannten Gefäß- oder Holzteil der Leitbündel. Der Wurzeldruck reicht nicht aus, um das Wasser bis in die Blätter zu transportieren. Der Hauptantrieb für die Wasserströmung in den Gefäßen ist vielmehr der **Transpirationssog.** Die Verdunstung durch die Blätter ergibt einen Wasserverlust in dem oberen Teil der Pflanze und löst so einen Sog auf das Wasser in den Leitbündeln aus. Aus den Gefäßen erfolgt ein von der Verdunstungsmenge abhängiger Nachstrom von Wasser aus der Wurzel. Die Gefäße sind durch verschiedenartige Innenverdickungen verstärkt, so daß ein Zusammenziehen der Röhren durch den Transpirationssog verhindert wird.

Wasserabgabe. Die Wasserdampfabgabe durch den oberirdischen Pflanzenkörper bezeichnet man als **Transpiration.** Die überwiegende Menge an Wasserdampf wird bei den Gefäßpflanzen über die **Spaltöffnungen** abgegeben. Sie liegen meist auf der Blattunterseite, wobei bis zu 1000 Öffnungen pro Quadratmillimeter Blattfläche auftreten können. Bei normalem Öffnungszustand sind nur etwa 2% der Blattfläche freigelegt. Trotzdem können die Spaltöffnungen eine Transpirationswirkung erzielen, als ob 70% der Blattfläche freigelegt wären. Dies erklärt sich durch den *Randeffekt:* Über jeder Spaltöffnung bildet sich nämlich eine halbkugelförmige Wasserdampfglocke aus, die dann die eigentliche, erheblich vergrößerte Verdunstungsfläche darstellt.

Grundlage des Wassertransports in der Pflanze

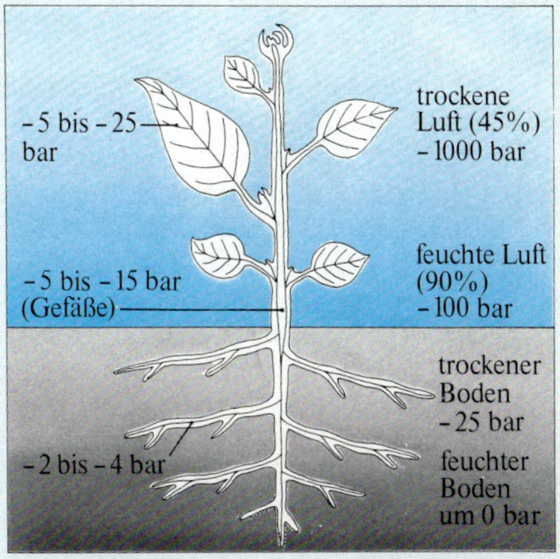

Die in der Zeichnung angegebenen Werte beziehen sich auf das Wasserpotential in Boden, Atmosphäre und Luft. Alle negativen Werte zeigen eine gegenüber reinem Wasser herabgesetzte Wasserverfügbarkeit und entsprechen der „Saugkraft“. Zwischen Boden und Atmosphäre besteht ein Potentialgefälle. Die Pflanze nutzt dieses Gefälle für den Transport aus. Dabei ist die Differenz zwischen Blatt und trockener Luft sehr groß; in ihr ist die „Haupttriebkraft“ für den Ferntransport des Wassers zu sehen.

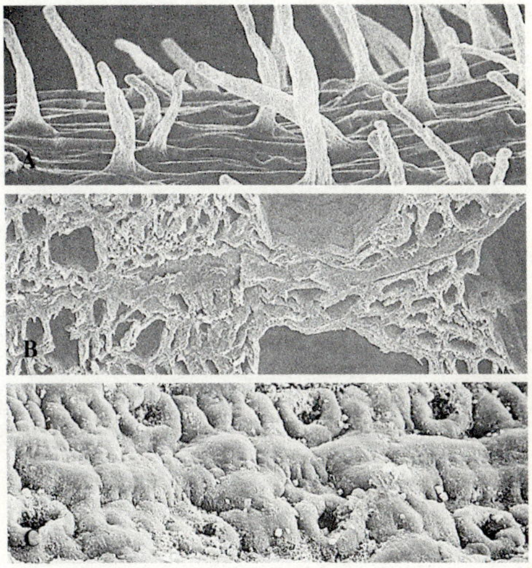

27.1. Wasserleitsystem der Pflanzen (Rasterelektronenmikroskopische Aufnahme) **A** Wurzelhaare, **B** Gefäße, **C** Spaltöffnungen

V 28.1. Transpiration und Blattfläche

Materialien und Geräte: 4 Reagenzgläser, Filzstift, Eosin-Farblösung, flüssiges Paraffin

Objekte: Drei etwa gleich beblätterte Zweige (z. B. Flieder, Linde, Springkraut)

Durchführung: Man füllt die 4 Reagenzgläser zu 2/3 mit der Farblösung. Die Zweige unter Wasser frisch anschneiden! Dann stellt man einen voll beblätterten, einen zur Hälfte und einen vollständig entblätterten Zweig in jeweils ein Glas. Das vierte Glas dient als Blindprobe und bleibt leer. An allen vier Gläsern wird der Flüssigkeitsstand markiert und dann die Oberfläche durch Überschichten mit flüssigem Paraffin verschlossen. Nach etwa 30 min vergleicht man die Flüssigkeitsbestände. Um das wassertransportierende Gewebe zu erkennen, sind dünne Querschnitte durch einen gefärbten Zweig anzufertigen und mikroskopisch zu betrachten.

Spaltöffnungen. Für die Regulation des Wasserhaushalts der eigenfeuchten Pflanzen ist nun entscheidend, daß mit Hilfe der Spaltöffnungsbewegungen der Umfang der Transpiration beeinflußt werden kann. Bei extremer Trockenheit schließen sich die Spaltöffnungen, wodurch der Wasserverlust stark reduziert wird. Allerdings ist dieser Verschluß nicht langfristig aufrechtzuerhalten, da über die Spaltöffnungen auch der Gasaustausch erfolgt. So bedingt ein Mangel an CO_2 – dieses Gas wird für die photosynthetische Stärkesynthese benötigt – ein Öffnen der Spaltöffnung. Tatsächlich ergibt sich die Regulation der Spaltöffnungsbewegungen aus dem komplexen Zusammenwirken der Umweltfaktoren CO_2-Gehalt, Wasser und Temperatur.

Die Spaltöffnungsbewegung wird durch Veränderung des Innendrucks in den Schließzellen bewirkt. Diese Zellen sind so gebaut, daß sich die Spaltöffnung bei Erhöhung des Drucks erweitert.

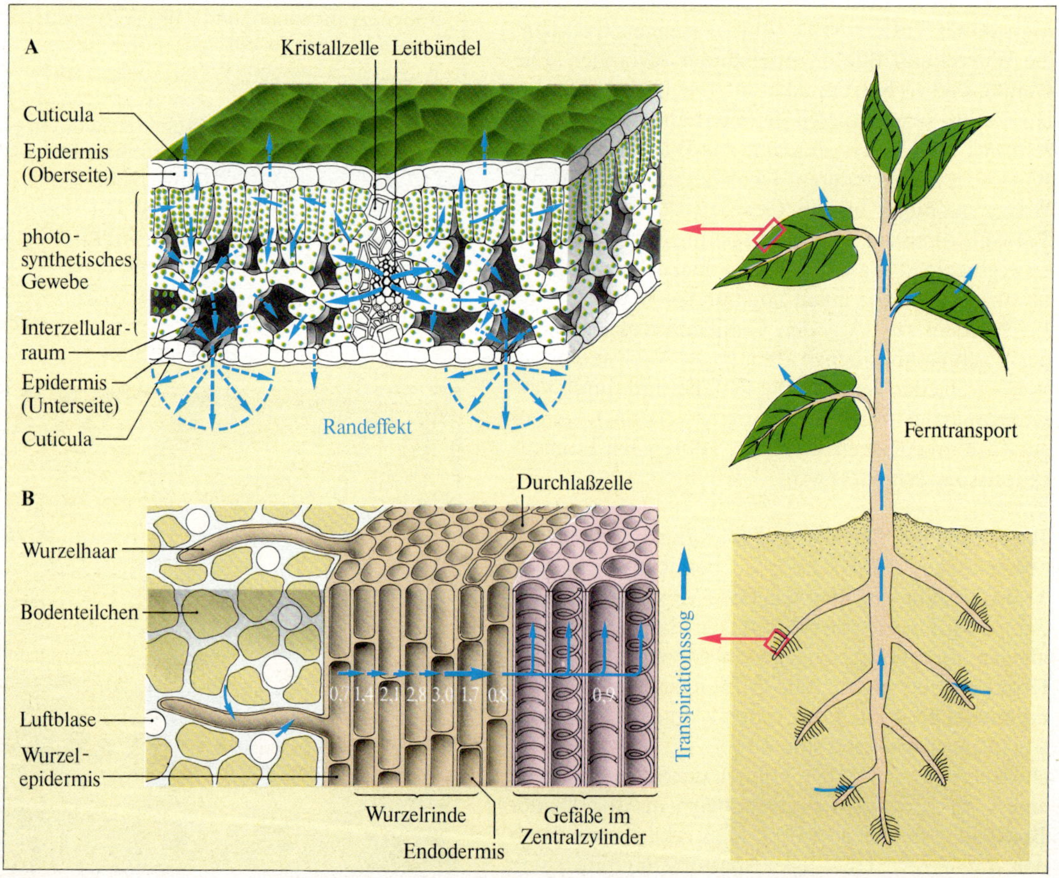

28.2. Weg des Wassers in der Pflanze. A Blattquerschnitt (→ flüssiges Wasser, ⇢ Wasserdampf), **B** Wurzelquerschnitt (⇒ aktiver Transport; die Zahlen geben das negative osmotische Potential – es ist von der Konzentration des Zellsafts abhängig – in den einzelnen Zellen an).

Anpassungserscheinungen bei Pflanzen verschiedener Standorte

Das Wasserangebot eines Standorts kann ganz unterschiedlich groß sein. Die Pflanzen zeigen an ihren Grundorganen Wurzel, Stengel und Blatt Besonderheiten, die als Anpassungserscheinungen an die Wasserverfügbarkeit ihres Lebensraums angesprochen werden können. Man unterscheidet dabei *Wasser-, Feucht-, Trockenpflanzen* und *wandlungsfähige Pflanzen*.

Unter den Trockenpflanzen findet man auch sogenannte *Sukkulente* wie z. B. die Kakteen Amerikas oder die Euphorbien Afrikas. Diese Pflanzen haben eine kugel- oder säulenförmige Gestalt, wodurch die Verdunstungsoberfläche verringert ist. Gleichzeitig besitzen sie wasserspeichernde Gewebe, so daß Blätter oder Stengel „dickfleischig“ erscheinen. Bei den Kakteen sind die Blätter reduziert; man spricht von einer Stammsukkulenz. Säulenkakteen von 12 m Höhe enthalten über 3000 Liter Wasser und können mehrere Jahre ohne Wasserzufuhr auskommen. Sie überstehen Wasserverluste bis zu 70%, wobei der Stammdurchmeser erheblich schrumpft.

Beispiel				
Standort	Gewässer	immerfeucht (Tropen, Feuchtgebiete)	wechselfeucht oder winterkalt	trocken (Wüste, Steppe, Trockenrasen)
Gestaltstyp	Wasserpflanzen (Hydrophyten)	Feuchtpflanzen (Hygrophyten)	Wandlungsfähige Pflanzen (Mesophyten)	Trockenpflanzen (Xerophyten ohne Sukkulente)
Blätter	*Schwimmblätter:* große Interzellularen; Spaltöffnungen nur auf der Blattoberseite *Unterwasserblätter:* feinzipfelig, Zellen zartwandig, Cutikula fehlend, Spaltöffnungen oft fehlend 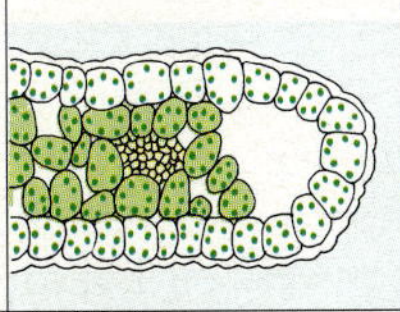	große, oft dünne Laubblätter; Spaltöffnungen oft herausgehoben, große Interzellularen (transpirationsfördernde Maßnahmen) 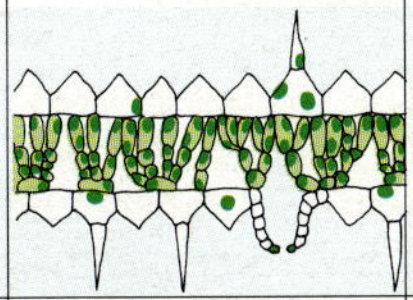	meist weiche Blätter, Blattabwurf in Trokkenzeit (z. B. Winter); Spaltöffnungen an der Blattunterseite, bei krautigen Pflanzen überdauern unterirdische Organe 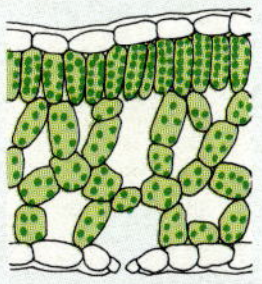	Blattabwurf oder kleine, überdauernde, harte Blätter; schnell schließende, oft versenkte Spaltöffnungen, verdickte Epidermis und Cutikula (transpirationseinschränkende Maßnahmen) 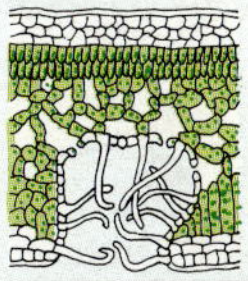
Sproßachse/ Leitbündel	zart, Reduktion der Leitgefäße, Luftkanäle	zarte, oft hohe Stengel, weite zarte Gefäße	derb, mit verdickter Rinde, starke Leitbündel	fest, mit gut ausgebildeten Leitbündeln, starke Gefäße
Leitbündel pro Flächeneinheit	wenige	wenige	mäßig viele	sehr viele
Wurzelsystem	schwach oder fehlend	schwach ausgebildet, niedriges osmotisches Potential	stark ausgebildet, oft auch Speicherorgan	sehr gut entwickelt, hohes osmotisches Potential

Wind als Umweltfaktor

Auf den Kerguelen-Inseln am Rande der Antarktis findet man einen hohen Prozentsatz an flugunfähigen Insekten. Aufgrund der auf den Inseln häufig auftretenden Stürme ist eine Flugunfähigkeit von Vorteil. Fliegende Insekten werden vom Wind leicht ins Meer getrieben. Wind hat hier im Verlauf der Evolution als Selektionsfaktor gewirkt.

Die mechanische Wirkung von Wind wird an der deformierten Gestalt von Bäumen sichtbar, die ständig einseitig einem starken Wind ausgesetzt sind. Hier sind die in Windrichtung abgeflachten Baum- und Strauchhecken der Küsten anschauliche Beispiele. Für Tiere kann die Windrichtung besondere Bedeutung gewinnen. So lösen von der Luftströmung verbreitete Duftqualitäten bei den darauf eingestellten Organismen Reaktionen auf die Duftquelle zu oder auch von der Quelle weg aus. Erwähnt werden muß auch die Bedeutung des Windes für die Bestäubung von Blüten (Windbestäubung) und für die Verbreitung von Pflanzen (geflügelte Samen und Früchte).

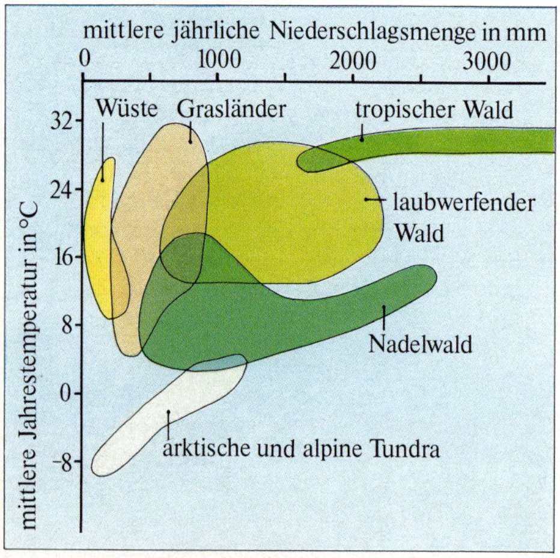

30.1. Die großen Vegetationsgebiete der Erde. Wenn man die mittlere jährliche Temperatur und die Jahresniederschlagsmenge einer Gegend der Landoberfläche bestimmt, so kann man voraussagen, welche Vegetation dort herrschen müßte (z. B. 800 mm Niederschläge/8 °C-Jahresdurchschnittstemperatur: Nadelwald). Besondere Bodenverhältnisse und Niederschlagsperioden führen allerdings zu Abweichungen.

2.5. Wirkungsgesetz der Umweltfaktoren

Die jährlichen Niederschlagsmengen sind in vielen Gegenden Mitteleuropas etwa gleich groß. Trotz des einheitlichen Wasserangebots haben sich ganz unterschiedliche Biozönosen herausgebildet, was sich am augenfälligsten an der Vegetation zeigt. Dies erklärt sich daraus, daß eine Pflanze von vielen Umweltfaktoren abhängig ist. So ergeben sich die großen *Vegetationsgürtel* der Erde vor allem aus der Kombinationswirkung von Temperatur und Feuchte.

Neben Wärme, Licht und Wasser spielt der Boden eine ganz entscheidende Rolle für das Pflanzenwachstum. Ein wichtiger Faktor ist der *pH-Wert des Bodens*. Die weite Verbreitung der Buche in den mitteleuropäischen Laubwäldern beruht unter anderem darauf, daß diese Baumart sowohl gegenüber dem Wasserfaktor als auch gegenüber dem pH-Wert einen relativ weiten Optimalbereich hat. Darüberhinaus hat die Buche geringe Lichtansprüche, so daß sie sich gegenüber vielen anderen Baumarten durchgesetzt hat. Hinsichtlich des pH-Wertes ist der Toleranzbereich der Buche weit; sie bevorzugt zwar kalkreiche (alkalische) Böden, wächst aber auch auf saurem Untergrund. Die Ansprüche hinsichtlich der Feuchtigkeitsverhältnisse sind dagegen enger. Weder auf nassen noch auf trockenen Böden kann die Buche gedeihen. Daher kommt diese Baumart auf solchen Standorten nicht vor, auch wenn andere Umweltfaktoren wie Licht, Wärme und Boden optimal sind. Es zeigt sich hier das sogenannte **Wirkungsgesetz der Umweltfaktoren** (auch: Minimumgesetz). Danach hängt die Häufigkeit einer Art ganz wesentlich von dem Faktor ab, der am weitesten vom Optimum entfernt ist. Theoretisch ergibt sich dort der abiotische Optimalbereich, wo die günstigste Kombinationswirkung aller für eine Organismenart relevanten Umweltfaktoren vorliegt. Dennoch findet man in den Biotopen nicht grundsätzlich jeweils den Optimalbereich durch eine bestimmte Art besetzt. Ein entscheidender weiterer Faktor tritt mit der *Konkurrenzwirkung* durch Organismenarten mit ähnlichen Standortansprüchen auf. Tatsächlich gewinnt man den Optimalbereich für eine Organismenart durch experimentelle Untersuchungen an Reinkulturen. Man spricht daher auch vom *autökologischen Optimum*. Durch Beobachtung des Vorkommens unter den Konkurrenzbedingungen am natürlichen Standort erhält man dagegen das sogenannte *synökologische Optimum*.

3. Wechselwirkungen zwischen Organismen

Manche Baumarten wie z. B. Weide und Pappel sind zweihäusig. Männliche und weibliche Blüten sind auf verschiedene Bäume verteilt. Ein einzelner Baum kann also nicht den Bestand seiner Art sicherstellen. Generell gilt, daß ein Organismus in vielfacher Weise von seinen Artgenossen abhängig sein kann. Man nennt solche Beziehungen zwischen Individuen gleicher Art **intraspezifisch.** Während die Pappel durch den Wind bestäubt wird, wird bei der Weide der Blütenstaub durch Biene und Hummel übertragen. Dies ist ein Beispiel für **interspezifische** Beziehungen, d. h. für Wechselwirkungen zwischen artverschiedenen Organismen.

31.1. Lichtsignale bei Leuchtkäfern. Bei nordamerikanischen Arten vielen können die flugfähigen Weibchen das Leuchtorgan an- und ausschalten. Es sind neun verschiedene „Blitzmuster" dargestellt, die als artspezifische Anlockreize wirken.

3.1. Intraspezifische Beziehungen

Die wichtigste Beziehung zwischen Artgenossen findet im Bereich der sexuellen Fortpflanzung statt. Dabei steht am Anfang das Problem des Findens des Geschlechtspartners. Bei vielen Tieren spielen dabei Sexuallockstoffe eine Rolle. Die **Lockstoffe** *(Pheromone)* wirken artspezifisch und in außerordentlich geringer Konzentration.

Neben Duftstoffen spielen auch andere **arteigene Reize** bei der Partnerfindung eine Rolle, wie z. B. auffällige *Farben, Muster* und *Bewegungen.* Bei Grillen und Heuschrecken werden die Weibchen z. B. durch die *Zirplaute* der Männchen angelockt.

Bei verschiedenen Säugetier- und Vogelarten bleibt die Partnerbeziehung über die Fortpflanzungszeit hinaus erhalten. Dabei kann es sich um *Saisonehen* (z. B. Stockenten) oder *Dauerehen* (z. B. Ringeltauben, Graugänse) handeln.

Kennen sich in einer größeren Tiergruppe die Mitglieder untereinander, so spricht man von einem **individualisierten Verband.** In derartigen Gruppen wie z. B. bei Buntbarschen, Hühnern und Pavianen liegt eine komplexe Rangfolge vor. **Anonyme Verbände** sind z. B. die Schlafgemeinschaften der Saatkrähen und die Wanderungsgesellschaften der Zugvögel.

Das Kastensystem im Termitenstaat

Die Termiten leben in sogenannten sozialen Verbänden zusammen. Das Zusammenleben ist durch das Vorhandensein von mindestens drei „Kasten" und einer entsprechenden Arbeitsteilung gekennzeichnet: Die *Geschlechtstiere* – sie sind zunächst geflügelt – sorgen für die Fortpflanzung. Die eierlegende Königin hat einen stark vergrößerten Hinterleib. Die *Soldaten* haben verstärkte Mundwerkzeuge und verteidigen den „Staat". Die *Arbeiterkaste* sorgt für Nahrung, füttert die Artgenossen und betreibt Brutpflege. Bei manchen Termitenarten wird die Kastenbestimmung durch bei der Fütterung weitergegebene Hormone reguliert.

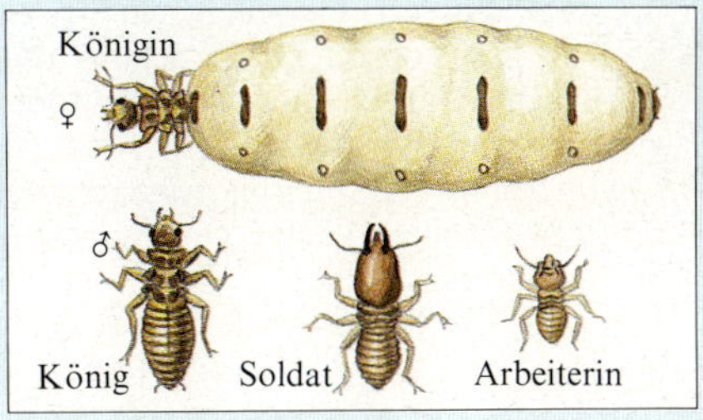

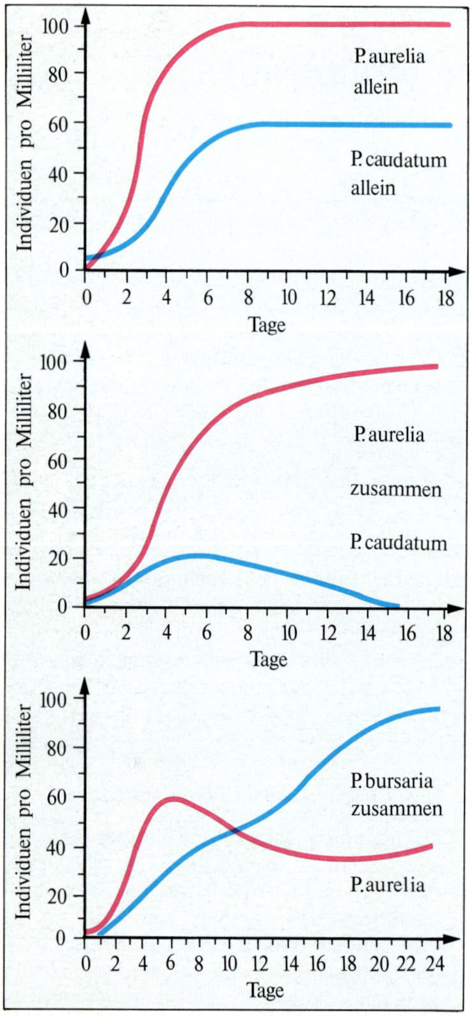

32.1. Kulturversuche mit verschiedenen Paramecium-Arten

3.2. Interspezifische Beziehungen

3.2.1. Interspezifische Konkurrenz

Hält man die beiden Pantoffeltierchen-Arten *Paramecium aurelia* und *Paramecium caudatum* jeweils isoliert in Kultur, so vermehrt sich die kleinere Art *P. aurelia* in der Anfangsphase schneller. Die beiden Pantoffeltierchen-Arten vermehren sich durch Zweiteilung. Ihre Ansprüche an die Umwelt sind gleich. Kultiviert man nun beide Paramecium-Arten zusammen, so verdrängt die schneller wachsende *P. aurelia*-Population die konkurrierende Art: Sie frißt den *P. caudatum*-Individuen die Nahrung weg. Man spricht in diesem Fall vom **Konkurrenzausschluß**. Nach diesem Prinzip können Arten mit gleichen ökologischen Bedürfnissen nicht nebeneinander existieren.

Setzt man in ein Kulturgefäß die beiden Arten *P. aurelia* und *P. bursaria* ein, so überleben in dieser Kultur beide Arten. Die angebotenen Umweltbedingungen werden von den beiden Einzellern unterschiedlich genutzt. So frißt *P. aurelia* die Bakterien, die sich in der auf der Oberfläche schwimmenden Kahmhaut befinden. *Paramecium bursaria* dagegen ernährt sich von den nach unten absinkenden Bakterien. Die beiden Arten stehen hier also nicht im Wettbewerb um die Nahrung. Man spricht von der **Konkurrenzvermeidung**. Dieses Prinzip ist grundsätzlich die Basis des Zusammenlebens artverschiedener Organismen in einem gemeinsamen Lebensraum.

In einer Biozönose stehen die artverschiedenen Organismen miteinander im Wettbewerb um Nahrung, Raum und andere Umweltfaktoren. Dabei ist der Wettbewerb zwischen den Arten um so größer, je ähnlicher die Ansprüche an die Umwelt sind.

Interspezifische Konkurrenz bei Pflanzen – Allelopathie

Schon lange ist vom Walnußbaum bekannt, daß in seinem Bereich ein Kräuter-Unterwuchs weitgehend fehlt. Der Walnußbaum produziert in verschiedenen Geweben ein spezifisches Stoffwechselprodukt. Dieses gelangt mit abgestorbenen Pflanzenteilen in den Boden und wird zu dem Wirkstoff *Juglon* oxidiert. Das Juglon hemmt viele breitblättrige Kräuter in ihrer Entwicklung, so daß ihr Vorkommen unter Walnußbäumen ausgeschlossen ist. Andere Pflanzen, so z. B. bestimmte Grasarten, werden dagegen durch den Wirkstoff gefördert.

Die Erscheinung, daß sich Pflanzenarten durch Stoffwechselprodukte gegenseitig beeinflussen, bezeichnet man als **Allelopathie**.

Die gegenseitige Beeinflussung durch freigesetzte Pflanzenstoffe kann das Bild ganzer Landschaften prägen. So produziert das Heidekraut Stoffe, die Mykorrhiza-Pilze hemmen. Diese Pilze sind aber auf Heideböden für ein günstiges Wachstum von Bäumen erforderlich. Erst wenn man das Heidekraut entfernt, kann sich eine typische Waldvegetation entwickeln.

3.2.2. Räuber-Beute-Beziehungen

Die Abhängigkeit des Pantoffeltierchens von Bakterien ist eine typische Räuber-Beute-Beziehung. Als **Räuber** bezeichnet man die Organismen, die sich von den organischen Verbindungen ihrer getöteten **Beute** ernähren. Auch die Wechselwirkungen zwischen Pflanzenfresser und Pflanzennahrung zeigen ein Räuber-Beute-Verhältnis.

Abwehrmechanismen. Wie kommt es, daß einige Pflanzen von pflanzenfressenden Tieren gemieden werden? Man findet verschiedene **passive Schutzeinrichtungen.** Hierzu zählen z. B. die Dornen der *Kakteen* und die Stacheln der *Rosen*. Berührt man die Blattunterseite der *Brennessel,* so brechen die Spitzen der dort sitzenden Brennhaare ab. Ihr freiwerdender Inhalt erzeugt auf der Haut einen brennenden Schmerz.

In Pflanzen weit verbreitet sind spezifische chemische Substanzen, die auf unterschiedliche Weise als **Abwehrstoffe** *(Repellents)* wirken. So können Blätter, Früchte und andere Pflanzenteile giftige oder ungenießbare Verbindungen enthalten. Freßfeinde überleben den Genuß dieser Pflanzen nicht, oder sie lernen, derartige Pflanzen zu meiden. Man hat sogar feststellen können, daß manche Baumarten bei einem Schädlingsbefall die Produktion fraßhemmender Stoffe erhöhen. Nachwachsende junge Blätter sind dann stärker geschützt.
Obwohl Pflanzen vielfältige Formen der chemischen Abwehr entwickelt haben, gibt es keinen vollständigen Schutz gegenüber Freßfeinden. *Wolfsmilchgewächse* enthalten z. B. einen weißen, sehr giftigen Saft, der bei Verletzung sofort austritt. Mit den Raupen des *Wolfsmilchschwärmers* gibt es jedoch Pflanzenfresser, denen dieses Gift nichts anhaben kann. Hier zeigt sich eine allgemeine Regel: Gegen unspezifische Freßfeinde sind Pflanzen oft wirkungsvoll geschützt, nicht aber gegen Nahrungsspezialisten.

Ein Nahrungsspezialist ist auch der nordamerikanische *Monarchfalter,* dessen Raupen sich von einer bestimmten Schwalbenwurz-Art ernähren. Mit der Nahrung nehmen die Raupen Giftstoffe auf, die sie in ihren Körper einbauen. Sie und die sich aus ihnen entwickelnden Falter werden dadurch ungenießbar. Tatsächlich haben auch die Tiere neben Formen **aktiver Gegenwehr** wie Beißen, Stechen oder Schlagen eine Vielzahl passiver Schutzeinrichtungen entwickelt.

Die Entdeckung des „Papierfaktors“

Im Jahre 1964 reiste der tschechische Biologe SLAMA in die USA, um dort Forschungsarbeiten an einer Feuerwanzen-Art vorzunehmen. Er brachte dazu 1215 Larven des Objekts mit, die in mit Papier ausgelegten Petrischalen gehalten wurden. Obwohl diese Tiere leicht zu züchten sind, entwickelte sich nur eine einzige der mitgebrachten Larven zum erwachsenen Tier. Alle anderen Exemplare zeigten abnorme Häutungen und gingen als Larven ein. Nach umfangreichen Experimenten fand man heraus, daß die Entwicklung der Feuerwanzen auf Papier englischer Herkunft einwandfrei verlief. Auf verschiedenen amerikanischen Papiersorten – man untersuchte z. B. Material der „New York Times“ – entstanden keine erwachsenen Tiere. Man schloß daraus, daß es einen „Papierfaktor“ gibt, der die Insektenentwicklung stört. Der Hauptholzlieferant für amerikanisches Zeitungspapier ist die Balsamtanne. Dieses Holz enthält eine Verbindung – das Juvabion –, die von Feuerwanzen bei Kontakt mit entsprechenden Papiersorten aufgenommen wird. Juvabion wirkt dann wie ein Jugendhormon (Juvenilhormon). Inzwischen hat man einige hundert **pflanzliche Juvenilhormone** entdeckt und prüft, ob diese zur Schädlingsbekämpfung einzusetzen sind.

V 33.1. Brennhaare der Brennessel

Durchführung: Stelle von der Blattunterseite der Brennessel dünne Flächenschnitte her und mikroskopiere sie in Wasser. Ein unverletztes Brennhaar trägt ein kleines „Köpfchen“; bricht dieses ab, so tritt der Zellinhalt (Natriumformiat, Histamin, Acetylcholin) aus.

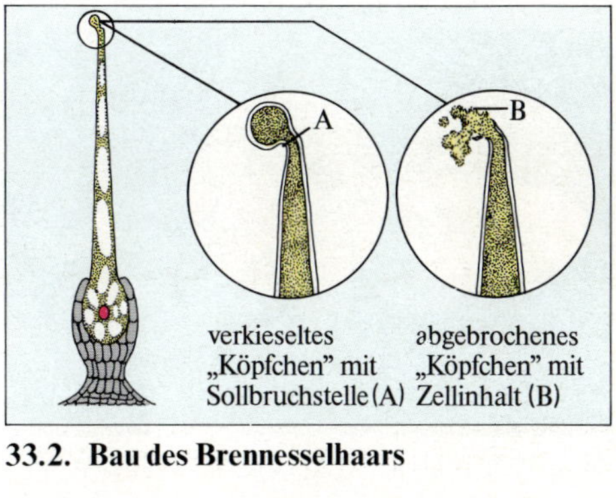

33.2. Bau des Brennesselhaars

34.1. Umgebungstracht (Plattfisch)

34.2. Nachahmungstracht („Wandelndes Blatt“)

34.3. Nachahmungstracht (Raupen)

34.4. Schrecktracht (Abendpfauenauge)

Schutztrachten. Tiere können sich z. B. durch Flucht oder aktive Gegenwehr Freßfeinden entziehen. Die größte Vielfalt unter den Abwehrmechanismen findet man jedoch bei den sogenannten *Schutztrachten* der Tiere: Durch optisch wirkende Eigenschaften wie Form, Farbe und Bewegung wird eine Schutzwirkung gegenüber einem potentiellen Angreifer erzielt. Schutztrachten haben sich im Laufe der Evolution bei vielen Tierarten durchgesetzt, weil sie die Überlebenschance und damit die Möglichkeit zur Fortpflanzung erhöhen.

Umgebungstrachten. Viele Tiere sind im äußeren Erscheinungsbild ihrer natürlichen Umwelt angepaßt: Das Fell des Schneehasen ist weiß, das des Feldhasen erdfarben. Zu Farbwechseln befähigte Tiere wie z. B. Plattfische und Chamäleons haben ein erhöhtes Tarnvermögen, weil sie ortsunabhängig sich der Umgebung anpassen können.

Nachahmungstrachten (Mimese). Ahmen Tiere leblose Gegenstände, Pflanzen oder Tiere ihres Lebensraumes nach, so bezeichnet man das als Mimese. So erstarrt die Rohrdommel bei Gefahr mit nach oben gestrecktem Schnabel in Pfahlstellung. Zusätzlich läßt sie den Hals im Rhythmus des Röhrichts mitschwingen. Unter den Insekten findet man viele Blattnachahmer. Das „wandelnde Blatt“ ist z. B. eine Heuschreckenart. Andere ähneln in Farbe und Haltung kleinen Ästchen, Beispiele sind hier Raupen verschiedener Schmetterlingsarten.

Warn- und Schrecktrachten. Fühlt sich das Abendpfauenauge bedroht, so spreizt der Falter seine Flügel. Es werden plötzlich augenähnliche Zeichnungen, sogenannte Augenflecken, sichtbar, die insektenfressende Vögel abschrecken. Auffällige Warnmuster findet man bei wehrhaften (z. B. Wespe) oder ungenießbaren (z. B. Marienkäfer) Tieren. Freßfeinde lernen hier aus Erfahrung, entsprechend gekennzeichnete Beuteorganismen zu meiden.

Mimikry (Scheinwarntracht). Auch bei einigen wehrlosen oder genießbaren Insekten findet man das Wespenfarbmuster. So hat der harmlose Hornissenschwärmer, eine Schmetterlingsart, eine hornissenähnliche Zeichnung und Gestalt. Hier ist im Laufe der Evolution ein Nachahmer der wehrhaften Hornisse entstanden. Freßfeinde, die aus Erfahrung die Hornisse meiden, meiden dann auch den nachahmenden Hornissenschwärmer. Diese Form einer Schutztracht bezeichnet man als Mimikry.

Schutztrachten bei Pflanzen

In verschiedenen Trockengebieten sind die Mittagsblumengewächse verbreitet. Unter ihnen findet man Arten, deren dickfleischige Blätter in Form und Farbe kantigen Gesteinsbrocken gleichen. Die „Lebenden Steine" sind daher vor Tierfraß weitgehend geschützt. Nur zur Blütezeit sind sie deutlich als Pflanzen erkennbar.

Eine besondere „Schutztracht" findet man bei Passionsblumen. Ihre Nektardrüsen sehen auf den Blättern so aus wie abgelegte Eier der Schmetterlingsart, die die Blume häufig besucht. Da der Schmetterling „besetzte Blätter" zur Eiablage meidet, ergibt sich so ein Schutz gegen Raupenfraß.

„Lebende Steine"

„Lebende Steine" (Blüte)

Passionsblume mit „Eiflecken"

Mimikry bei Schmetterlingen

Die Färbung des ungenießbaren Chrysippusfalters wird von verschiedenen anderen Faltern nachgeahmt. Aufgrund der Erfahrungen mit der schlechtschmeckenden Art meiden insektenfressende Vögel dann auch die genießbaren Nachahmer. Allerdings hängt der Schutzeffekt für die Nachahmer davon ab, daß die ungenießbare Art weit häufiger vorkommt. Im anderen Fall würde der Räuber häufiger die Erfahrung machen, daß Schmetterlinge mit dem bewußten Muster genießbar sind. Als Folge eines solchen Lernvorganges wären die ungenießbare Art und die Nachahmer gleichermaßen gefährdet.

Hypolimnas
(Nachahmer, weiblicher Falter)

Chrysippusfalter

Hypolimnas
(Nachahmer, männlicher Falter)

Aggressive Mimikry

Manche Nachahmer sind Räuber. Krabbenspinnen, die eine blütenähnliche Zeichnung aufweisen, sitzen zum Beuteerwerb in Blüten. Anfliegende Insekten werden getäuscht und so leicht zur Beute der räuberischen Spinnen. Ein besonderer Fall von aggressiver Mimikry liegt bei räuberischen Leuchtkäferweibchen vor. Sie locken durch „falsche" Lichtsignale artfremde Männchen an und verspeisen sie.

Krabbenspinne in Blüte

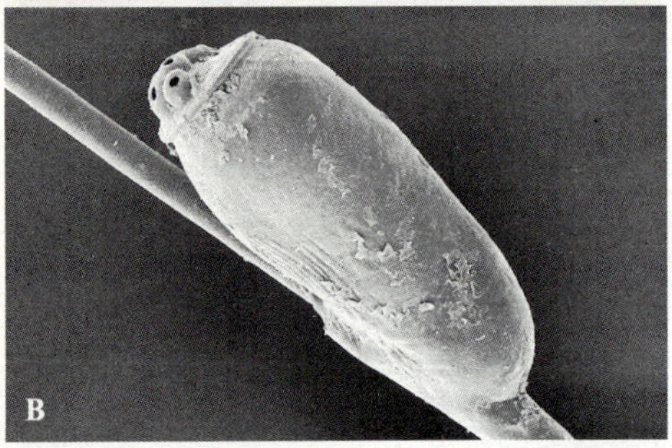

36.1. Die Menschenlaus Pediculus humanus. A Lichtmikroskopische Aufnahme **B** Rasterelektronenmikroskopische Aufnahme einer Nisse

Hyperparasitismus

In jüngster Zeit nimmt der Läusebefall vor allem bei Kindern zu. Worin besteht die gesundheitliche Gefährdung des Menschen? Läuse werden von Mensch zu Mensch übertragen. Das Weibchen der **Kleiderlaus** legt täglich bis zu 300 Eier (Nissen). Die schlüpfenden Larven und die erwachsenen Tiere saugen mehrmals täglich Blut. Dabei verursacht eindringender Speichel lästigen Juckreiz. Die Gefährlichkeit der Läuse besteht nun darin, daß sie selbst von bakteriellen Innenparasiten befallen sein können. Das Kratzen begünstigt die Übertragung von Krankheiten von der Laus auf den Menschen.

Besonders wichtig sind hier die Bakterien, die das **Läusefleckfieber** (Flecktyphus) hervorrufen. Die Infektion erfolgt durch das Einkratzen von Läusekot. In den gemäßigten Klimazonen gehört das Läusefleckfieber zu den gefährlichsten Infektionskrankheiten; es breitet sich bei mangelnden hygienischen Bedingungen aus.

Die Kleiderlaus parasitiert auf dem Menschen, die Fleckfieber-Bakterien in der Laus. Den Parasit eines Parasiten nennt man **Hyperparasit.**

3.2.3. Parasitismus

Bandwürmer, Stechmücken und Läuse sind Beispiele für Tiere, die sich von anderen Organismen ernähren, ohne sie zu töten. Es sind **Parasiten.** Sie leben auf einer anderen Organismenart oder in deren Körper. Diesen sogenannten **Wirt** schädigen sie durch Stoffentzug, Gewebezerstörung und vor allem durch die Abgabe giftig wirkender Produkte. Die *Parasit-Wirt-Beziehung* zeigt Parallelen zur *Räuber-Beute-Beziehung:* Parasit und Räuber leben jeweils von den organischen Substanzen artverschiedener Lebewesen. Während der Räuber in der Regel größer als seine Beute ist, sind Parasiten meist deutlich kleiner als ihre Wirte. Oft leben viele Individuen einer Parasitenart von einem einzigen Wirtsorganismus. Verschiedene Parasitenarten können auch gleichzeitig dasselbe Wirtsindividuum befallen.

Nach Dauer der parasitären Lebensweise kann man zwischen *zeitweiligen* (temporären) und *ständigen* (permanenten) Parasiten unterscheiden. Die blutsaugenden Weibchen von Stechmücken oder Bremsen suchen den Wirt z. B. nur kurz zur Nahrungsaufnahme auf.

Andere Parasiten sind während ihres gesamten Daseins auf ihren Wirt angewiesen; sie können isoliert nicht existieren. Derartige Parasiten zeigen oft eine strenge **Wirtsspezifität** und können nur eine oder nur nahe verwandte Arten befallen. Ein anschauliches Beispiel sind hier die Tierläuse. So lebt ein und dieselbe Tierlausart sowohl auf dem afrikanischen als auch auf dem indischen Elefanten. Auch beim Menschen kommt eine artspezifische Lausart vor: Die Menschenlaus tritt in zwei Unterarten als Kopf- und Kleiderlaus ausschließlich beim Menschen auf. Tatsächlich hat man die Wirtsspezifität der Tierläuse benutzt, um bei verschiedenen Säugetieren Verwandtschaftsbeziehungen zu belegen. So findet man z. B. gleiche Lausarten bei Kamelen und Lamas.

Tierläuse sind typische **Außenparasiten:** Sie machen alle Entwicklungsstadien auf der Körperoberfläche warmblütiger Wirbeltiere durch. Sie ernähren sich von den Eiweißbestandteilen der Haare oder Federn *(Haarlinge, Federlinge)* oder vom Blut *(echte Läuse)* des Wirtes. Läuse zeigen deutliche Anpassungen an die parasitäre Lebensweise: Flügellosigkeit, Abplattung des Körpers, Reduktion der Augen, Haft- und Klammerorgane sowie spezifische Mundwerkzeuge zeichnen diese Außenparasiten aus.

Noch extremer sind derartige Anpassungserscheinungen bei **Innenparasiten** wie etwa den *Bandwürmern*. Sie bestehen aus einem Kopfteil mit Haftorganen, an den sich viele Körperglieder anschließen, die durch ihre gesamte Oberfläche gelöste Nahrung aufnehmen. Bandwürmer haben weder Darm- noch Blutgefäßsystem. Das Fortpflanzungssystem ist dagegen besonders gut entwickelt. So produziert ein einzelnes Körperglied des Rinderbandwurmes rund 100000 Eier. Im Laufe seines Lebens kann ein Bandwurm bis zu 10 Milliarden Eier produzieren. Die hohe Eiproduktion bei Innenparasiten steht mit dem Problem der Wirtsfindung im Zusammenhang. Dabei spielt nicht nur die Spezialisierung auf einen Wirtstyp eine Rolle. Schwieriger ist die Wirtsfindung meist dann, wenn der Parasit in seiner Entwicklung einen **Wirtswechsel** vollziehen muß. So müssen z. B. die vom Menschen freigesetzten Eier des Rinderbandwurmes vom Rind aufgenommen werden, damit der Entwicklungszyklus des Parasiten weiterlaufen kann.

Verbreitung des Parasitismus. Die parasitische Lebensweise tritt in den verschiedensten Organismengruppen auf. Ebenso groß ist die Vielfalt der Wirtsorganismen. Auch der Mensch kann von parasitischen Bakterien, Viren, Pilzen und Tieren befallen werden. So leidet über ein Fünftel der Menschheit unter Pilzbefall. Von derartigen *Mykosen* sind besonders Haut, Haare und Nägel (z. B. „Fußpilz") betroffen. Die krankheitserregenden Pilze besitzen spezifische Enzyme, die z. B. die Hornsubstanz zersetzen können. Die durch parasitische Pilze an Kulturpflanzen hervorgerufenen wirtschaftlichen Schäden erreichen jährlich Milliardenbeträge. Unter den Erregern von Pflanzenkrankheiten dominieren Pilze eindeutig; Beispiele sind der Mehltau beim Wein, der Schwarzrost beim Getreide oder der Blauschimmel beim Tabak.

Während es unter den höheren Pflanzen nur wenige Parasitenarten gibt, ist der Parasitismus im Tierreich weit verbreitet. Man schätzt, daß etwa ein Viertel der etwa 1500000 Tierarten parasitisch lebt. Nur von den Stachelhäutern und den Wirbeltieren – wenn man von einigen blutsaugenden Vampirfledermäusen absieht – sind keine parasitischen Arten bekannt. Die größte Anzahl tierischer Parasiten findet man mit ca. 80000 Arten bei den Schlupfwespen.

Der Parasit ist meist hervorragend an den Wirt angepaßt. Diese Anpassung hat sich im Laufe der Evolution vollzogen, in der auch der Wirt Veränderungen erfahren hat. In der *Koevolution* haben sich Parasit und Wirt gegenseitig beeinflußt.

Comeback der Malaria

Im Jahr 1946 gab es im Inselstaat Sri Lanka 2,8 Mill. Malariakranke. Diese Zahl sank 1963 auf 17. Dieser drastische Rückgang war das Ergebnis der Bekämpfung des Malaria-Überträgers, der *Anopheles-Mücke,* mit Insektengiften wie DDT und Dieldrien. Heute gibt es in Sri Lanka wieder über zwei Millionen Malariakranke, weltweit sind es 300 Millionen. Jährlich sterben allein in Afrika über 1 Million Kinder an dieser Tropenkrankheit.

Die weltweite Zunahme der Malaria ist darauf zurückzuführen, daß die Anopheles-Mücke gegen die jahrelang eingesetzten Insektizide **resistent** geworden ist. Darüber hinaus ist in vielen Fällen auch der Malaria-Erreger, das einzellige Sporentierchen *Plasmodium,* gegen die einst wirksamen Malaria-Medikamente resistent geworden. Diese Medikamente bieten daher auch keinen ausreichenden Vorsorgeschutz mehr. Zur Zeit arbeitet man an der Entwicklung eines Impfstoffes, der spezifisch auf Eiweiße des Malaria-Erregers reagiert.

Parasitoide

Schlupfwespen betreiben Brutfürsorge, indem sie ihre Eier in anderen Tieren ablegen, so z. B. in Schmetterlingsraupen. Die schlüpfenden Parasitenlarven ernähren sich von ihrem Wirt und verursachen schließlich seinen Tod. Parasiten, die im Laufe ihrer Entwicklung regelmäßig ihren Wirt abtöten, bezeichnet man als **Parasitoide** oder Raubparasiten.

Bilharziose

Rund 200 Millionen Menschen leiden an dieser Infektionskrankheit, die durch **Pärchenegel** der Saugwurmgattung *Schistosoma* hervorgerufen wird. Die Krankheit ist in den großen feuchten Niederungsgebieten Afrikas, aber auch in Ostasien und in Südamerika verbreitet. Pärchenegel sind getrenntgeschlechtlich, sie leben aber paarweise zusammen: Das fadenförmige Weibchen liegt in einer Bauchfalte des Männchens. Der Mensch ist der Endwirt, dort ernähren sich die Würmer in den Lebergefäßen vom Blut. Nach der Begattung wandern die Weibchen in den Darm- oder Blasenbereich und legen dort die Eier ab. Die ausgeschiedenen Eier gelangen ins Wasser. Aus ihnen schlüpfen bewimperte Larven, sogenannte *Miracidien*. Diese müssen innerhalb von 48 Stunden ihren Zwischenwirt gefunden haben. Als Zwischenwirt dienen bestimmte Schneckenarten, die in mindestens 20 °C warmen Gewässern leben. Innerhalb weniger Wochen entwickeln sich in der Schnecke über mehrere Zwischenformen Gabelschwanzlarven, sogenannte *Cercarien*. Sie gelangen über die Atemhöhle der Schnecke in das Wasser. Betritt ein Mensch verseuchtes Wasser, dringen die Gabelschwanzlarven mit Hilfe eiweißauflösender Enzyme innerhalb weniger Sekunden durch die Haut ein. Sie werfen den Schwanz ab, wandern in die Venen ein und entwickeln sich zu den geschlechtsreifen Tieren.

Die erwachsenen Pärchenegel können im Menschen über zehn Jahre alt werden. Warum spricht das Abwehrsystem des Wirtes auf diesen Innenparasiten nicht an? Pärchenegel verdauen die Roten Blutkörperchen nicht vollständig, sondern bauen auch einige der Proteine in ihre Körperbedeckung ein. Die Egel werden daher nicht als körperfremd erkannt.

Von der Bilharziose befallene Menschen fühlen sich dauernd ermattet, es kommt zu Entzündungen in Leber und im Blasenbereich. Die Krankheit führt zwar nur selten direkt zum Tode, die Betroffenen sind aber so geschwächt, daß selbst leichtere Infektionen lebensbedrohlich werden können.

Zur Bekämpfung hat man z. B. die Schnecken als Zwischenwirt ausgeschaltet. Die eingesetzten *Schneckengifte* haben aber auch viele andere Wasserbewohner einschließlich der Fische vernichtet. Anschließend hat man dann eine Neueinwanderung der Schnecken beobachtet.

Bei der Analyse des Infektionsvorgangs ist eine andere Bekämpfungsmethode der Bilharziose erkennbar geworden. Die im Wasser schwimmenden Gabelschwanzlarven werden durch die Temperatur und spezifische menschliche Hautstoffe zum Eindringen veranlaßt. Nach dem Eindringen verändern die Larven unter Einfluß der Hautstoffe ihre Körperoberfläche; sie wird wasserdurchlässiger. Gelänge es, derartige Hautstoffe in ausreichenden Mengen verseuchten Gewässern zuzusetzen, würden die darin schwimmenden Gabelschwanzlarven durch eindringendes Wasser zugrunde gehen. Auch bei der direkten Bekämpfung des Egels im Menschen hat man Fortschritte gemacht: Der fettlösliche Wirkstoff *Praziquantel* dringt schnell in den Parasiten ein und verhindert dann, daß Glucose aus der Umgebung aufgenommen werden kann. Die Egel verhungern.

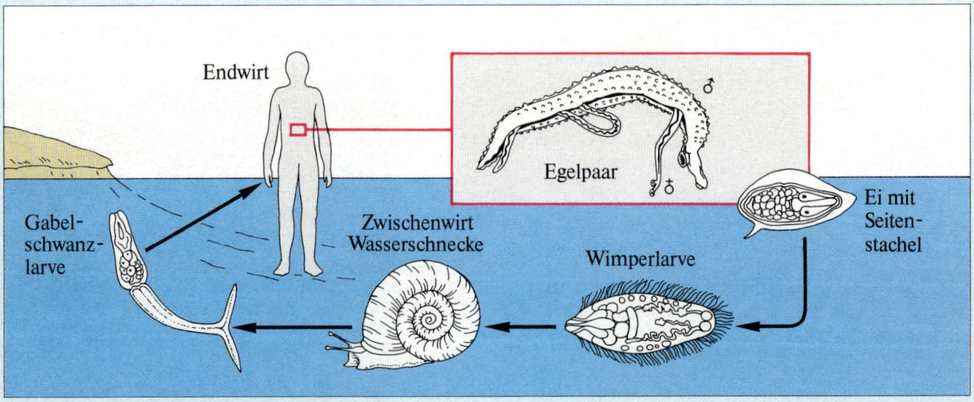

38.1. Entwicklungszyklus des Pärchenegels

Gallen

Im Herbst beobachtet man auf den Blattunterseiten unserer heimischen Stiel- und Traubeneichen kleine linsenförmige Gewebewucherungen. Diese sogenannten *Linsengallen* werden von Eichengallwespen der Gattung *Neuroterus* hervorgerufen. Im Sommer legen nämlich befruchtete Weibchen ihre Eier in den Adern junger Eichenblätter ab. Jede schlüpfende Larve verursacht dann die Bildung einer Linsengalle. Diese besteht aus einer Larvenkammer, die von Nährgewebe eingeschlossen ist. Man kann die Gallbildung als Abwehrreaktion der Pflanze interpretieren, durch die der Parasit räumlich begrenzt wird. Im einzelnen sind aber die Prozesse nicht geklärt. Etwa Anfang November fallen die Gallen ab und überwintern in der Laubstreu. Dabei entwickeln sich die Larven weiter und ernähren sich vom Nährgewebe. Im März schlüpfen dann weibliche Gallwespen. Diese legen unbefruchtete Eier in den Knospen der Eiche ab. Beim Aufbrechen der Knospen entstehen an den Blättern runde, weinbeerenähnliche Gallen. Nach rund 40 Tagen schlüpfen aus diesen Gallen männliche und weibliche Tiere. Die Weibchen werden befruchtet, und es erfolgt die oben geschilderte Eiablage, die zur Bildung der Linsengallen führt. Es liegt hier also ein *Generationswechsel* vor: Die Frühjahrs- und die Sommergeneration der Eichengallwespe pflanzen sich auf unterschiedliche Weise fort. Zudem erzeugen sie verschiedene Gallttypen.

Gallen können von Bakterien, Pilzen und von verschiedenen Tiergruppen erzeugt werden. In Mitteleuropa gibt es über 3000 verschiedene Gallformen; allein auf der Eiche existieren 130 verschiedene. Dabei können auf ein und demselben Blatt verschiedene Arten nebeneinander auftreten. Die spezifische Gestalt einer Galle wird also ganz wesentlich vom Gallerzeuger bestimmt; die Pflanze als Wirt hat aber die Fähigkeit, in vielfältiger Form zu reagieren. Nach den befallenen Pflanzenorganen spricht man von Blatt-, Stengel-, Blüten-, Knospen- und Wurzelgallen. Gallen werden aber auch nach ihrer Form benannt, z. B. die Ananasgalle der Fichte, die Beutelgalle der Buche, die Spirallockengalle der Pappel oder der Schlafapfel der Rose.

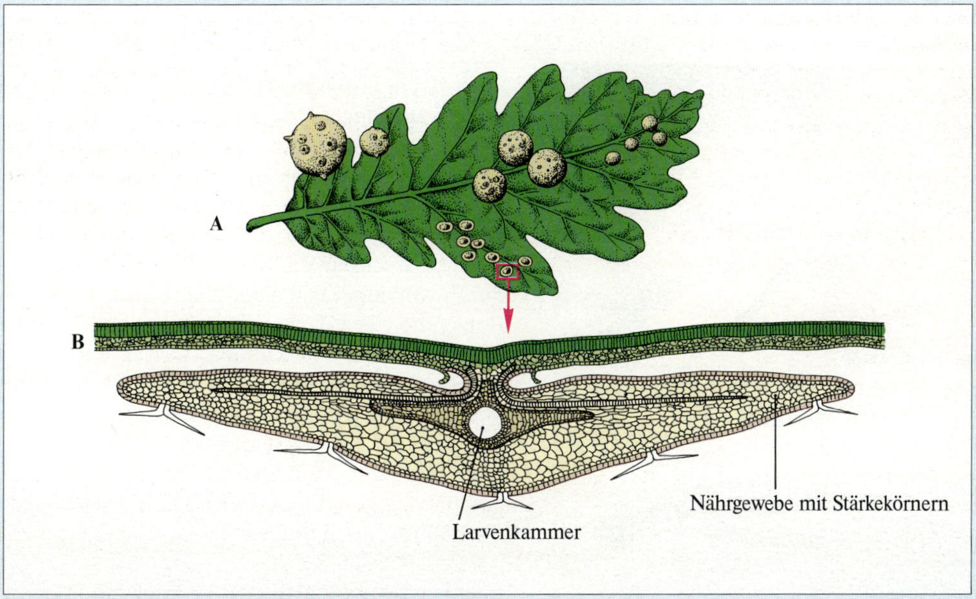

39.1. A. Verschiedene Gallenformen (Eichenblatt), B Linsengalle der Gallwespenart Neuroterus quercus-baccarum. (Querschnitt durch eine Galle)

A 39.2. Erläutern Sie am Beispiel der verschiedenen Gallen bei der Eiche das Phänomen der zwischenartlichen Konkurrenzvermeidung!

Einseitiges Nutznießertum

Die Auswirkungen interspezifischer Beziehungen können für den Einzelorganismus ganz unterschiedlich sein. Bei der Räuber-Beute-Beziehung und beim Parasitismus wird einer der Partner jeweils geschädigt. In der Symbiose dagegen genießen beide vergesellschafteten Arten Vorteile. Zwischen diesen Formen zwischenartlicher Beziehung gibt es fließende Übergänge. So tragen z. B. Dung bewohnende Käfer Würmer mit sich, die sich ausschließlich von Dungmaterial ernähren. Hier liegt eine interspezifische Beziehung vor, in der nur ein Partner einen Vorteil hat. Der Käfer erfährt durch diese Transportbeziehung weder Vor- noch Nachteile. Man spricht von einem einseitigen Nutznießertum. Dieser Fall liegt z. B. auch bei den Lotsenfischen vor. Sie begleiten regelmäßig Haie und kommen so in den Genuß von Nahrungsabfällen.

A 40.1. Stellen Sie alle Ihnen bekannten Formen der interspezifischen Beziehungen zusammen und vergleichen Sie jeweils die Auswirkungen für die artverschiedenen Partner!

40.2. Der Putzerlippfisch Labroides dimidiatus. A Beim Reinigen eines anderen Fisches, **B** Nachahmer (Säbelzahnschleimfisch Aspidontus taeniatus)

3.2.4. Symbiose

Afrikanische Huftiere wie Antilopen, Büffel, Nashörner, Flußpferde und Zebras werden regelmäßig von Vögeln begleitet, die sie von lästigen Zecken, Fliegenmaden und anderen Außenparasiten befreien. Dabei werden diese *Madenhacker* von den Großtieren auf der Körperoberfläche geduldet. Die Beziehung zwischen Huftier und Madenhacker ist ein Beispiel für eine **Symbiose.** Darunter versteht man ein Zusammenleben artverschiedener Organismen, das für beide Partner von Nutzen ist. Allgemein bezeichnet man die kleinere Art – hier den Madenhacker – als Symbiont und die größere als Wirt.

Die Beziehung zwischen Madenhacker und Huftier ist eine **Putzsymbiose.** Der Vogel findet reichlich Nahrung, der Wirt wird von Außenparasiten befreit. Interessant ist, daß es in Amerika mit den *Kuhstährlingen* ebenfalls Putzsymbionten gibt, die die dortigen Büffel- und Rinderherden begleiten. Diese Vögel sind nicht näher mit den afrikanischen Madenhakkern verwandt, zeigen aber eine analoge Verhaltensweise.

In den Korallenriffen der warmen Meere kann man verschiedene Organismenarten beobachten, die auf das Putzen von großen Fischen spezialisiert sind. Der etwa 10 cm große **Putzerlippfisch** *Labroides* wird an seiner auffälligen Zeichnung erkannt. Potentielle „Putzkunden" nehmen eine besondere Putzaufforderungsstellung ein; manche Wirte fallen sogar in eine Art Starre mit abgehobenen Kiemendeckeln und gespreizten Flossen. Andere Wirte, wie z. B. Zackenbarsche, wechseln die Farbe: Sie werden blasser, wodurch Außenparasiten deutlicher hervortreten. Beim Putzen betrillert Labroides mit seinen Bauchflossen unentwegt den Putzkunden. Dieser weiß dadurch, wo gerade gesäubert wird. Selbst im Maul duldet der Wirtsfisch den Putzer. Nach Beendigung der Reinigung spuckt der Wirt den Putzer wieder aus und schwimmt erst dann davon. Durch Beobachtungen hat man festgestellt, daß ein Putzerfisch in 6 Stunden über 300 Kunden säubert.

In einem bemerkenswerten Versuch hat man die Bedeutung der Putzerfische in der Lebensgemeinschaft des Korallenriffs demonstriert. Man fing in einem Bahama-Riff alle Putzer weg. Danach wanderte ein großer Teil der Fische ab. Die wenigen verbleibenden ortstreuen Fische zeigten nach zwei Wochen zum großen Teil Hautschäden und verpilzte Stellen.

Der Putzerfisch Labroides hat einen räuberischen Nachahmer. Dieser zeigt eine sehr ähnliche Tracht und ahmt die Schwimmbewegung des echten Putzers nach. So gelangt er unbehelligt an große Fische heran und entreißt ihnen mit seinen Zähnen blitzschnell Hautstücke. Es liegt hier also ein Fall von *Angriffsmimikry* vor.

Putzerfische decken den größten Teil ihres Nahrungsbedarfs durch den Verzehr von Außenparasiten. Sie können sich aber auch anders ernähren, so daß sie nicht auf die Symbiose angewiesen sind. Auch der Wirtsfisch ist in seiner Existenz nicht von einer dauernden Vergesellschaftung mit einem Putzerfisch abhängig. Putzsymbiosen sind in der Regel gelegentliche, lockere interspezifische Beziehungen.

Symbiontische Beziehungen können unterschiedlich intensiv sein. Bei **obligaten Symbiosen** ist die zwischenartliche Beziehung für mindestens einen Partner lebensnotwendig. Ein solches Verhältnis liegt wohl immer dann vor, wenn unter natürlichen Bedingungen beide Symbiose-Partner immer zusammen und nie einzeln auftreten. Dies gilt vor allem für zahlreiche **Endosymbiosen,** bei denen die einzelligen Symbionten im Verdauungstrakt des Wirtes leben. So beherbergen holzfressende *Termiten* in ihrem zu einer Gärkammer erweiterten Hinterdarm spezifische Flagellaten-Arten. Diese verfügen über cellulosespaltende Enzyme und ermöglichen so den Holzabbau. Die holzzerkleinernden Wirte liefern ihren Partnern Nahrung im Überschuß. Die Termiten ernähren sich von den sich ständig vermehrenden Einzellern und erhalten so eine vielseitige Nahrung. Frischgeschlüpfte Termiten nehmen am After älterer Tiere flagellatenhaltige Flüssigkeit auf, um so den Symbiosepartner zu erhalten.

Blut- und *pflanzensaftsaugende Insekten* enthalten in besonderen Organen symbiontische Bakterien und Pilze. Dabei leben diese in spezialisierten Zellen des Wirtes. Die Funktion derartiger Symbionten liegt nicht in der Verwertung der Nahrung. Vielmehr liefern sie ihrem Wirt Eiweißstoffe und Vitamine. Nur so können die Insekten trotz ihrer sehr einseitigen Ernährung existieren. In Experimenten hat man nachweisen können, daß die Insekten ohne Symbionten zugrunde gehen. Aber auch die Endosymbionten sind außerhalb des Wirtes meist nur selten auf besonderen Nährböden am Leben zu erhalten.

Auch Symbiosen sind Beispiele für eine *Koevolution* artverschiedener Organismen: In der Weise, wie z. B. Termiten Nahrungsspezialisten wurden, mußten sich auch ihre endosymbiontischen Einzeller an die einseitige Ernährung anpassen.

Ameisen als Pilzzüchter

Die in Südamerika verbreiteten *Blattschneiderameisen* trennen große Blattstücke aus Pflanzen und transportieren diese in ihre Nester. Dabei können über Nacht ganze Bäume entlaubt werden. Allerdings ernähren sich die Ameisen nicht von den Blättern. Vielmehr zerkauen sie das Pflanzenmaterial zu einem Brei, der zusätzlich mit Ameisenkot gedüngt wird. In besonderen Zuchtkammern gedeihen dann auf diesem spezifischen Nährboden Pilze. Die Pilzfäden werden ständig beschnitten. Sie bilden an den Schnittenden keulenartige Verdickungen, von denen sich die Ameisen hauptsächlich ernähren. Die Symbiose zwischen Pilz und Ameise ist so eng, daß eine junge Königin beim Ausschwärmen in einer besonderen Mundtasche Pilzmaterial mit sich führt. So kann bei einer Nestneugründung die Pilzzucht weitergeführt werden.

V 41.1. Endosymbionten im Rinderpansen

Einführung: Auch die Celluloseverdauung der Rinder und anderer Wiederkäuer erfolgt durch endosymbiontische Einzeller: Im Pansen – einem besonderen Magenabschnitt – befinden sich Bakterien und Wimpertierchen, die die Pflanzenzellwände aufschließen können. Im Dünndarm werden Endosymbionten verdaut und liefern so dem Wirt Eiweißnahrung. Die jungen Wiederkäuer werden durch Belecken nach der Geburt mit Symbionten infiziert.

Durchführung: Im Schlachthof läßt man sich etwas Panseninhalt in eine vorgewärmte Thermosflasche abfüllen. Proben werden mikroskopiert; man erkennt Pflanzenreste (z. B. isolierte Leitgefäße), Wimpertierchen und bei stärkerer Vergrößerung auch Bakterien. Ein Milliliter Panseninhalt enthält etwa 10^{10} Bakterien.

Pflanzen und ihre Bestäuber

Die häufigste Symbiose zwischen Tier und Pflanze liegt bei der Blütenbestäubung vor. Dabei werden Tiere durch Form, Farbe oder Duft der Blüte angelockt; der Besuch der Blüte bietet dem Bestäuber Nahrung in Form von Pollen oder Nektar. Nicht jede Blüte kann durch eine Vielzahl von Tieren bestäubt werden. Vielfach zeigen Blüten spezifische Baumerkmale, die eine Bestäubung nur durch bestimmte Besucher zuläßt. Hummelblüten z. B. sind oft so gebaut, daß nur das Gewicht der Hummel den Weg zu Nektar und Pollen öffnet.

42.1. Kolibris haben lange Schnäbel und saugen im Schwirrflug Nektar. Vogelblumen sind duftarm und oft leuchtend rot.

42.2. Nachtschwärmerblumen haben eine lange Blütenröhre. Nur Schmetterlinge mit langem Saugrüssel erreichen den Nektar.

Flechten

Flechten sind *Pionierorganismen;* sie besiedeln selbst extreme Standorte. So findet man sie auf Fels im trocken-heißen Wüstenklima. Aber auch in die Kältewüsten des ewigen Eises und der Hochgebirge dringen sie als Vorposten des Lebens am weitesten vor. Flechten überdauern Temperaturen von − 100 °C und mehr; einige Arten zeigen noch bei − 24 °C einen photosynthetischen Aufbau organischer Substanz.

Flechten sind das Musterbeispiel einer überaus erfolgreichen Symbiose: Eine Flechte ist nämlich ein **„Doppelorganismus“** aus *Pilz* und *einem Photosynthese treibenden Partner.* Letzterer kann eine Grünalge oder ein Cyanobakterium („Blaugrüne Alge“) sein. Die Symbiose führt zu einer neuen Organisationsform; Gestalt und Leistung sind mehr als die Summe der Partner. So produzieren Flechten z. B. spezifische *Flechtenstoffe,* die weder der Pilz noch die Alge allein synthetisieren können. In der Symbiose übernimmt der Pilz die Versorgung mit Wasser und Nährsalzen. Dabei kann auch Wasserdampf genutzt werden. Flechten vertragen monatelanges Austrocknen; bei Befeuchtung setzt innerhalb weniger Minuten die Photosynthese wieder ein.

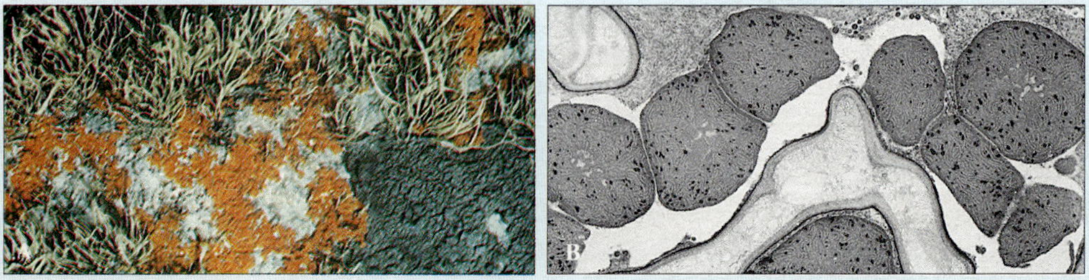

42.3. Aufbau einer Flechte: A Wuchsformen, **B** Innerer Aufbau (EM-Bild)

Pflanze und Knöllchenbakterien – eine leistungsfähige Symbiose

Gräbt man Pflanzen aus der Familie der *Hülsenfrüchtler* (Leguminosae) aus, so wird man an deren Wurzeln in der Regel kleine, kugelförmige Wucherungen entdecken. In licht- und elektronenmikroskopischen Schnittbildern durch derartige Wurzelknöllchen erkennt man in den Zellen zahlreiche Bakterien. Diese Knöllchenbakterien der Gattung **Rhizobium** kommen auch freilebend im Boden vor. Aber erst in der Symbiose mit der Pflanzenzelle entwickeln sie eine besondere Fähigkeit: Sie können als Endosymbionten molekularen Luftstickstoff (N_2) in Verbindungen einbauen.

Stickstoff ist für alle Organismen ein lebensnotwendiges Element. Tiere nehmen es mit ihrer organischen Nahrung auf; Pflanzen decken ihren Bedarf in der Regel durch die Verwertung von anorganischen Stickstoffsalzen (Nitrate). Der Nitratgehalt im Boden und in den Gewässern ist aber schnell erschöpft, so daß die Stickstoffversorgung ein das Pflanzenwachstum begrenzender Faktor ist. Den Knöllchenbakterien dagegen steht das große Stickstoffreservoir der Atmosphäre zur Verfügung; auch an stickstoffarmen Standorten ist so gutes Pflanzenwachstum möglich. In der Landwirtschaft macht man sich die Knöllchensymbiose mit der sogenannten **Gründüngung** zunutze. Hülsenfrüchtler wie z. B. Klee und Lupine werden als Zwischenfeldfrüchte angebaut und erhöhen so den Stickstoffgehalt des Bodens.

Rhizobien dringen über die Wurzelhaare in die Wirtspflanze ein. In den Zellen vergrößern sie sich und verändern ihre Form; sie werden zu sogenannten *Bacteroiden*. Die Pflanze reagiert mit der Bildung von Knöllchen auf die Infektion. In den Zellen des Knöllchengewebes vermehren sich die Bakterien durch Zweiteilung. Eine einzige Zelle kann bis zu 30000 Bacteroide enthalten. Dabei sind die Bacteroide in der Pflanzenzelle einzeln oder auch zu mehreren von einer Membran umschlossen. Diese Hülle trennt die Endosymbionten vom Wirtscytoplasma ab.

Rhizobien besitzen wie alle stickstoffbindenden Bakterien das Enzym **Nitrogenase.** Es katalysiert die Reduktion des Stickstoffs zum Ammonium-Ion. Dieser Stoffwechselschritt ist energiebedürftig. Die benötigte Energie gewinnen die Bacteroide durch die Veratmung von Photosyntheseprodukten, die der Wirt anliefert. Für die Veratmung ist eine gute Sauerstoffversorgung Voraussetzung; zahlreiche Zellzwischenräume sorgen für eine gute Durchlüftung des Knöllchengewebes.

Vermutlich wird der Sauerstofffluß zu den Bakterien hin durch eine dem menschlichen Blutfarbstoff ähnliche Substanz beschleunigt. Dabei füllt dieses sogenannte **Leghämoglobin** den Raum zwischen Bacteroid und Hüllmembran aus. Andererseits ist Nitrogenase, das stickstoffbindende Enzym, außerordentlich sauerstoffempfindlich. Man nimmt nun an, daß Leghämoglobin das Enzym dadurch vor Sauerstoff schützt, indem es Sauerstoff in „gebundener“ und nicht in freier Form weiterleitet. Knöllchengewebe ist durch den Leghämoglobin-Gehalt rötlich gefärbt.

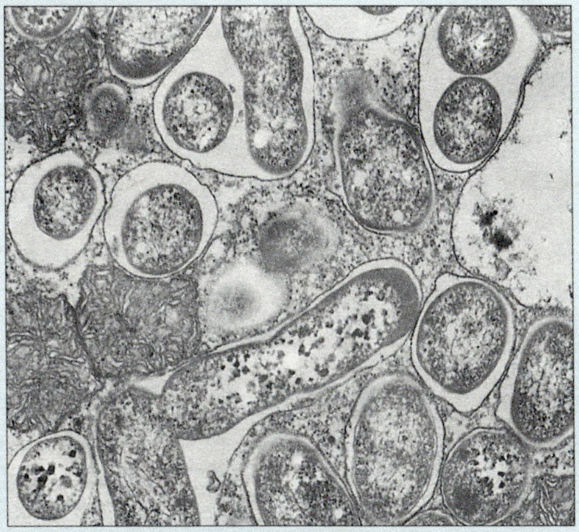

43.1. Mit Bacteroiden gefüllte Pflanzenzelle (EM-Bild)

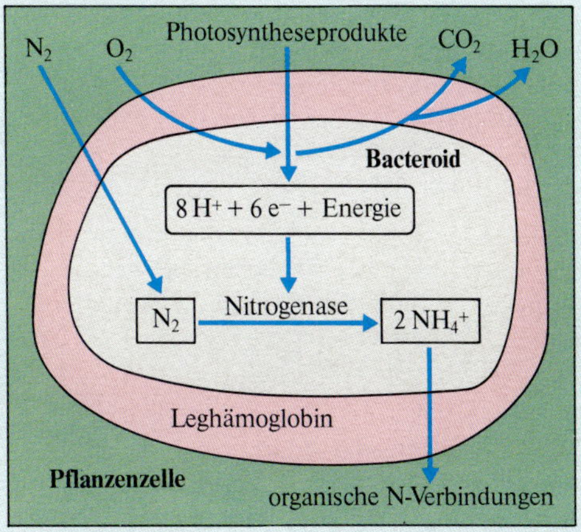

43.2. Schema zur Stickstoffbindung im Knöllchengewebe

4. Populationsökologie

Art	1 Individuum auf	Individuenzahl je m^2
Luchs	100 km^2	0,00000001
Rothirsch	1 km^2	0,000001
Kohlmeise	10000 m^2	0,0001
Forleule (Puppe)	100 m^2	0,01
Steinkriecher	1 m^2	1
Schnellkäfer (Larve)	1 dm^2	100
Springschwänze	1 cm^2	10000
Rädertiere	1 mm^2	1000000

44.1. Beispiele für Populationsdichten

A 44.2. Bakterien vermehren sich durch Zweiteilung. Unter Laborbedingungen zeigt eine Bakterienkultur für einen längeren Zeitraum eine konstante Verdopplungszeit: Darmbakterien z. B. teilen sich alle 20 min. Stellen Sie von einer Bakterienzelle ausgehend das Wachstum einer Darmbakterien-Population über einen Zeitraum von mindestens drei Stunden dar. (X-Achse: Zeit; Y-Achse: Bakterienzahl)

Rechnen mit der Zinseszinsformel

Die Berechnung des exponentiellen Populationswachstums nach der Differentialgleichung kann durch Integration erreicht werden. Ein einfacherer Weg benutzt die Zinseszinsformel: $\mathbf{N_t = N_0(1 + r)^t}$

N_0 = Population zur Zeit 0
N_t = Populationsgröße zur Zeit t
t = Zeit in Jahren
r = jährl. Vermehrungsrate

Beispiel: Eine Population von 1000 Individuen wächst mit einer jährlichen Vermehrungsrate von 10%. Wie groß ist die Population in 5 Jahren?

$N_t = 1000\,(1 + 0{,}1)^5 = \underline{1610{,}51}$

Beispiel: Eine Population ist innerhalb von 4 Jahren von 200 auf 414 Individuen angewachsen. Wie groß war die jährliche Vermehrungsrate?

$$r = \sqrt[t]{\frac{N_t}{N_0}} - 1 = \sqrt[4]{\frac{414}{200}} - 1 = 0{,}2 = \underline{20\%}$$

Alle artgleichen Organismen eines Lebensraumes bilden eine Fortpflanzungsgemeinschaft, die **Population.** Die Größe einer Population ist durch die Anzahl der Individuen einer Art festgelegt, ihre Dichte durch die Individuenzahl pro Flächeneinheit. Im intakten Ökosystem stellt sich für jede Organismenart eine bestimmte *Populationsdichte* ein. Es liegt somit ein charakteristisches Verhältnis von Individuenzahl und Raumeinheit vor. Man beobachtet im Freiland kritische Ober- und Untergrenzen von Populationsgrößen. So kommen z. B. auf einen Hektar Waldgebiet durchschnittlich eine Kohlmeise und 10000 Steinkriecher, nie aber 10000 Kohlmeisen und nur ein Steinkriecher.

Die Population ist eine biologische Einheit mit charakteristischen Eigenschaften. So verfügt z. B. eine Population über einen bestimmten *Genpool.* Darunter versteht man die Gesamtheit der Erbanlagen aller Individuen. Geht man nun von der Möglichkeit des ungehinderten genetischen Austausches aus, so ergibt sich für die Population durch Rekombination die Fähigkeit zur möglichen Anpassung an sich verändernde Umweltfaktoren.

4.1. Wachstum einer Population

Innerhalb der Population muß durchschnittlich jedes Individuum im Laufe seines Lebens mindestens einen Nachkommen hervorbringen, da sonst die Art aussterben würde. Ein 1 : 1–Verhältnis von Eltern zu Nachkommen setzt allerdings eine hundertprozentige Überlebenswahrscheinlichkeit aller Nachkommen voraus und ist damit ein unrealistisches Modell. In welchem Umfang sich die Größe einer Population ändert, hängt von der **Vermehrungsrate,** auch **Wachstumsrate** genannt, ab. Diese gibt den Zuwachs pro Zeiteinheit (in der Regel: pro Jahr) in Prozent an. Dabei ergibt sich die Vermehrungsrate aus der Bilanz von Geburten und Todesfällen innerhalb der Population.

Das Wachstum einer Population vollzieht sich kontinuierlich. Die Zahl der hinzukommenden Tochterindividuen bleibt aber nicht gleich. Ausgehend von 1 000 Individuen und einer jährlichen Vermehrungsrate von 10% erhöht sich die Population nach einem Jahr um 100, nach zwei Jahren um 110 und nach drei Jahren um 121 Individuen. Die Population wächst also exponentiell. Man kann diese Form des Wachstums anschaulich mit dem „Zins und Zinseszins" eines Sparguthabens auf der Bank vergleichen. Dabei entspricht die Vermehrungsrate r dem „Zinssatz". Grundsätzlich läßt sich das exponentiale Wachstum durch folgende Differentialgleichung beschreiben:

$$dN/dt = r \cdot N$$

Der Ausdruck dN/dt bedeutet dabei die Veränderung der Individuenzahl bezogen auf die Zeit, während N die Zahl der vorhandenen Individuen angibt.

Experimentell läßt sich ein **exponentielles Populationswachstum** z. B. an einer Bakterienkultur verfolgen, deren Zellen sich fortlaufend teilen. Theoretisch würde eine ständig weiterwachsende Bakterienkultur nach 36 Stunden zu einer 30 cm dicken Schicht führen, die die ganze Erdoberfläche bedeckt. Exponentielles Wachstum ist aber auch im Freiland zu beobachten. So führte man um 1800 auf Tasmanien einige Schafe ein. Innerhalb von 60 Jahren stieg die Schafpopulation auf etwa 1,7 Millionen Exemplare an. Ab 1860 schwankt die Populationsgröße um diesen Wert. Dieses und viele andere untersuchte Beispiele zeigen, daß in der Natur ein unbegrenztes Wachstum auf Dauer nicht möglich ist. Mit zunehmender Populationsdichte verstärken sich die Faktoren, die einer weiteren Zunahme der Individuenzahl entgegenstehen. Solche begrenzenden Faktoren können z. B. die Nahrungsmenge oder das Platzangebot des Lebensraumes sein. Die Gesamtheit der wachstumsbegrenzenden Faktoren eines Lebensraumes nennt man **Umweltwiderstand.** Er bewirkt, daß sich das Populationswachstum mit zunehmender Dichte verlangsamt und schließlich zum Erliegen kommt. Die Population erreicht eine maximale Größe. Diese stellt die sogenannte **Kapazität** (K) der Umwelt dar. Ein solches Wachstum nennt man **logistisch.** Es läßt sich durch folgende Differentialgleichung beschreiben:

$$dN/dt = r \cdot N \cdot \frac{(K-N)}{K}$$

Im Zustand der Sättigung ist N = K und die Vermehrungsrate liegt bei 0.

Geburtenrate und Sterberate

Modelle des Populationswachstums gehen zunächst davon aus, daß äußere Faktoren die Vermehrung nicht beeinflussen. Die Zahl der Geburten und Todesfälle ist vielmehr eine spezifische Eigenschaft der Population. Die Eigenschaft wird durch die Geburten- und durch die Sterberate angegeben.
Kommen auf 1 000 Individuen pro Zeiteinheit 250 Geburten, so beträgt die *Geburtenrate b* 250/1 000. Sterben im gleichen Zeitraum 150 Individuen, ergibt sich für die *Sterberate m* 150/1 000. Die Vermehrungsrate errechnet sich dann wie folgt:

$r = b - m;$
$r = 0{,}25 - 0{,}15 = 0{,}1 = 10\%$

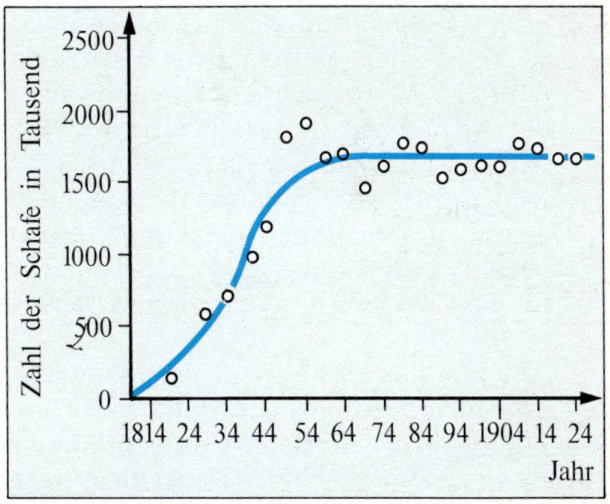

45.1. Schafe in Tasmanien. Nach dem Aussetzen Einpendeln der Populationsdichte

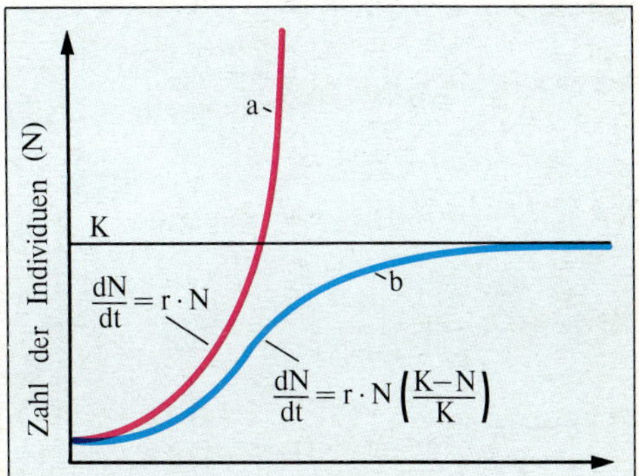

45.2. Populationswachstum. A Exponentielle Wachstumskurve, **B** Logistische Wachstumskurve

Grenzen des Wachstums

Die Population, die die Biosphäre entscheidend verändert, ist die menschliche Bevölkerung. Man kann die Auswirkungen menschlicher Eingriffe in die Natur regional betrachten, indem man etwa den Einfluß einer Industrieanlage auf ein Ökosystem untersucht. Umfassender sind Überlegungen, wie sich die Entwicklung von Mensch und Umwelt auf der Erde vollzogen hat und vor allem, wie sie sich weiter vollziehen wird. Man arbeitet dabei mit sogenannten **Weltmodellen,** in denen Daten des Bevölkerungswachstums, der wirtschaftlichen Entwicklung einschließlich der Nahrungsmittelproduktion und der Umweltbelastung hochgerechnet werden. Die erste derartige Studie erschien 1972 von MEADOWS unter dem Titel *„Die Grenzen des Wachstums“*. Sie legte dar, daß es bei Fortdauer der verschiedenen Wachstumstrends im Laufe der nächsten 100 Jahre zu einem Zusammenbruch der Menschheitsentwicklung kommen wird. Seit dem Bericht von MEADOWS werden die Zukunftsaussichten der Menschheit in verschiedenen Prognosen mal mehr und mal weniger pessimistisch beurteilt. Der jüngste umfassende Bericht ist die amerikanische Studie *„Global 2000“*, in der Daten über Bevölkerung, Ressourcen und Umwelt für das Jahr 2000 prognostiziert werden.

Alle Weltmodellstudien gehen davon aus, daß die rapide Zunahme der Weltbevölkerung der Faktor ist, der zu Hunger, Rohstoff- und Energieverschwendung und Umweltbelastung geführt hat. Tatsächlich sind die letzten Jahrzehnte durch ein immer schnelleres Wachstum der Erdbevölkerung gekennzeichnet, d. h., die Vermehrungsrate hat laufend zugenommen.

Der Anstieg der Vermehrungsrate ist auf die Absenkung der Sterberate durch eine Verbesserung der Versorgung und der medizinischen Betreuung des Menschen zurückzuführen. Nicht nur die Kindersterblichkeit hat abgenommen, parallel dazu ist die Lebenserwartung gestiegen. Bis zum Jahr 2000 wird die Vermehrungsrate von derzeit 1,8% auf 1,7% sich nur unwesentlich verlangsamen. Die Wachstumskurve wird sich also etwas abflachen. Global 2000: „In absoluten Zahlen wird die Bevölkerung im Jahre 2000 schneller zunehmen als heute, nämlich um 100 Millionen Menschen jährlich, im Vergleich zu 75 Millionen im Jahre 1975. 90% dieses Wachstums fällt auf die ärmsten Länder der Erde.“

Entscheidend für die Zukunftsentwicklung wird aber nicht nur die Lösung des Bevölkerungsproblems sein. Gleichzeitig muß trotz notwendig steigender Nahrungsmittelproduktion einer weiteren Zerstörung der Umwelt Einhalt geboten werden. Die Studie „Global 2000“ geht davon aus, daß sich das anbaufähige Land nur um 4% vergrößert, so daß pro Anbaufläche höhere Erträge erreicht werden müssen. Nach heutigen Methoden bedeutet dies mehr Dünge-mittel-, Pestizid- und Energieeinsatz.

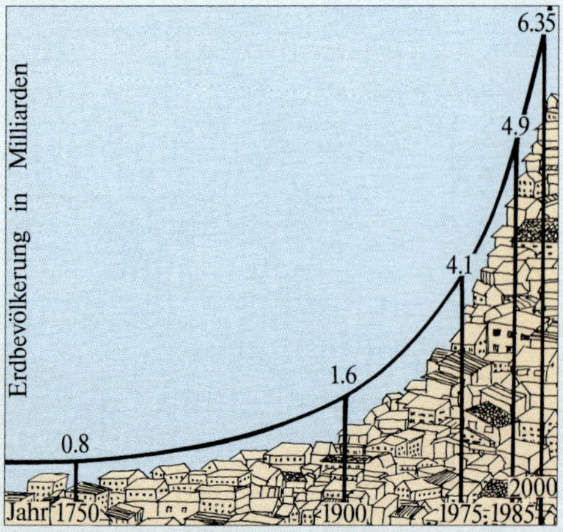

46.1. Wachstumskurve der Erdbevölkerung bis zum Jahr 2000

Zeitpunkt	geschätzte Erdbevölkerung in Mill.	durchschnittliche jährliche Vermehrungsrate	Verdopplungszeit
4500 v. Chr.	um 20	+0,03	2500 Jahre
2500 v. Chr.	um 40	+0,04	2000 Jahre
1000 v. Chr.	um 80	+0,05	1500 Jahre
0	um 200	+0,07	1000 Jahre
900 n. Chr.	um 320	+0,08	900 Jahre
1700 n. Chr.	um 600	+0,08	880 Jahre
1850 n. Chr.	um 1100	+0,40	170 Jahre
1900 n. Chr.	um 1600	+0,75	92 Jahre
1950 n. Chr.	2500	+0,85	78 Jahre
1960 n. Chr.	3000	+1,82	38 Jahre
1970 n. Chr.	3630	+1,92	36 Jahre
1980 n. Chr.	4490	+2,10	34 Jahre

46.2. Nacheiszeitliche Bevölkerungsentwicklung

4.2. Altersstruktur von Populationen

Eine Population besteht nicht aus einheitlichen Individuen. Vielmehr gehören die weiblichen und männlichen Mitglieder entweder der *Entwicklungsphase* (Befruchtung bis Geschlechtsreife), der *Fortpflanzungsphase* oder dem *Alter* an. Im Normalfall zeigt eine stabile Population eine ausgeglichene Verteilung aller Altersstufen an: Trägt man Alter und Individuenzahl graphisch auf, so erhält man eine typische Pyramidenform. Die **Alterspyramide** der Bevölkerung der Bundesrepublik Deutschland zeigt deutlich eine Überalterung an.

In fast allen Populationen bedeuten Altersunterschiede auch eine unterschiedliche Sterblichkeit. Dies kann z. B. an sogenannten **Überlebenskurven** kenntlich gemacht werden. Bei den meisten Organismenarten liegt eine hohe Jugendsterblichkeit vor. So sind z. B. Vögel, Meerestiere und Pflanzen vor allem in der Entwicklungsphase stark durch Freßfeinde gefährdet. Der Mensch zeigt aufgrund des medizinischen Fortschritts erst im Alter eine erhöhte Sterblichkeit.

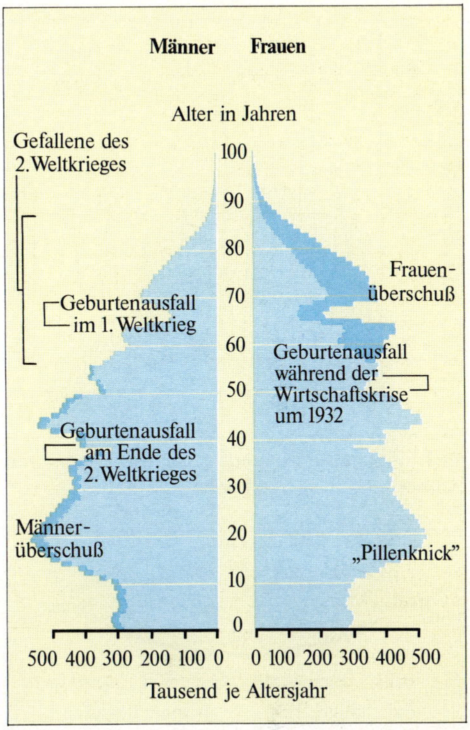

47.1. Alterspyramide (BR Deutschland 1984)

4.3. Regulation der Populationsdichte

Langfristige Untersuchungen an Populationen im natürlichen Lebensraum führen in vielen Fällen zu folgender Beobachtung: Die Populationsgröße schwankt nach oben und unten um einen Mittelwert herum. So kennt man z. B. regelmäßige Populationsschwankungen im 3- bis 4-Jahres-Rhythmus bei Mäusen und Lemmingen, aber z. B. auch bei der Samenproduktion verschiedener Baumarten. Andere Arten wie z. B. der nordamerikanische Schneeschuhhase zeigen einen 9- bis 10-Jahreszyklus. Die Ursachen für regelmäßige Populationsschwankungen sind nicht eindeutig geklärt. Da derartige Zyklen in den Tropen nicht beobachtet werden, wird ein Einfluß äußerer Faktoren vermutet. So können Populationsschwankungen mit winterlichen Kälteeinbrüchen im Zusammenhang stehen. Witterungseinflüsse gehören zu den **dichteunabhängigen Faktoren:** Ihre Wirkung ist von der vorliegenden Dichte der Population unabhängig. Günstige Witterungsbedingungen führen z. B. zur Massenvermehrung von Schadinsekten, gleichgültig ob eine hohe oder niedrige Dichte der Ausgangspopulation herrscht.

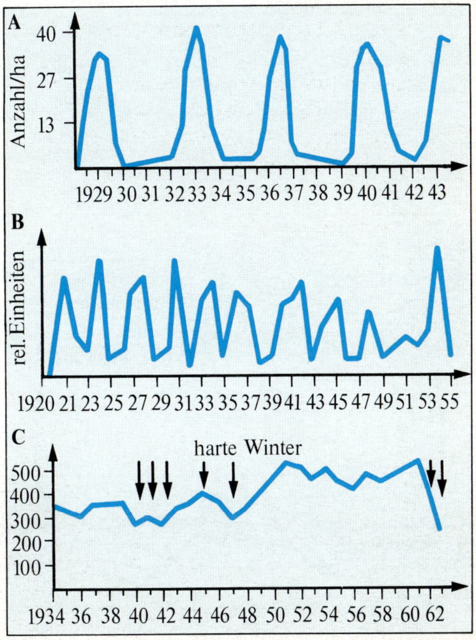

47.2. Populationsschwankungen. A Lemminge in Kanada, **B** Samenproduktion der Fichte in Schweden, **C** Besetzte Nester des Graureihers im Themsegebiet

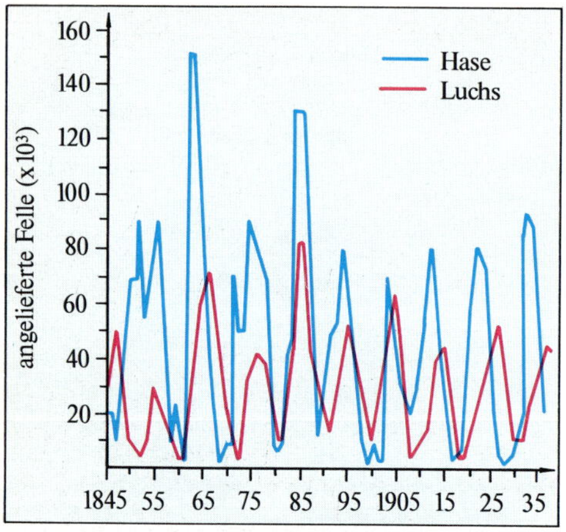

48.1. Zyklische Populationsschwankungen von Schneeschuhhase und Luchs

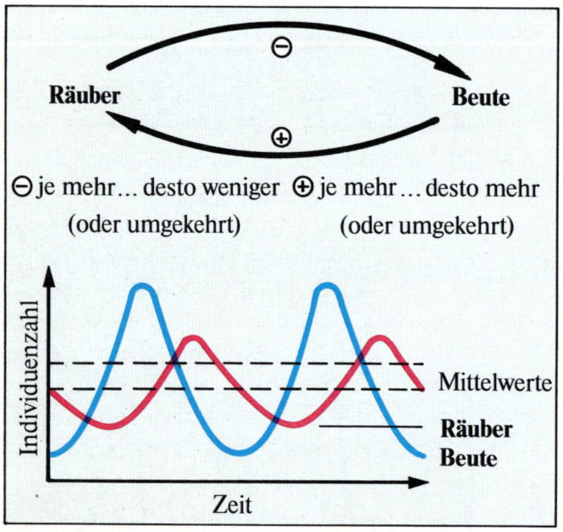

48.2. Erstes VOLTERRAsches Gesetz

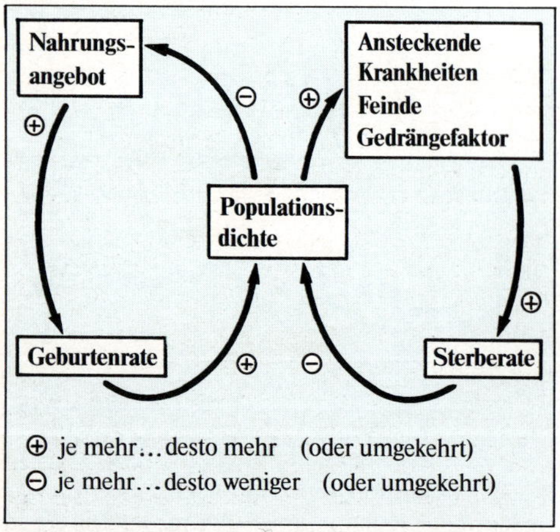

48.3. Regulation der Populationsgröße durch dichteabhängige Faktoren

Dichteabhängige Faktoren. Kanadische Pelzhandelsgesellschaften haben über 90 Jahre hinweg die Zahlen der angelieferten Felle von Luchs und Schneeschuhhase registriert. Dabei zeigte sich, daß in den einzelnen Jahren einmal mehr Luchsfelle und einmal mehr Hasenfelle anfielen. Schließt man von den Fellen auf die Populationsgrößen, so folgt ziemlich regelmäßig auf ein Maximum der Hasen jeweils ein Maximum der Luchse.

Die Populationsschwankungen von Schneeschuhhase und Luchs sind als ein typisches Beispiel für die Dynamik von *Räuber-Beute-Beziehungen* interpretiert worden. Der Biomathematiker VOLTERRA hat in den dreißiger Jahren anhand eines idealisierten Modells Populationsschwankungen mathematisch analysiert. Seine Berechnungen führten zur Aussage des **1. VOLTERRAschen Gesetzes:** Die Individuenzahlen von Beute und Räuber schwanken auch bei sonst konstanten Bedingungen periodisch. Dabei sind die Maxima für Räuber und Beute phasenweise verschoben.
Das mathematische Modell geht davon aus, daß der Räuber sich nur von der einen Beute ernährt und daß die Beute ihrerseits nur einen spezifischen Freßfeind hat. Die Schwankungen der Individuenzahl ergibt sich dann aufgrund folgender Beziehung: Vermehrung der Beute → Vermehrung des Räubers → Abnahme der Beute → Abnahme des Räubers → Zunahme der Beute usw. Dieser Rückkopplungsmechanismus führt zu den periodischen Schwankungen, die sich auch in Computerprogrammen und „Räuber-Beute-Spielen" modellmäßig darstellen lassen. Trotz der Schwankungen bleiben langfristig die Durchschnittsgrößen der Räuber- und Beutepopulationen konstant. Dieses bezeichnet man als das **2. VOLTERRAsche Gesetz.**
Das oben erwähnte Beispiel von Schneeschuhhase und Luchs scheint das VOLTERRAsche Modell zu bestätigen. Genauere Analysen dieses Beispiels und anderer Räuber-Beute-Systeme zeigen jedoch, daß die mathematischen Modelle von VOLTERRA nicht zur Erklärung von in der Natur beobachtbaren Populationsschwankungen ausreichen. So ist z. B. im Fall von Luchs und Hase der Ansatz falsch, daß die Hasenpopulation durch den Räuber kontrolliert wird. Vielmehr zeigen Populationen von Schneeschuhhasen die typischen Schwankungen im 9- bis 10-Jahres-Rhythmus auch in den Gegenden, wo der Luchs ausgerottet ist. Die Luchspopulation dagegen schwankt offenbar aufgrund des wechselnden Nahrungsangebotes.

Die Nahrungsmenge ist ein **dichteabhängiger Faktor**, der regulierend auf die Populationsgröße einwirkt. Eine bestimmte Nahrungsmenge wird bei zu hoher Populationsdichte zum Mangelfaktor und führt zum Anwachsen der Sterberate. Bei geringer Individuenzahl ergibt sich ein Nahrungsüberangebot, und die Geburtenrate wird steigen. Generell bewirken dichteabhängige Faktoren bei zunehmender Populationsdichte ein verlangsamtes Wachstum.

Massenwechsel. Bei der Feldmaus beobachtet man ziemlich regelmäßig alle drei bis vier Jahre plötzlich ein starkes Anwachsen der Population. Dabei steigt die Populationsdichte von minimal 2 bis 3 auf maximal über 700 Individuen pro Hektar an.
Die Massenvermehrung der Feldmauspopulation führt zu einer Verkleinerung der Reviere für die Individuen. Dieser **Gedrängefaktor** führt zu Erregungszuständen der Mäuse, die auch von hormonellen Störungen begleitet sind. Es wird das Streßhormon Adrenalin ausgeschüttet, das über den erhöhten Abbau von gespeicherten Kohlenhydraten zu erhöhter Aktivität führt. Andauernder Streß und Nahrungsmangel können den Tod bewirken.
Weitere Folgen der „Streßsituation" sind z. B. Unfruchtbarkeit der Weibchen und eine erhöhte Aggressivität der Männchen. Auch Fälle von Kannibalismus können auftreten. Es kommt zum Zusammenbruch der Population. Einige Tiere überleben und bauen die Population dann wieder auf.

Der beschriebene Massenwechsel bei der Feldmauspopulation wird durch dichteabhängige Faktoren bedingt. Er ist aber von Schwankungen der Räuberpopulation weitgehend unabhängig. Auch von anderen Arten sind derartige Massenwechsel bekannt, so z. B. von Schmetterlingen (Forleule, Kiefernspanner), Greifvögeln (Habicht, Bussard) und weiteren Nagetieren (Erdmaus, Lemming).

Eine gelegentlich beobachtete Folge einer Massenvermehrung sind *Tierwanderungen*. Bei Überbevölkerung verläßt z. B. beim skandinavischen Berglemming ein Teil der Population seinen Lebensraum; dort sinkt dadurch die Populationsdichte. Die auswandernden Tiere halten in größeren Verbänden eine einmal eingeschlagene Richtung bei. Als gute Schwimmer können Lemminge auch Gewässer durchqueren. Schwimmen sie allerdings ins Meer hinaus, sterben sie nach einiger Zeit an Entkräftung. Es ist jedoch irreführend, in diesem Zusammenhang vom „Selbstmord" der Lemminge zu sprechen.

Dichteabhängige Faktoren	**Dichteunabhängige Faktoren**
Intraspezifische Konkurrenz: Nahrungsmenge Gedrängefaktor Revierbildung Tierwanderung Kannibalismus	**Klima:** Licht Temperatur Feuchte Wind Boden Nahrungsqualität
Artspezifische Feinde: Räuber Parasiten	**Nichtspezifische Feinde:** Räuber, die andere Beute bevorzugen
Ansteckende Krankheiten	**Nichtansteckende Krankheiten**

49.1. Faktoren zur Regulation der Populationsdichte

Wie der Mungo nach Jamaika kam

Intakte Ökosysteme zeichnen sich dadurch aus, daß die Populationen der Biozönosen in einem *biologischen Gleichgewicht* stehen: Trotz z. T. erheblicher Schwankungen regeln sich die Populationen auf Durchschnittsgrößen ein, die der Umweltkapazität des Lebensraums entsprechen. Zahlreiche Beispiele aus der Schädlingsbekämpfung zeigen, wie durch Eingriffe des Menschen dieses Gleichgewicht nachhaltig gestört werden kann. Ein bekanntes Beispiel ist die Rattenbekämpfung auf Jamaika.
Mit den Schiffen der Europäer waren die Ratten nach Jamaika eingeschleppt worden. Sie vermehrten sich dort stark, und die Rattenplage führte zu hohen wirtschaftlichen Schäden: Die Ratten fraßen große Mengen des angebauten Zuckerrohrs. Natürliche Feinde der Ratte wie etwa katzenartige oder hundeartige Raubtiere fehlten auf der Insel. Im Jahr 1872 führten Plantagenbesitzer den indischen Mungo auf Jamaika ein. Diese Schleichkatze war als Rattenvertilger bekannt, und tatsächlich waren innerhalb von 10 Jahren die Ratten als Schädlinge ausgeschaltet. Die Mungos hatten sich stark vermehrt und mußten sich jetzt andere Nahrung suchen. Sie fraßen bodenbrütende Vögel, Eidechsen, Schlangen und Amphibien. Diese Tiere wiederum waren die natürlichen Feinde von Zuckerrohr schädigenden Insekten. Durch die Vermehrung dieser Schadinsekten traten dann größere Zuckerrohrverluste auf als vor der Einführung des Mungos.

5. Wechselwirkungen zwischen abiotischen und biotischen Faktoren

50.1. Einnischung heimischer Vogelarten des Nadelwaldes

5.1. Die ökologische Nische

Blau- und Kohlmeise sind Vogelarten mit sehr ähnlichen Nahrungsansprüchen. Beide suchen Baum- und Strauchbereiche nach Insekten ab, fressen Beeren und Körner. Dennoch stehen die beiden Meisenarten nicht in Nahrungskonkurrenz zueinander und existieren nebeneinander. Die etwas schwerere Kohlmeise (bis zu 20 g) sucht ihre Nahrung vornehmlich im inneren und unteren Kronenbereich eines Laubbaumes. Die leichtere Blaumeise (um 11 g) dagegen ist stärker auf den schwächeren Zweigen der oberen und äußeren Bereiche des Gehölzes vertreten.
Die beiden Meisenarten nehmen im Ökosystem zwei unterschiedliche Rollen wahr, sie haben unterschiedliche **ökologische Nischen** ausgebildet. Der Begriff ökologische Nische beschreibt keinen Raum, sondern das *System von Wechselbeziehungen zwischen*

Ein Reiher jagt nicht wie der andere

An der Küste Floridas leben fünf fischfressende Reiherarten nebeneinander. Die Einnischung ist hier aufgrund unterschiedlicher Jagdmethoden erfolgt: Der *Grünreiher* sitzt auf Stelzwurzeln der Mangroven und wartet dort auf Beute. Der *Dreifarbenreiher* fängt im flachen Wasser watend seine Beute. Der *Seidenreiher* scheucht seine Beute mit dem Fuß auf und packt dann zu. Der *Rotreiher* hat eine besonders ausgeklügelte Fangmethode. Zunächst erschreckt er durch Aufwirbeln des Wassers die Fische. Dann breitet er seine Flügel aus und steht so regungslos. Die aufgescheuchten Fische suchen im Schatten der Flügel Schutz und werden dort eine leichte Beute des Reihers. Der *Graureiher* durchwatet tieferes Wasser nach Beute.

Organismus und Umwelt. Im Ökosystem ergeben sich durch die unterschiedlichen Kombinationen von abiotischen und biotischen Faktoren verschiedene Angebote des Überlebens. Dadurch, daß eine Organismenart mit der Umwelt spezifische Wechselbeziehungen ausbildet, entzieht sie sich der zwischenartlichen Konkurrenz. Man spricht auch von einer **Einnischung.** Diese Einnischung kann dabei aufgrund ganz unterschiedlicher Faktoren erfolgen, so z. B. durch unterschiedliche Nahrung, abweichende Aktivitätszeiten, verschiedene Aufenthaltsorte oder unterschiedliche Fangmethoden.

Die ökologische Nische beschreibt das spezifische Wirkungsfeld einer Art; anschaulich spricht man auch vom „Beruf" der Art im Ökosystem. Die *realen Nischen* sind dabei immer „kleiner" als das maximal denkbare Wirkungsfeld. So kann z. B. eine experimentell gefundene hohe Kälteresistenz für die Existenz der Art im konkreten Lebensraum bedeutungslos sein.
Die abiotischen und biotischen Bedingungen sind in weiten Bereichen auf den verschiedenen Kontinenten vergleichbar, so daß sich eine Äquivalenz der ökologischen Nischen ergibt. Diese Nischen sind aber aufgrund der erdgeschichtlichen Entwicklung durch unterschiedliche Organismenarten ausgebildet worden.

Zeigerpflanzen

Pflanzen bilden z. B. dadurch viele ökologische Nischen aus, daß sie ganz unterschiedliche Ansprüche an Faktoren wie Wasser, Temperatur und Licht stellen. Eine besondere Einnischung ergibt sich, wenn einzelne Arten hohe Konzentrationen von Salzen tolerieren. So vertragen Salzpflanzen einen NaCl-Gehalt des Bodenwassers von 6% und mehr; „normale" Landpflanzen tolerieren einen Gehalt um 0,5%. Hohe Bodenkonzentrationen an Schwermetallionen wirken auf die meisten Organismen giftig. Es gibt aber Pflanzenarten, die auf erzhaltigen Böden und Abraumhalden wachsen. Derartige Pflanzen haben als Zeigerpflanzen gedient, indem sie auf oberflächennahe Erzlager hinwiesen. Aus dem Auftreten der verschiedensten **Zeigerarten** kann man tatsächlich ohne chemische Analysen auf die wichtigsten Bodenqualitäten schließen. Das *Galmeiveilchen* (Galmei: $ZnCO_3$) wächst auf zinkreichem Boden, der *Serpentin-Streifenfarn* weist auf Magnesium hin, die *Brennessel* ist ein Stickstoffanzeiger, und der *stengellose Enzian* ist eine typische Kalkpflanze.

„Nische"	Nordamerika	Südamerika	Asien	Afrika	Australien
Springende Pflanzenfresser	Eselhase		Wüstenspringmaus, Hase	Springhase	Känguruh
Grabende Säuger, die draußen Futter suchen	Präriehund, Backenhörnchen	Viscacha, Meerschweinchen	Hamster	Backenhörnchen	Wombat
Grabende Säuger, die sich unterirdisch ernähren	Taschenratte	Tukotuko	Maulwurf, Maulwurfsratte	Goldmull	Beutelmull
Laufvögel		Nandu		Strauß	Emu
Laufende Pflanzenfresser	Gabelantilope, Bison	Guanako, Pampahirsch	Steppenantilope, Wildpferd	Zebra, Springbock	
Laufende Raubtiere	Kojote	Mähnenwolf	Pallaskatze	Gepard, Löwe	Beutelwolf

51.1. Äquivalente ökologische Nischen in verschiedenen Kontinenten

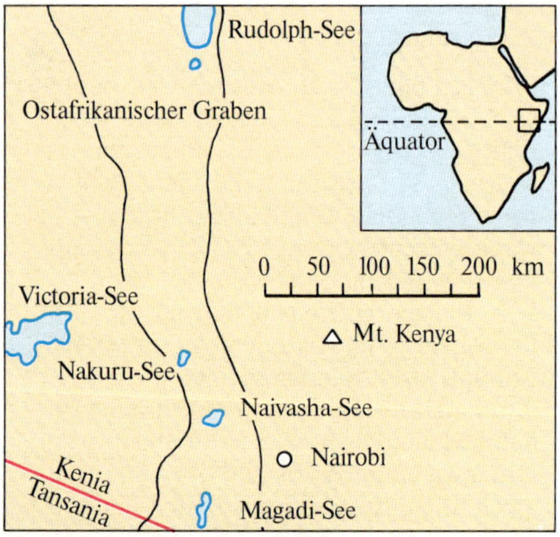

52.1. Lage des Nakuru-Sees

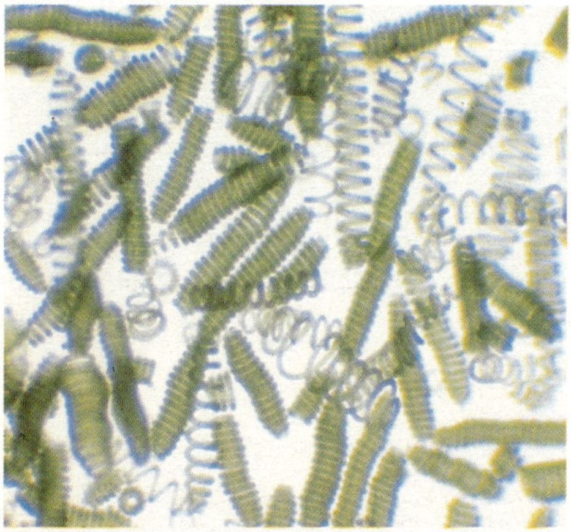

52.2. Spirulina platensis (Mikrophotographie)

5.2. Ökosystem Nakuru-See

Im ostafrikanischen Graben nahe des Äquators liegen verschiedene Salzseen. Diese zeichnen sich durch einen hohen Gehalt an Soda aus und werden daher auch als Natronseen bezeichnet. Derartige Seen bieten nur wenige Möglichkeiten der Einnischung, so daß die Wechselbeziehungen zwischen abiotischen Faktoren und Lebewesen hier relativ gut überschaubar sind. Der in Kenia liegende Nakuru-See ist ökologisch genauer untersucht worden.

Der Nakuru-See hat bei normalem Wasserstand eine Fläche von rund 40 km^2, die Wassertiefe liegt bei 1 bis 4 m und die durchschnittliche Wassertemperatur beträgt 21 °C. Der See hat drei Zuflüsse, die allerdings nur zeitweise Wasser führen. Ein Abfluß aus dem See fehlt. Der hohe Soda-Gehalt (20 mg Na_2CO_3 pro Liter) bedingt einen pH-Wert von etwa 10,5. In diesem stark alkalischen Milieu können nur wenige Wasserorganismen existieren. Tatsächlich trat ursprünglich im Nakuru-See nur eine einzige photosynthetische Art auf, das Blaugrüne Bakterium *Spirulina platensis*. Dieses kam in solchen Massen vor, daß der ganze See einer blaugrünen „Suppe" glich: Die Sichttiefe betrug nur 10 cm. Das Licht drang daher nicht in tiefere Schichten vor, so daß jeweils nur ein Teil der Spirulina-Population Photosynthese durchführen konnte. Allerdings durchmischen starke Winde den flachen See regelmäßig. Auf diese Weise war die gesamte Spirulina-Population an der photosynthetischen Stoffproduktion beteiligt.

52.3. Luftaufnahme vom Ufer des Nakuru-Sees (Ein weißer Punkt = ein Flamingo)

Spirulina ist als photosynthetischer Organismus in seiner Ernährung und Vermehrung nur von abiotischen Faktoren wie Sonnenlicht und gelösten Salzen abhängig. Das Wachstum der Spirulina-Population bedeutet eine Vermehrung der Biomasse, d. h., eine Zunahme an organischer Materie. Organismen, die Biomasse mit Hilfe der Photosynthese herstellen, bezeichnet man als **Produzenten.** Organismen, die sich dagegen von anderen lebenden Organismen ernähren, werden **Konsumenten** genannt.

In ihrer ursprünglichen Zusammensetzung ist die Biozönose des Nakuru-Sees nicht nur dadurch gekennzeichnet, daß sie mit Spirulina platensis nur einen einzigen Produzenten hatte. Es gab auch nur einen einzigen bedeutenden Konsumenten, den *Zwergflamingo.* Zur Nahrungsaufnahme taucht dieser Vogel den Kopf ins Wasser und preßt mit der Zunge Wasser nach außen ab. Der Schnabel ist innen oben und unten mit Hornlamellen besetzt, die wie eine Reuse wirken. An den Hornlamellen bleibt Spirulina zurück und bildet fast ausschließlich die Nahrung des Zwergflamingos. Es ergibt sich also folgende zweigliedrige **Nahrungskette:**

Spirulina platensis ⟶ Zwergflamingo
(Produzent) (Konsument)

Diese Kette kann durch Greifvogelarten verlängert werden, die vor allem kranke Flamingos erbeuten. Ein derartige Konsument am Nakuru-See ist der Schreiseeadler.

Die einfachen Nahrungsbeziehungen am Nakuru-See erlauben es, auch quantitative Untersuchungen des Stoff- und Energieflusses durchzuführen. Durch Auswertung von Luftaufnahmen hat man die Größe der Zwergflamingo-Population mit durchschnittlich 915000 Individuen bestimmt. Als höchsten Bestand hat man den Spitzenwert von 1,5 Mil. Exemplaren ermittelt. Ein Flamingo nimmt pro Tag 65 g Spirulina (Trockengewicht) zu sich, was einer Energiemenge von 1180 KJ entspricht. Da die Flamingos nicht am Nakuru-See brüten und somit keine Nahrung an Jungvögel abgeben, kann man den Gesamtverbrauch dieser Konsumenten errechnen: Etwa die Hälfte dessen, was die Photosynthese der Spirulina-Population täglich an organischer Materie erzeugt, dient der Ernährung der Zwergflamingos. Die Produktionsleistung von Spirulina wurde übrigens dadurch bestimmt, daß man deren photosynthetische Sauerstoffproduktion in verschiedenen Seewasserproben gemessen hat.

53.1. Zwergflamingo (Phoeniconaias minor)
A Nahrungsaufnahme, **B** Hornlamellen im Schnabel

Wieviel frißt ein Zwergflamingo?

Um den Stoff- und Energiefluß im Nakuru-See erfassen zu können, mußte man u. a. die von den Konsumenten aufgenommene Nahrungsmenge bestimmen. Dazu sperrte man in mehreren Versuchsreihen einige Zwergflamingos in Käfige. Die Böden bestanden jeweils aus einem mit Seewasser gefüllten 50-Liter-Becken. Über einen Zeitraum von 15 min. wurde nun genau die Freßaktivität jedes einzelnen Flamingos registriert. Gleichzeitig entnahm man alle 30 s mit Hilfe einer speziellen Pumpvorrichtung Wasserproben, ohne daß dabei die Tiere gestört wurden. Die Spirulina-Dichte der Proben wurde bestimmt. Die Auswertung der Versuche ergab, daß ein Zwergflamingo etwa 12 Stunden am Tag frißt und dabei pro Stunde rund 30 Liter Seewasser filtriert. Pro Tag ergibt sich daraus eine Nahrungsmenge von 65 g Spirulina (Trockengewicht).

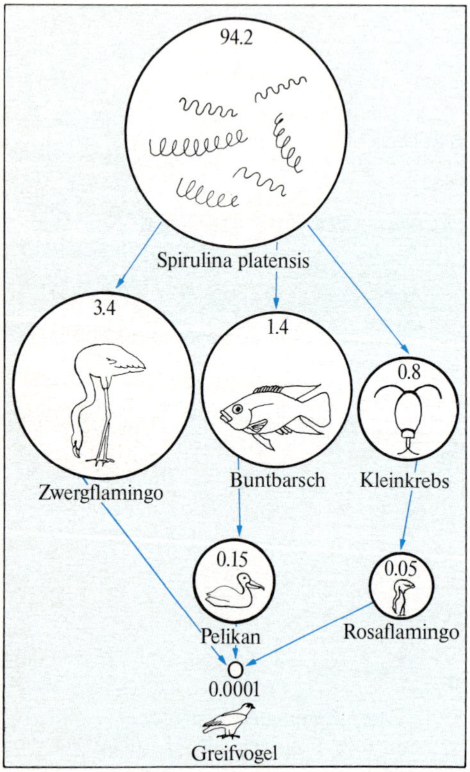

54.1. Nahrungsbeziehungen und Verteilung der Gesamtbiomasse im Nakuru-See (Zahlenangaben in %; Kreisflächen entsprechen dem Logarithmus der Biomassen)

Der Nakuru-See im Jahr 1974

Im Frühjahr 1974 änderte sich das Bild des Sees schlagartig, als es zu einem Massensterben von Spirulina platensis kam; der See wurde klar. An die Stelle von Spirulina traten verschiedene andere Cyanobakterien und Kieselalgen als Produzenten auf. Bei den Konsumenten gewann jetzt ein Rädertierchen an Bedeutung, während die Zahl der Zwergflamingos auf rund 100000 zurückging.

Die Gründe für den plötzlichen Wandel des Seezustandes sind unbekannt. Jedoch scheinen bei den tropischen Natronseen derartige Wechsel der Algendichte öfter aufzutreten. Selbst bei einem so relativ einfachen und gut untersuchten Ökosystem wie dem Nakuru-See lassen sich die beobachteten Veränderungen noch nicht in allen Einzelheiten erklären.

Nahrungsnetz des Nakuru-Sees. Um 1960 trat eine entscheidende Veränderung im Nakuru-See ein. Um die Möglichkeit des Fischfanges zu eröffnen, wurde der Buntbarsch *Sarotherondon alcalicus* eingesetzt. Diese Fischart ernährt sich von Spirulina und vermehrte sich im See so stark, daß sie nach wenigen Jahren rund ein Viertel der Konsumenten-Biomasse stellte.

Neben dem Zwergflamingo und dem Buntbarsch gibt es heute mit dem planktonischen Kleinkrebs *Lovenula africana* einen dritten wichtigen Konsumenten, der sich von Spirulina ernährt. Der pflanzenfressende Kleinkrebs selbst dient dem großen *Rosaflamingo* als Nahrung. Diese Vogelart kommt normalerweise in einer Stückzahl von rund 10000 am Nakuru-See vor und spielt daher als Konsument nur eine untergeordnete Rolle.

Das Aussetzen des Buntbarsches im Nakuru-See zog fischfressende Vögel an. Der wichtigste derartige Konsument ist der *Rötelpelikan*. Seit 1968 brüten etwa 4000 Paare in 14 km Entfernung vom Nakuru-See. Diese Population entnimmt dem See täglich rund 20000 kg Fisch. Da die Pelikane nicht im Seebereich rasten und koten, werden dem Ökosystem nicht unwesentliche Mengen an Phosphor- und Stickstoffverbindungen entzogen. Dieser Verlust könnte langfristig zu einem Mangel an diesen Elementen im Nakuru-See führen.

Auch nach dem Aussetzen des Buntbarsches bleiben die Nahrungsbeziehungen im Nakuru-See gut überschaubar, weil nur vier Arten über 99% der Biomasse stellen. Dabei entfallen allein über 94% auf den Produzenten Spirulina. Die restliche Biomasse wird zur Hauptsache von den drei wichtigsten Konsumenten Zwergflamingo, Buntbarsch und Kleinkrebs gestellt. Die drei Nahrungsketten sind einmal über Spirulina miteinander verknüpft. Zum anderen ergibt sich eine Verknüpfung über Greifvögel, die sowohl Flamingos als auch fischfressende Vögel erlegen. Aus den Nahrungsketten wird ein **Nahrungsnetz.** Dieses ist in den letzten Jahren artenreicher geworden. So hat man nach dem Einsetzen des Buntbarsches über 40 neue fischfressende Vogelarten am Nakuru-See beobachten können. Auch haben sich einige fischfressende Säugetier-Arten wie Otter am See angesiedelt. Das Fischaussetzen in den See ist damit eines der wenigen Beispiele, bei dem das Eingreifen des Menschen in ein Ökosystem zu einer Erhöhung der Artenvielfalt geführt hat.

5.3. Funktionelle Gliederung eines Ökosystems

Die besonderen Eigenschaften des Nakuru-Sees ergeben sich wie bei jedem Ökosystem aus seinen Bestandteilen und ihren Beziehungen zueinander. Die Hauptelemente eines Ökosystems sind der **Lebensraum** *(Biotop)* und die **Lebensgemeinschaft** *(Biozönose)*. Erst durch die Wechselwirkungen zwischen den abiotischen und biotischen Strukturen entsteht eine **Funktionseinheit,** die weitgehend zur Selbstregulation befähigt ist. Ein Ökosystem ist offen, d. h., es steht mit seiner Umgebung im Energie- und Stoffaustausch. Durch die vielfältigen Wechselbeziehungen erhält ein Ökosystem trotz der dynamischen Vorgänge eine weitgehend stabile Zusammensetzung, so daß es auch als **Fließgleichgewicht** anzusprechen ist. Allgemein sind artenreiche Ökosysteme mit vielen ökologischen Nischen stabiler als artenarme; sie können flexibler auf Störungen reagieren.
Ein Ökosystem zeigt eine Gliederung in folgende Grundkomponenten: Abiotische Umwelt und Lebewesen, die nach ihrer Funktion in Produzenten, Konsumenten und Destruenten unterschieden werden.

Produzenten (Erzeuger) sind alle die Organismen, die aus anorganischem Substrat organische Verbindungen aufbauen und so primär Biomasse synthetisieren. Der entscheidende biochemische Prozeß ist hier die Photosynthese, die Sonnenlicht als Energiequelle nutzt.

Konsumenten (Verbraucher) sind diejenigen Lebewesen, die sich direkt oder indirekt von der lebenden organischen Substanz ernähren, die die Produzenten hergestellt haben. Dabei sind die *Primärkonsumenten* Pflanzenfresser (Herbivore), während sich die *Sekundärkonsumenten* als Tierfresser (Carnivore) von Pflanzenfressern ernähren. Je nach Länge einer Nahrungskette sind weitere Stufen der carnivoren Ernährung möglich.

Destruenten (Zersetzer) sind alle jene Organismen, die zum Abbau toter organischer Materie beitragen, die im Ökosystem durch Ausscheidung und Tod anfällt. Dabei ernähren sich *Saprovore* (Abfallfresser) z. B. von Streu, Kot oder Aas, scheiden aber selbst organisches Material aus. *Mineralisierer,* wie vor allem Pilze und Bakterien, bauen organische Substanz zu anorganischen Verbindungen ab, die so den Produzenten wiederzugeführt werden können.

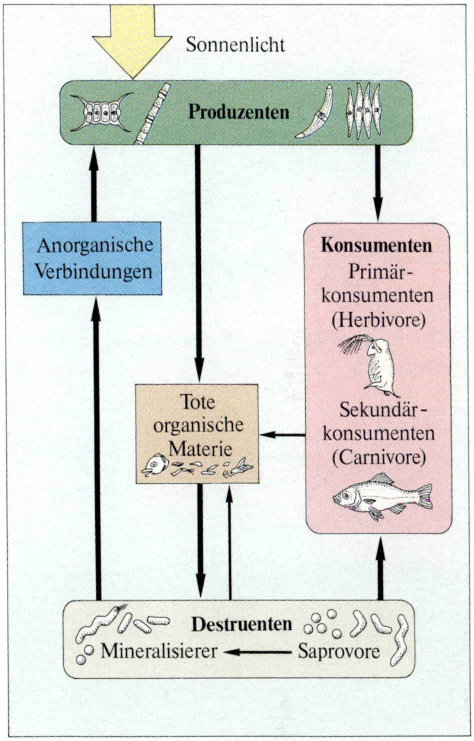

55.1. Funktionelle Gliederung eines Ökosystems (Dargestellt ist der Stofffluß)

Regenwürmer als Destruenten

Jeden Herbst fallen in unseren Laubwäldern mit der Laubstreu große Mengen toten organischen Materials an. Ohne die Tätigkeit der Destruenten würde zum einen die Vegetation innerhalb weniger Jahre im Laub „ersticken". Zum anderen träte aber auch sehr schnell ein Mangel an anorganischen Nährsalzen ein.
Am Abbau von pflanzlicher Biomasse sind in Landökosystemen Regenwürmer ganz wesentlich beteiligt. Sie ziehen von anderen Destruenten angefressene Blattstücke ins Erdreich und fressen pro Tag eine ihrem Körpergewicht entsprechende Menge. Aber nur etwa 10% des Pflanzenmaterials wird verdaut, 90% werden mit dem Wurmkot wieder ausgeschieden. Dieser Kot wird von anderen Destruenten aufgenommen und weiter zersetzt. Daran schließen sich noch weitere Destruentenstufen – unter diesen können wieder Regenwürmer sein – an, bis schließlich der Kot von Bakterien und Pilzen mineralisiert wird.

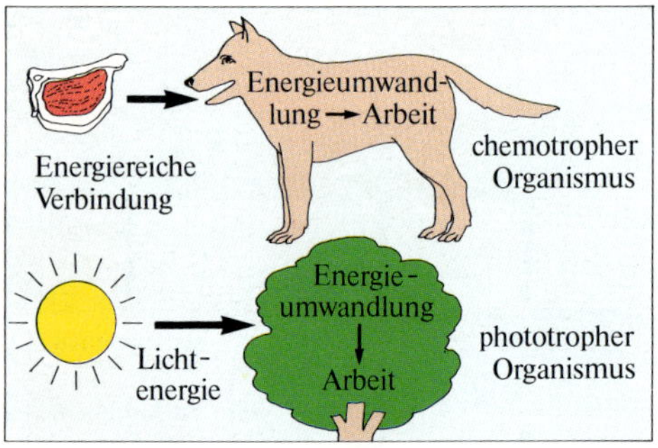

56.1. Formen der Energieversorgung im Organismenreich

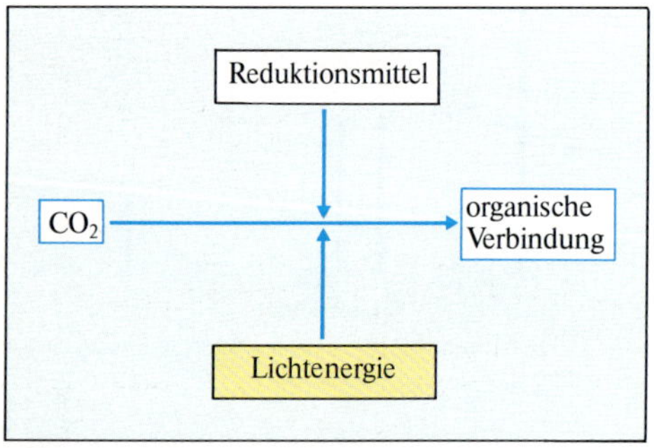

56.2. Prinzip der C-Autotrophie bei der Photosynthese

Halobakterien – phototrophe Organismen

Halobakterien leben an extremen Salzstandorten, wie sie z. B. im Toten Meer zu finden sind. Sie benötigen Salzkonzentrationen von mindestens drei Mol pro Liter und tolerieren sogar gesättigte Salzlösungen. Ihren Energie- und Stoffbedarf dekken Halobakterien mit der Aufnahme von Aminosäuren. Diese stammen von abgestorbenen Organismen, die wechselnden Salzkonzentrationen zum Opfer fallen.
In Salzlösungen ist die Löslichkeit von Sauerstoff schlecht. Halobakterien steht daher relativ wenig Sauerstoff zur Verfügung, so daß die Veratmung der aufgenommenen organischen Verbindungen den Energiebedarf nicht voll deckt. Mit einer besonders strukturierten Zellmembran sind Halobakterien in der Lage, Lichtenergie zu absorbieren und diese zur Bildung der energiereichen Verbindung ATP zu nutzen. Halobakterien enthalten jedoch kein Chlorophyll, sondern Bakterienrhodopsin. Das ist ein roter Farbstoff, der dem Sehpurpur des Wirbeltierauges ähnlich ist.

5.4. Stoffwechsel der Produzenten – Photosynthese

Eidechsen suchen warme Plätze auf, Pflanzen wachsen dem Licht zu, und Vögel reagieren auf den Gesang ihrer Artgenossen. Organismen haben also die Fähigkeit, auf ihre Umwelt zu reagieren. Bei allen Lebensäußerungen verrichtet ein Organismus *Arbeit*. Arbeit muß grundsätzlich für jede Veränderung eines stabilen Zustandes aufgewendet werden. Die Fähigkeit zur Arbeitsleistung hängt vom Energiegehalt des Organismus ab. Leistet er Arbeit, sinkt der Gehalt an *Energie*. Alle Lebensäußerungen sind energiebedürftig, und Lebewesen sind daher auf eine Energiezufuhr aus der Umgebung angewiesen.

Nach Art der Energieversorgung kann man grundsätzlich zwei Organismengruppen unterscheiden: **Chemotrophe Organismen** nehmen energiereiche Verbindungen auf und setzen für biologische Arbeiten verwertbare Energie in Reaktionen frei. **Phototrophe Organismen** decken ihren Energiebedarf durch die Aufnahme von Lichtenergie, die dann sekundär in chemische Energie umgewandelt wird. Alle Organismen bauen organische Verbindungen ab, um daraus Energie für die lebenserhaltenden Prozesse zu gewinnen. Die dabei entstehenden energiearmen Abfallprodukte Kohlenstoffdioxid und Wasser werden an die Umgebung abgegeben. Jedes Lebewesen muß daher ständig neue kohlenstoffhaltige Materie aufnehmen, um so den Nachschub an organischen Verbindungen zu gewährleisten. Konsumenten und Destruenten decken ihren Kohlenstoffbedarf mit der Nahrung, d. h., sie nehmen körperfremde organische Verbindungen auf. Solche Organismen bezeichnet man als *heterotroph*. In der Bilanz bewirken heterotrophe Lebewesen in der Biosphäre eine Abnahme an organischem Material. Nur die Produzenten sind in der Lage, die Biomasse zu erhöhen: Sie nehmen die anorganische Verbindung Kohlenstoffdioxid auf und stellen daraus durch Reduktion körpereigene organische Moleküle her. Man bezeichnet Organismen mit dieser Fähigkeit als **C-autotroph.** Die Reduktion des Kohlenstoffdioxids ist ein energiebedürftiger Vorgang. Alle grünen Pflanzen sind Produzenten und nehmen die benötigte Energie mit dem Sonnenlicht auf, sie sind *photoautotroph*. Die unter Verwertung von Lichtenergie erfolgende Reduktion des Kohlenstoffdioxids nennt man **Photosynthese.** Sie ist qualitativ und quantitativ der ökologisch wichtigste biochemische Prozeß.

Enzyme und Coenzyme

Im Organismus finden Energieumwandlungen statt, die mit chemischen Reaktionen, d. h. mit einer Umwandlung von Stoffen einhergehen. Man spricht vom *Energie- und Stoffwechsel* der Lebewesen. Allerdings würden diese Prozesse in der Zelle unter den für Lebewesen erträglichen Temperaturbedingungen viel zu langsam ablaufen. Sie werden vielmehr durch Enzyme beschleunigt. Allgemein bezeichnet man Stoffe, die durch Enzymwirkung verändert werden, als **Substrate.** Zur Umsetzung wird das Substrat zunächst an das Enzym gebunden. Es entsteht der sogenannte *Enzym-Substrat-Komplex,* an dem dann die eigentliche Reaktion abläuft. Für den Start dieser Reaktion, es kann z. B. die Spaltung eines Moleküls sein, ist nur noch ein geringer Energieaufwand erforderlich: Enzyme setzen die Aktivierungsenergie herab. Bei gleichem Energieaufwand reagieren daher viel mehr Substrat-Moleküle. Dies bedeutet eine höhere Reaktionsgeschwindigkeit. Nach der enzymatischen Umsetzung des Substrats werden die entstandenen Produkte vom Enzym freigesetzt. Das Enzym kann erneut ein Substrat binden und dessen Umsetzung bewirken. Es ergibt sich so ein zyklischer Prozeß, in dem das Enzym als **Katalysator** wirkt. Es beschleunigt die chemische Reaktion, ist aber selbst kein Endprodukt. Technische Katalysatoren, wie etwa Platin, beschleunigen eine ganze Reihe verschiedener Reaktionen. Enzyme dagegen sind *substratspezifisch:* Eine Enzym-Art setzt nur ein bestimmtes Substrat um. Die Bindestelle am Enzym und das Substrat sind ähnlich gebaut, so daß sie sich nach dem „Schlüssel-Schloß-Prinzip" erkennen. Ferner sind Enzyme auch *wirkungsspezifisch:* Sie katalysieren eine ganz bestimmte Reaktion. Auch die Reaktionen des Energiewechsels sind enzymkatalysiert. Dabei sind die energieliefernden und die energieverbrauchenden Prozesse sehr oft über die Verbindung **ATP** (**A**denosin**tri**phosphat) miteinander gekoppelt. ATP verhält sich wie ein zweites Substrat und wird auch als **Coenzym** bezeichnet. Es wird an das Enzym gebunden und in **ADP** (**A**denosin**di****p**hosphat) und Ⓟ (**P**hosphat) gespalten. Die dabei frei werdende Energie wird für die am selben Enzym ablaufende energiebedürftige Reaktion genutzt. In analoger Weise kann ATP aus seinen Spaltprodukten synthetisiert werden. Die ATP-Synthese muß dann mit einem energieliefernden Prozeß gekoppelt sein.

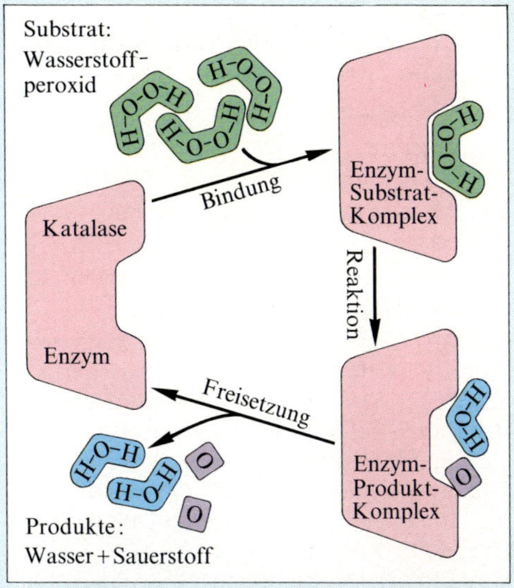

57.1. Schema der Enzymkatalyse: Beispiel Katalase

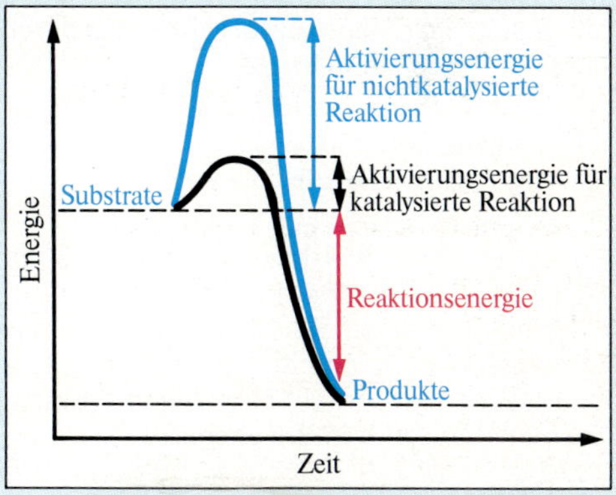

57.2. Energiediagramm der Enzymkatalyse

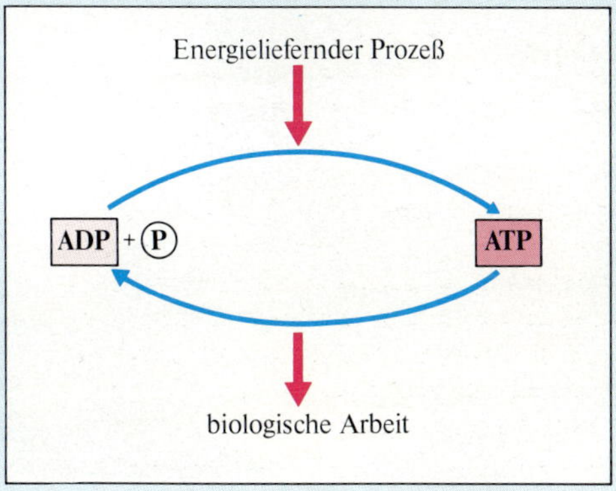

57.3. Die Rolle des ATP/ADP-Systems

Blattpigmente

V 58.1. Lichtabsorption eines Blattpigment-Extraktes

Geräte: Mörser und Pistill, Lichtquelle (z. B. Diaprojektor), Trichter, Meßzylinder, Becherglas (hohe Form)

Chemikalien: Aceton, Calciumcarbonat, Quarzsand

Objekt: Grüne Blätter (Brennessel, Spinat, evtl. auch tiefgefroren)

Durchführung: Etwa 10 g Blattmaterial werden unter Verwerfen der starken Blattrippen in Stücke gerissen. Zur Neutralisation des störenden sauren Zellsaftes gibt man etwas Calciumcarbonat hinzu. Nach Zugabe von Quarzsand und etwa 40 ml Aceton wird das Blattmaterial im Mörser gut zerrieben. Die entstandene Lösung sollte kräftig grün gefärbt sein. Danach wird filtriert: Der Blattpigment-Extrakt enthält neben Chlorophyll a und b auch verschiedene Blattpigmente. Man gibt den Extrakt in ein hohes Glasgefäß und füllt mit Aceton auf. Dann läßt man Licht (Diaprojektor) von unten durch das Glasgefäß hindurchtreten.

Auswertung: Stellen Sie fest, welche Lichtqualität offenbar überhaupt nicht von der Pigment-Lösung absorbiert wird!

Ergänzender Versuch:
Füllen Sie etwas Blattpigment-Extrakt in ein Becherglas, so daß etwa eine 1 cm hohe Schicht entsteht. Betrachten Sie das durch die dünne Lösungsschicht hindurchtretende Licht mit einem Handspektroskop! Setzen Sie ihre Ergebnisse mit Abb. 60.1. in Beziehung.

58.2. Lichtdurchtritt

V 58.3. Chromatrographische Trennung der Blattfarbstoffe

Geräte: Chromatographiekammer, Mikropipette, DC-Fertigplatte (Kieselgel), Reibschale, Trichter, Schere

Chemikalien: Aceton, Ethanol (96%), Petroleumbenzin (Siedebereich 100 bis 140 °C), 2-Propanol, Calciumcarbonat, Quarzsand

Objekt: Grüne Blätter (Brennessel, Spinat)

Durchführung: Zunächst wird die Kammer mit dem Laufmittel (12 ml Propanol + 1 Tropfen Aqua dest. mit 100 ml Benzin mischen) gefüllt und verschlossen stehen gelassen. Dann werden einige Blätter klein zerschnitten und unter Zusatz von etwas Calciumcarbonat, Quarzsand und Aceton zerrieben. Es soll eine dunkelgrüne Lösung entstehen, die abfiltriert wird.

Von dieser Lösung trägt man mit der Pipette 2 cm vom unteren Rand auf die DC-Platte so mehrmals auf, daß ein kräftig grüner Streifen entsteht. Zwischen den einzelnen Auftragungen trocknen lassen! Die Platte schräg in die Kammer einstellen! Die verschlossene Kammer durch Überstülpen eines Kartons verdunkeln, da die Blattpigmente lichtempfindlich sind. Wenn das Laufmittel die Oberkante erreicht hat, wird die Platte entnommen und das Chromatogramm betrachtet.

Hinweis: Neben den Blattfarbstoffen können Abbauprodukte der Chlorophylle auftreten, die meist als bräunliche Farbbanden sichtbar sind.

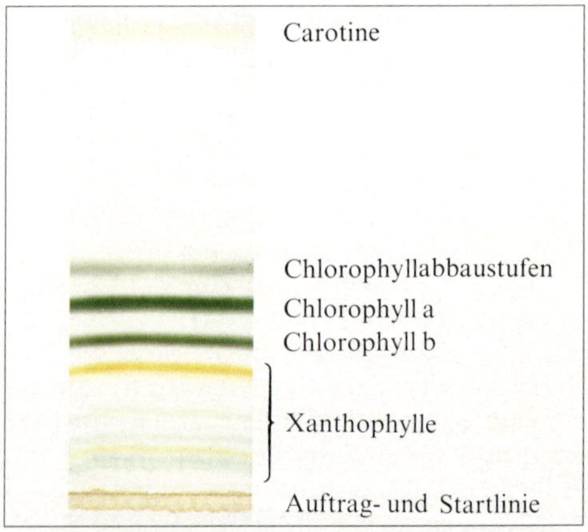

58.4. Chromatogramm eines Blattextraktes

Faktoren der Photosynthese

V 59.1. Licht- und Chlorophyllabhängigkeit der Photosynthese

Geräte: Wasserbad, 2 Bechergläser, Pinzette, Petrischale

Chemikalien: Spiritus, LUGOLsche Lösung (Iodiodkalium-Lösung)

Objekt: Buntnessel, evtl. gefleckter Efeu

Durchführung: Man zeichnet von einem gut entwickelten Blatt der Versuchspflanze das grünweiße Muster auf. Dann verdunkelt man es mit Hilfe eines fest angedrückten Aluminiumstreifens teilweise und stellt die Pflanze für etwa 12 Stunden dunkel. Danach belichtet man die Pflanze für mindestens 3 Stunden gut. Im Winter kann dazu auch eine Schreibtischlampe mit einer 100-Watt-Glühbirne eingesetzt werden.

Nach der Belichtungsphase wird das Blatt durch Einlegen in siedendes Wasser abgetötet. Nach etwa 2 min. wird das Blatt in Spiritus überführt, der im Wasserbad erhitzt wird. *(Vorsicht, Alkoholdämpfe sind leicht entflammbar!)* Man läßt das Blatt so lange im siedenden Spiritus, bis es weitgehend entfärbt ist. Dann wird es vorsichtig entnommen, in eine Petrischale überführt, kurz mit warmem Wasser gespült und dann ganz mit LUGOLscher Lösung übergossen.

Hinweis: Stärke wird durch LUGOLsche Lösung charakteristisch blau gefärbt.

Aufgabe: Vergleichen Sie die Stellen der Blaufärbung mit dem Muster der Chlorophyllverteilung und mit dem verdunkelten Bereich. Werten Sie das Ergebnis aus!

V 59.3. Sauerstoffnachweis mit der Indigokarmin-Methode

Geräte: Große Petrischale (3x), Overhead-Projektor, Tropfpipette

Chemikalien: 0,05%ige Indigokarmin-Lösung, 1%ige Natriumdithionit-Lösung (Lösungen frisch mit Leitungswasser ansetzen!), Kaliumhydrogencarbonat.

Objekt: Wasserpest oder Tausendblatt

Durchführung: Man stellt die drei Petrischalen auf den Overhead-Projektor und füllt sie mit der Indigokarmin-Lösung. Dann fügt man jeweils tropfenweise unter Rühren soviel Natriumdithionit-Lösung hinzu, daß die Blaufärbung gerade verschwindet. Zu zwei der Ansätze (a und c) fügt man je eine Spatelspitze Kaliumhydrogencarbonat hinzu. Das Salz zerfällt im Wasser und setzt CO_2 frei. In die Ansätze a und b legt man je eine gut entwickelte Versuchspflanze ein. Der Ansatz c dient als Blindprobe. Die Petrischalen werden gut verschlossen. Dann belichtet man die Ansätze durch Anstellen des Overhead-Projektors möglichst gleichmäßig.

Hinweis: Durch Reduktion entfärbtes Indigokarmin wird durch Sauerstoff wieder zum blauen Farbstoff oxidiert.

Aufgabe: Stellen Sie mögliche Farbänderungen in Abhängigkeit von Versuchsdauer und Ansatz fest.
Stellen Sie durch Auswertung der Versuche 59.1. und 59.3. die verschiedenen Faktoren der Photosynthese zusammen. Überlegen Sie einen Versuchsaufbau für die Überprüfung der Temperaturabhängigkeit der Photosynthese!

59.2. Stärkenachweis beim Buntnessel-Blatt

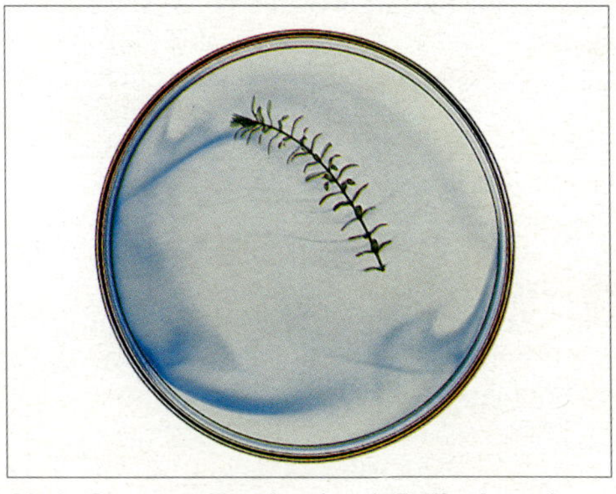

59.4. Sauerstoffnachweis mit Indigokarmin

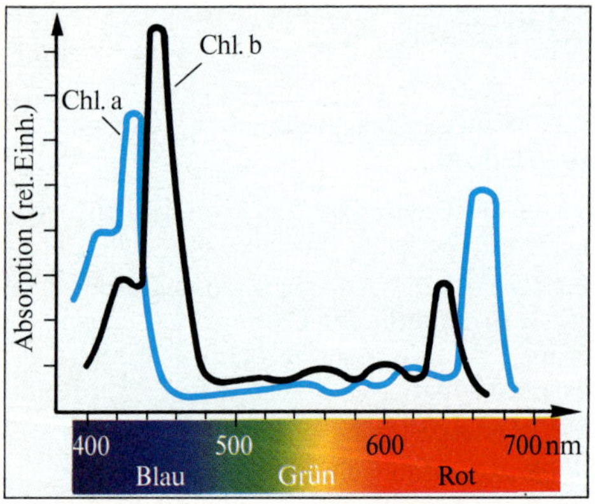

60.1. Absorptionskurven der Chlorophylle

Lichtabsorption durch Chlorophyll

Trifft Sonnenlicht auf ein chlorophyllhaltiges Blatt, so wird ein Teil des Lichts absorbiert. Der andere Teil wird reflektiert und erzeugt nach Absorption in den Sinneszellen des Auges den Farbeindruck grün. Die Absorption von Licht bedeutet eine Aufnahme von Energie. Dies geschieht in Form von Lichtquanten (Photonen). Nimmt ein Farbstoffmolekül ein Lichtquant auf, so wird im Molekül ein Elektron auf ein höheres Energieniveau gehoben. Das Farbstoffmolekül selbst ist dann energiereicher, es befindet sich in einem „angeregten Zustand". Da im Molekül von den Elektronen nur ganz bestimmte Energieniveaus eingenommen werden können, werden nur solche Lichtquanten absorbiert, deren Energiegehalt der Differenz zwischen *Grundzustand* und den verschiedenen *Anregungszuständen* entspricht.
Chlorophyll nimmt bevorzugt Quanten auf, die dem blauen und roten Bereich des sichtbaren Lichts zuzuordnen sind. Ein Anregungszustand dauert nur sehr kurze Zeit an. In dieser Zeit kann das Chlorophyll photochemische Arbeit leisten, indem es ein Elektron an ein Akzeptormolekül abgibt. Geschieht das nicht, kehrt das „angehobene" Elektron auf das ursprüngliche Niveau zurück und gibt die zuvor absorbierte Energie in der Regel als Wärme wieder ab. Beim Chlorophyll bewirken rotes und blaues Licht trotz unterschiedlichen Energiegehalts den gleichen photochemischen Effekt, jedoch entsteht bei der Nutzung von Blaulicht immer zusätzlich auch Wärme.

5.4.1. Energieumwandlung in der Lichtreaktion

Die photosynthetischen Farbstoffe. Damit Licht Wirkungen hervorrufen kann, muß es durch einen Farbstoff absorbiert werden. Der ausschlaggebende Farbstoff der Photosynthese ist das **Chlorophyll.** Es absorbiert blaue und hellrote Strahlung sehr stark, grüne wenig und dunkelrote gar nicht. Die Absorptionskurve zeigt daher zwei Maxima. Die entscheidende Fähigkeit des Chlorophylls liegt darin, daß es absorbierte Lichtenergie für *photochemische Arbeit* nutzen kann: Nach Aufnahme eines Quants ausreichenden Energiegehalts kann das angeregte Chlorophyll-Molekül ein Elektron an ein anderes Molekül, an einen Akzeptor abgeben.

Pigmentsysteme. Trennt man den Blattpigment-Extrakt einer höheren Pflanze chromatographisch auf, so sind mehrere Farbstoffe zu erkennen. Neben den beiden Chlorophyll-Arten enthalten die Blätter auch gelbe Pigmente. Unter diesen sind vor allem die sauerstoffhaltigen Xanthophylle zu erwähnen. In der Regel werden diese vom Grün der Chlorophylle überdeckt. Nur beim herbstlichen Chlorophyll-Abbau werden die gelblichen Farbstoffe sichtbar.
Der Ort der Photosynthese sind die Chloroplasten der Pflanzenzelle. Dort sind die Blattpigmente in den inneren Membranen, den *Thylakoiden* enthalten. Sie sind dort zu Einheiten von 200 bis 400 Farbstoffmolekülen zusammengefaßt. In einem solchen Pigmentsystem bildet jeweils ein Chlorophyll-a-Molekül das eigentliche *Reaktionszentrum.* Die anderen Farbstoffmoleküle werden als **akzessorische Pigmente** bezeichnet. Sie haben die Funktion lichtsammelnder Antennenmoleküle: Sie leiten absorbierte Lichtquanten der verschiedensten Wellenbereiche zum Reaktionszentrum. Bei der Weiterleitung geht Energie als Wärme verloren. Die im Reaktionszentrum ankommenden Quanten stimmen im Energiegehalt weitgehend überein.
Aus den Chloroplasten hat man zwei verschiedene Pigmentsysteme isolieren können, die als Photosystem I und II bezeichnet werden. Sie unterscheiden sich im Energieniveau, in ihrer Zusammensetzung und im Absorptionsmaximum des jeweiligen Reaktionszentrums. Das reaktive Clorophyll a des **Photosystem I** absorbiert bei 700 nm am stärksten, es wird daher P 700 (**P**igment 700) genannt. Das **Photosystem II** enthält mit P 680 ein Chlorophyll-a-Molekül mit einem Absorptionsmaximum bei 680 nm. Chlorophyll-Moleküle können unterschiedliche Absorptionsmaxima haben, weil durch Bindung an andere Moleküle ihre Eigenschaften verändert sind.

Der lichtgetriebene Elektronentransport. Durch die lichtbedingte Anregung der Reaktionszentren in den Photosystemen I und II wird ein Elektronentransport von einem Molekül Wasser zu einem Molekül $NADP^+$ ausgelöst. Wasser liefert Elektronen, während das Coenzym $NADP^+$ als Elektronenakzeptor fungiert. Der Elektronentransport ist dabei gegen das Energiegefälle gerichtet und bedarf daher einer ausreichenden Energiezufuhr. Diese erfolgt durch die Aufnahme von Lichtenergie. Allerdings würde die Absorption *eines* Lichtquants die Energiedifferenz zwischen Wasser und $NADP^+$ nicht überwinden können. Tatsächlich sind bei der Lichtreaktion der Photosynthese die beiden Photosysteme so in Serie geschaltet, daß der Elektronenfluß möglich wird: Die absorbierten Lichtenergien zweier Quanten addieren sich gewissermaßen.

Der Elektronenspender Wasser, die beiden Photosysteme und der Elektronenakzeptor $NADP^+$ sind über **Elektronentransportketten** miteinander verbunden. Diese setzen sich aus Verbindungen in der Thylakoidmembran zusammen, die zur Elektronenaufnahme und -abgabe befähigt sind. Man nennt solche Verbindungen *Redoxsysteme*.
Ausgangspunkt des photosynthetischen Elektronentransportes ist das Reaktionszentrum im Photosystem II. Nach Anregung gibt dort das P 680 ein Elektron an ein benachbartes Redoxsystem ab. Die durch den Elektronenübergang entstehende Elektronenlücke am P 680 wird aus dem Wasser gedeckt. Als Folge des lichtbedingten Elektronenentzugs wird das Wasser in Protonen und Sauerstoff gespalten. Man bezeichnet diesen Vorgang als **Photolyse des Wassers.**
Vom angeregten P 680 zum P 700 im Grundzustand erfolgt der Elektronenfluß über eine Elektronentransportkette. Bei diesem Fluß entlang dem Energiegefälle wird Energie frei. Diese wird für die Übertragung eines Ⓟ auf ADP genutzt. Da diese ATP-Bindung durch die Lichtabsorption ausgelöst wird, spricht man hier von **Photophosphorylierung.**

Die Lichtabsorption am Photosystem I führt zum angeregten P 700, das in diesem Zustand Elektronen auf $NADP^+$ überträgt. Gleichzeitig werden Protonen angelagert. Als Endglied des photosynthetischen Elektronentransportes entsteht daher das reduzierte Coenzym **$NADPH + H^+$**.
Photolyse des Wassers, ATP-Bildung und Reduktion von $NADP^+$ sind die drei photochemischen Vorgänge der Lichtreaktion der Photosynthese.

$NADP^+$ – Coenzym bei Redoxreaktionen

Bei vielen Stoffwechselprozessen werden dem Substrat Elektronen entzogen (Oxidation), oder es werden Elektronen auf das Substrat übertragen (Reduktion). In der Regel sind biologische Redoxvorgänge mit einer Reaktion von Protonen (H^+-Ionen) gekoppelt, die entweder entzogen oder auch übertragen werden. In der Bilanz ergibt sich so eine Aufnahme oder Abgabe von Wasserstoff. Ein wichtiges Coenzym bei biologischen Redoxreaktionen ist das $NADP^+$ (**N**icotinamid-**a**denin-**d**inucleotid-**p**hosphat): $NADP^+$ als Elektronenakzeptor bei enzymatischen Oxidationen:
$NADP^+ + 2e + 2H^+ \longrightarrow NADPH + H^+$
$NADPH + H^+$ als Elektronenspender bei enzymatischen Reduktionen:
$NADPH + H^+ \longrightarrow NADP^+ + 2e + 2H^+$

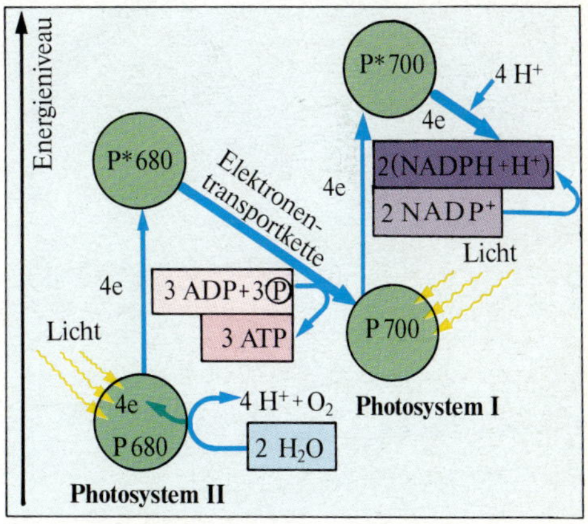

61.1. Photosynthetischer Elektronentransport

Photolyse des Wassers:

$2H_2O \longrightarrow 4H^+ + 4e + O_2$

Photophosphorylierung:

$3(ADP + Ⓟ) \xrightarrow{4e\text{-Transport}} 3ATP$

Reduktion des $NADP^+$

$2NADP^+ + 4H^+ + 4e \longrightarrow 2(NADPH + H^+)$

$2H_2O + 3(ADP + Ⓟ) + 2NADP^+ \longrightarrow 3ATP + 2(NADPH + H^+) + O_2$

61.2. Lichtreaktion der Photosynthese

Bau des Chloroplasten

Chloroplasten sind linsenförmige Gebilde, die eine Längsausdehnung von 4 bis 8 µm erreichen. Im elektronenmikroskopischen Schnittbild erkennt man, daß die Chloroplastenhülle aus einer Doppelmembran besteht. Von der inneren dieser Membranen werden die **Thylakoide** abgefaltet, die den Innenraum durchziehen. Die Thylakoide sind im sogenannten Granabereich geldrollenähnlich gestapelt.
In den Thylakoiden liegen die Photosysteme mit den photosynthetischen Pigmenten. Die Grundsubstanz des Chloroplasten, das **Stroma,** ist chlorophyllfrei. In ihm erfolgt die Synthese von Kohlenhydraten und Fetten, die als Stärkekörner bzw. als Lipidtropfen gespeichert werden können.

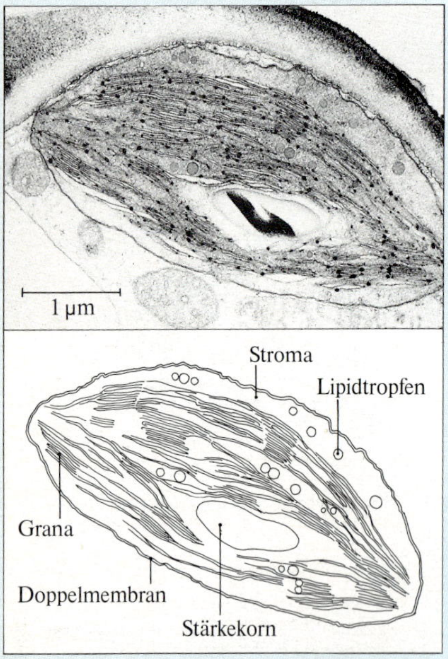

62.1. EM-Bild und Schema eines Chloroplasten

V 62.2. Nachweis der Stärke in Chloroplasten

Geräte: Mikroskopierausrüstung

Chemikalien: Blätter einer Moospflanze, LUGOLsche Lösung.

Durchführung: Man mikroskopiert Blätter gut belichteter Pflanzen und identifiziert die Chloroplasten. Dann saugt man LUGOLsche Lösung durch.

5.4.2. Die lichtunabhängige Substanzumwandlung

Die Reduktion des Kohlenstoffdioxids zu Kohlenhydraten ist ein lichtunabhängiger Prozeß. Man spricht daher auch von der *Dunkelreaktion* der Photosynthese. In ihr erfolgt der CO_2-Einbau unter Verwendung der in der Lichtreaktion hergestellten ATP- und $NADPH + H^+$-Moleküle. Diese Coenzyme haben gewissermaßen die Energie der Lichtquanten aufgenommen und geben sie in der Dunkelreaktion auf die synthetisierten organischen Moleküle weiter.

Die photosynthetische Bildung von Kohlenhydraten erfolgt in einem zyklischen Prozeß. Dabei läßt sich der nach seinem Entdecker benannte CALVIN-Zyklus in drei Abschnitte unterteilen:

1. *Bindung* des CO_2 an ein Akzeptormolekül unter Bildung der C_3-Verbindung Phosphoglycerinsäure,
2. *Reduktion* dieser Säure zum Zucker Glycerinaldehydphosphat,
3. *Rückbildung* des Akzeptormoleküls, der C_5-Verbindung Ribulosebisphosphat.

Die am Zyklus beteiligten Verbindungen tragen Phosphatgruppen, wodurch ihre Reaktionsfähigkeit steigt. Das energiereiche Endprodukt des CO_2-Einbaus ist Glucose. Sie kann in die wasserunlösliche Speicherform der Stärke überführt werden. Zum Teil erfolgt dies im Chloroplasten selbst. Vor allem nachts werden aber auch Zucker aus dem Chloroplasten abtransportiert und in nichtgrünen Speicherorganen als Stärke abgelagert. Die in der Photosynthese hergestellten Zucker decken den Energie- und Kohlenstoffbedarf der Pflanze.

Bilanz des CO_2-Einbaus. Um ein Molekül Glucose zu bilden, müssen 6 Moleküle CO_2 gebunden und reduziert werden. Für den Einbau eines Moleküls Kohlenstoffdioxid werden im CALVIN-Zyklus 3 ATP und 2 $(NADPH + H^+)$ benötigt. Es ergibt sich daher pro Glucose-Molekül ein Bedarf an 18 ATP und 12 $(NADPH + H^+)$, die durch die Lichtreaktion bereitgestellt werden.
Die Bindung von 6 CO_2 ergibt 12 Glycerinaldehyd-Moleküle. Von diesen werden 10 C_3-Verbindungen für die Rückbildung von 6 Akzeptormolekülen benötigt. Die zwei verbleibenden C_3-Moleküle scheren aus dem Zyklus aus. Aus ihnen wird die Glucose synthetisiert. Damit ist die Substanzumwandlung von anorganischem Kohlenstoffdioxid in organischen Zucker abgeschlossen.

Bilanz der Photosynthese. Mit der Bildung der Glucose ist eine stabile Konservierung der Lichtenergie erreicht. Eine entsprechende Grundgleichung der Photosynthese erhält man, indem die Lichtreaktion und die lichtunabhängige Reaktion zusammengefaßt werden:

Lichtreaktion

$$12\,H_2O + 12\,NADP^+ + 18\,(ADP + Ⓟ) \longrightarrow 12\,(NADPH + H^+) + 18\,ATP + 6\,O_2$$

Lichtunabhängige Reaktion

$$6\,CO_2 + 12\,(NADPH + H^+) + 18\,ATP \longrightarrow C_6H_{12}O_6 + 6\,H_2O + 12\,NADP^+ + 18\,(ADP + Ⓟ)$$

$$\mathbf{6\,CO_2 + 12\,H_2O \xrightarrow[\text{Chloroplast}]{\text{Licht}} C_6H_{12}O_6 + 6\,H_2O + 6\,O_2}$$

In dieser Schreibweise wird deutlich, daß der Sauerstoff aus dem Wasser stammt.

Die hervorragende Bedeutung der Photosynthese für die Organismen liegt sowohl in der Umwandlung von Lichtenergie in chemische Energie als auch in der Umwandlung anorganischer Verbindungen in organische Moleküle. Weiterhin ist erst durch die Photosynthese der grünen Pflanzen der Sauerstoffanteil der Atmosphäre entstanden; die Mehrzahl der Organismen-Arten ist heute auf eine ausreichende Sauerstoffversorgung angewiesen.

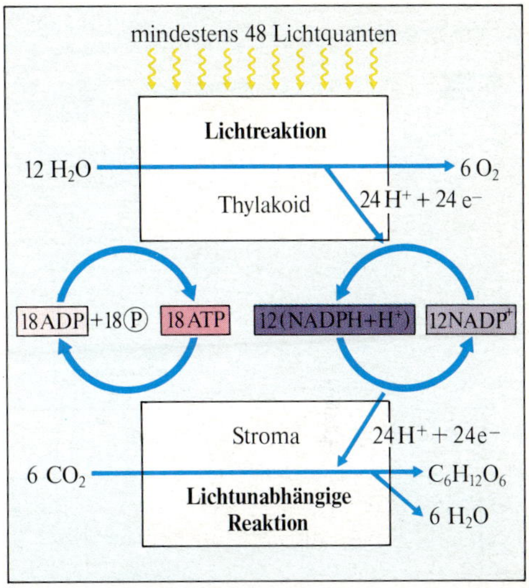

63.2. Funktionelle Einheit der photosynthetischen Teilreaktionen

A 63.3. Häufig gibt man die Photosynthese-Gleichung wie folgt an:

$$6\,CO_2 + 6\,H_2O \longrightarrow C_6H_{12}O_6 + 6\,O_2$$

Erläutern Sie, warum diese Schreibweise zu Fehldeutungen hinsichtlich der Herkunft des photosynthetischen Sauerstoffs führen kann!

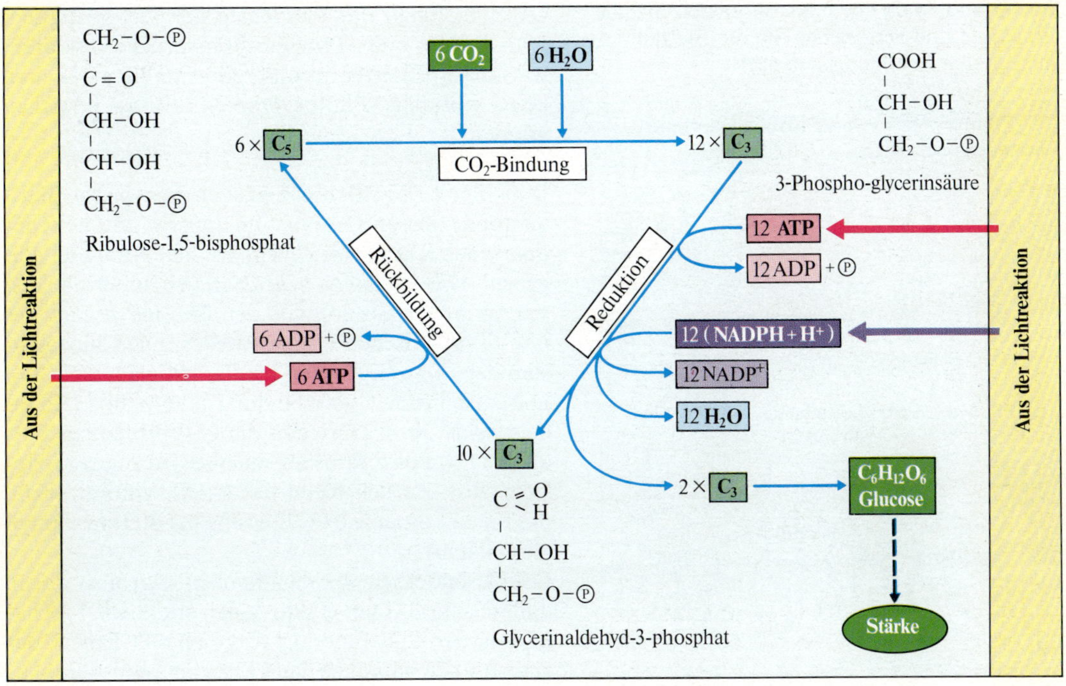

63.1. Schematische Darstellung der lichtunabhängigen Reaktion der Photosynthese

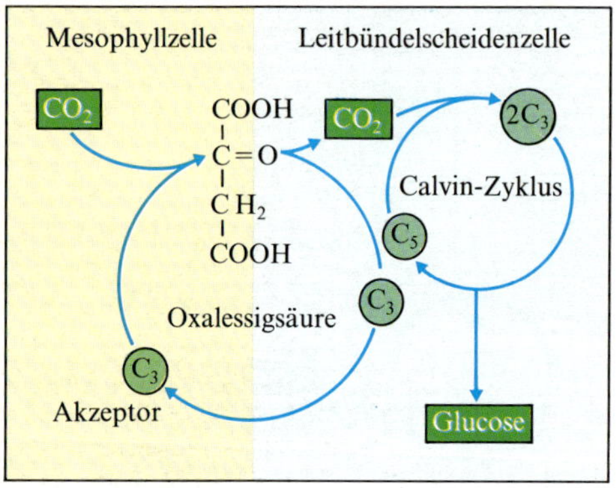

64.1. CO_2-Bindung bei C_4-Pflanzen

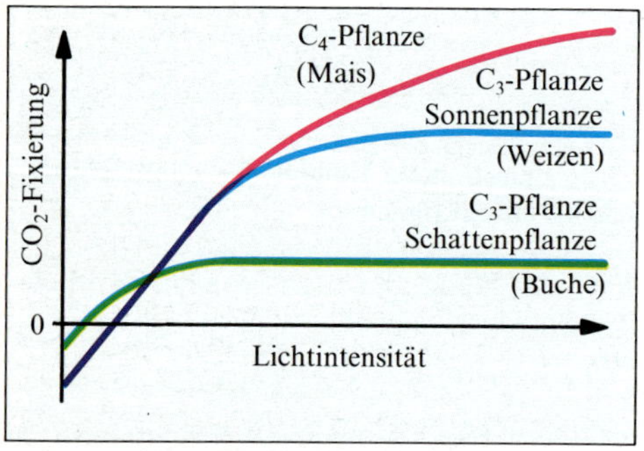

64.2. Lichtabhängigkeit der CO_2-Bindung

A 64.3. Fertigen Sie Blattquerschnitte von Buche und Mais an, mikroskopieren Sie die Präparate und vergleichen Sie die Blattanatomie mit den Abbildungen in 64.4.!

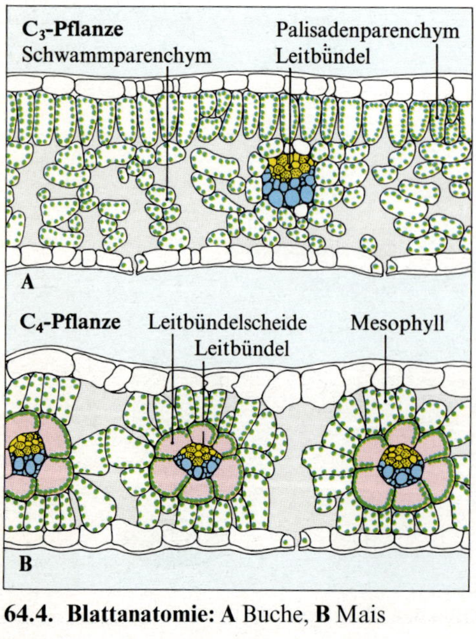

64.4. Blattanatomie: A Buche, **B** Mais

5.4.3. C_4-Pflanzen

Die Biomasseproduktion eines Maisfeldes in warmen Anbaugebieten ist pro Hektar und Jahr um ein Mehrfaches höher als die einer heimischen Weizenkultur. Mais, Zuckerrohr, Hirse und eine Reihe anderer Pflanzen aus dem tropischen und subtropischen Lebensraum zeigen eine Variante der CO_2-Bindung. Hier erfolgt die CO_2-Anlagerung an ein C_3-Akzeptormolekül. Als photosynthetisches Primärprodukt entsteht mit der Dicarbonsäure Oxalessigsäure eine **C_4-Verbindung**. Man spricht daher von den *C_4-Pflanzen.*

Pflanzen, die CO_2 direkt über den CALVIN-Zyklus einbauen und dabei eine C_3-Verbindung bilden, nennt man dagegen *C_3-Pflanzen.*

Der Vorteil der C_4-Pflanzen liegt darin, daß die CO_2-Bindung von einem besonderen Enzym katalysiert wird. Es hat eine hohe Affinität gegenüber Kohlenstoffdioxid. Daraus folgt eine hohe Nettophotosynthese: Das Verhältnis von gebundenem CO_2 zu bei der Atmung freigesetztem CO_2 ist bei C_4-Pflanzen günstiger als bei C_3-Pflanzen.

C_4-Pflanzen können auch bei sehr geringer CO_2-Konzentration optimale Photosynthese betreiben. Allerdings müssen dazu Temperaturen von 30° bis 40° C herrschen. Auch bedürfen C_4-Pflanzen hoher Lichtintensität; im Gegensatz zu den C_3-Pflanzen zeigen sie nicht das Phänomen der Lichtsättigung. Die Licht- und Temperaturansprüche erklären, warum C_4-Pflanzen in unseren gemäßigten Breiten keine optimale Photosynthese-Leistung erreichen können.

Mais als eine C_4-Pflanze zeigt auch die typische Blattanatomie dieser Gruppe. Im Querschnitt erkennt man einen Kranz von Zellen, die die Leitbündel umgeben. Die *Leitbündelscheidenzellen* unterscheiden sich in ihrer Funktion von den *Mesophyllzellen* des photosynthetischen Grundgewebes. Die Chloroplasten der Mesophyllzellen binden lediglich das CO_2. Die entstehende C_4-Verbindung geht in die Leitbündelscheide über. Dort gibt die C_4-Verbindung CO_2 an den CALVIN-Zyklus ab, indem es zu Zucker reduziert wird. Zurück bleibt das C_3-Akzeptormolekül, das für eine erneute CO_2-Bindung ins Blattmesophyll zurückkehrt.

Die Besonderheit der C_4-Pflanzen liegt also darin, daß sie dem CALVIN-Zyklus einen effektiven Mechanismus der CO_2-Bindung vorgeschaltet haben, der zudem auch räumlich vom Ort der photosynthetischen Zuckerbildung abgetrennt ist.

Photosynthese und Umweltfaktoren

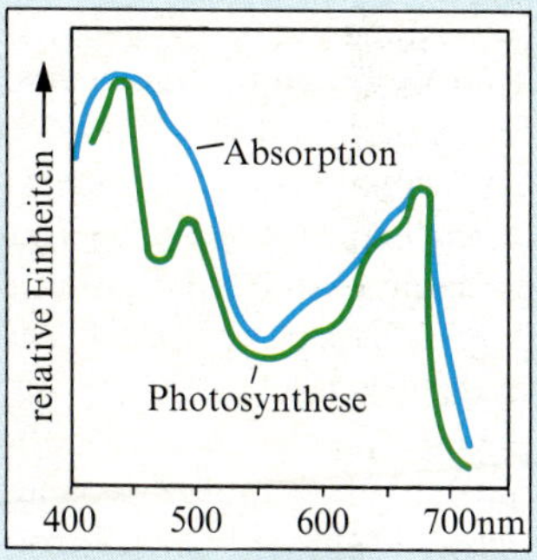

65.1. Wirkungsspektrum

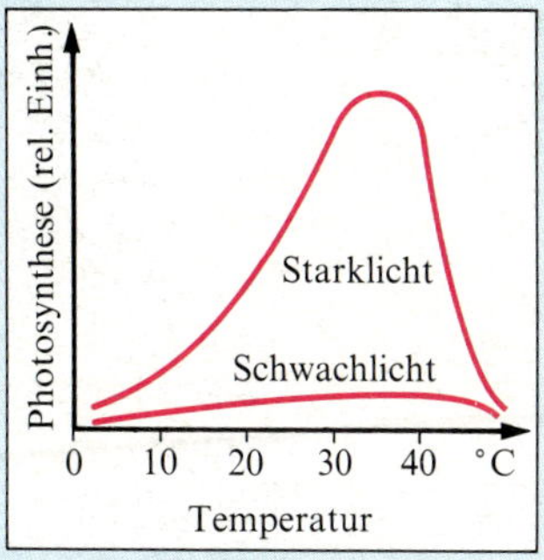

65.2. Temperatur

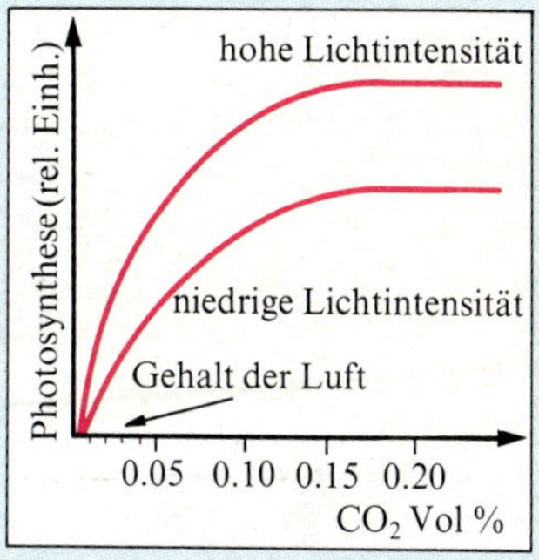

65.3. CO_2-Konzentration

Untersucht man die Abhängigkeit der Photosyntheserate von der eingestrahlten Wellenlänge, so erhält man das **Wirkungsspektrum** der Photosynthese. Dieses zeigt, daß nicht jede Lichtfarbe gleich gut genutzt werden kann. Das Wirkungsspektrum entspricht weitgehend den Absorptionseigenschaften der photosynthetischen Pigmente. Im blaugrünen Bereich zwischen 450 und 500 nm absorbieren die gelben Xanthophylle sehr stark. Hier ist die Photosynthese geringer, als man nach der Absorption erwarten könnte. Dies liegt daran, daß die gelben Antennenpigmente nur etwa 30 % der aufgenommenen Quanten an die Reaktionszentren der Photosynthese weiterleiten.
Bei Schwachlicht ist die Photosynthese unterhalb eines kritischen Wertes von der **Temperatur** nahezu unabhängig. Hier ist die Lichtintensität der limitierende Faktor. Bei hohem Lichtangebot steigt die Photosyntheserate im Bereich von 5 bis 30 °C an. Dies entspricht der RGT-Regel für biochemische Reaktionen. Oberhalb von 30 °C sinkt bei unseren heimischen Pflanzen die Photosynthese-Leistung ab und kommt bei 40 °C ganz zum Erliegen. Die Ursache hierfür liegt in der zunehmenden Hitzeschädigung der Enzyme der lichtunabhängigen Reaktion.
Bei konstanten Licht- und Temperaturbedingungen entspricht die Abhängigkeit der Photosynthese von der **CO_2-Konzentration** einer Sättigungskurve. Unter natürlichen Standortbedingungen wird diese Sättigung in der Regel nicht erreicht. Durch die Photosynthese-Aktivität ist das CO_2-Angebot im Pflanzenbestand und in der Pflanze selber sehr niedrig, so daß meist Kohlenstoffdioxid der entscheidende begrenzende Faktor der Photosynthese ist.

Chemosynthese

Einige farblose Bakterien-Arten sind in der Lage, ohne Lichtenergie aus CO_2 organische Verbindungen aufzubauen. Die dazu benötigte Energie beziehen diese Organismen aus der Oxidation anorganischer Substanzen. Es liegt ein chemoautotropher Stoffwechselprozeß vor, den man auch Chemosynthese nennt.
Je nach Bakterien-Art ist die oxidierbare Verbindung verschieden: Man kennt u. a. Schwefel-, Nitrat-, Wasserstoff-, Eisen- und Mangan-Bakterien. Bei der Oxidation werden den anorganischen Substanzen Elektronen entzogen. Ein Teil dieser Elektronen wird zur Reduktion von NAD^+ zu $NADH + H^+$ verwendet. Ein anderer Teil wird über eine Elektronentransportkette auf Sauerstoff oder einen anderen Akzeptor übertragen. Dabei wird ATP gebildet. Die Coenzyme $NADH + H^+$ und ATP werden dann für die Reduktion von CO_2 zu Zucker genutzt. Diese verläuft wie bei der Photosynthese über den CALVIN-Zyklus.
Die chemosynthetischen Bakterien spielen quantitativ als Produzenten eine untergeordnete Rolle. Ihre große ökologische Bedeutung liegt in der chemischen Umwandlung der verschiedensten anorganischen Substanzen.

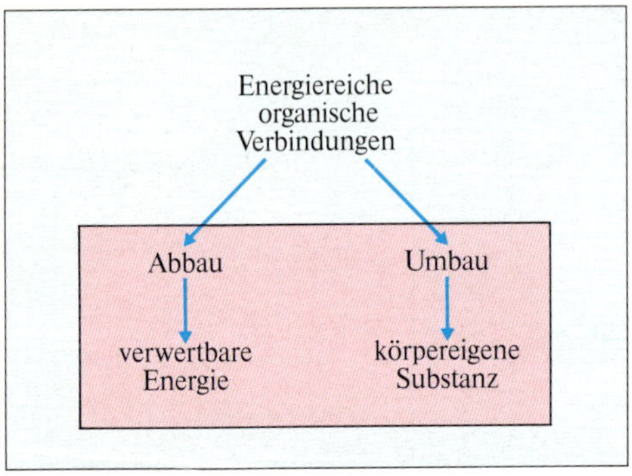

66.1. Prinzip der Chemoheterotrophie

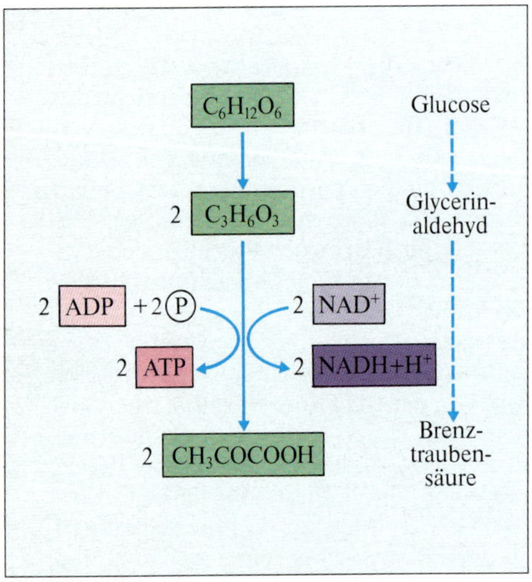

66.2. Prinzip der Glykolyse. Die Glykolyse läuft im Cytoplasma ab und umfaßt zehn enzymatisch katalysierte Einzelschritte.

V 66.3. Sauerkraut durch Milchsäure-Gärung

Geräte: Hoher Standzylinder, Bürette, Stein oder Gewicht, 5 ml-Pipette

Chemikalien: Weißkohl, Kochsalz, 0,1 M-Natronlauge, 1%ige ethanolische Phenolphthalein-Lösung

Durchführung: Zerkleinerter Weißkohl und $^1/_{50}$ der Masse an Kochsalz werden im Standzylinder zusammengepreßt und so beschwert, daß der Ansatz von Flüssigkeit bedeckt ist. In Tagesabständen werden jeweils 5 ml der Flüssigkeit entnommen und nach Zugabe von zwei Tropfen Phenolphthalein mit Natronlauge bis zum Umschlagpunkt titriert.
Hinweis: An den Kohlblättern befinden sich Milchsäurebakterien.

5.5. Stoffwechsel der Nichtproduzenten – Dissimilation

Alle Konsumenten und Destruenten sind chemotrophe Organismen: Sie decken ihren Energiebedarf durch den Abbau energiereicher, organischer Verbindungen. Die Gesamtheit des energieliefernden Abbau-Stoffwechsels nennt man **Dissimilation**.
Auch die grünen Pflanzen bauen organische Verbindungen zum Zwecke der Energiefreisetzung ab. Allerdings haben sie die energiereichen Verbindungen unter Ausnutzung der Sonnenenergie selbst synthetisiert. Tiere, Pilze und die Mehrzahl der Mikroorganismen müssen organische Verbindungen aufnehmen. Sie decken daraus nicht nur ihren Energiebedarf sondern bauen aus der körperfremden organischen Substanz ihre körpereigenen Verbindungen auf; sie sind **C-heterotroph**. Nichtproduzenten sind als chemoheterotrophe Lebewesen sowohl in ihrer Energieversorgung als auch in der Versorgung mit Kohlenstoffverbindungen von den Produzenten abhängig.

5.5.1. Gärungen – Unvollständiger Substratabbau

Gärungen sind Dissimilationsprozesse, die ohne Beteiligung des Luftsauerstoffes ablaufen. Das häufigste Substrat ist dabei die Glucose. Als gut lösliche Verbindung steht dieser Zucker als Verdauungsprodukt von Kohlenhydraten zur Verfügung oder er wird bei Bedarf aus Reservestoffen freigesetzt. Die erste Phase des Glucose-Abbaus nennt man **Glykolyse** („Zuckerspaltung"). Sie verläuft bei allen Lebewesen über die gleichen Stoffwechselschritte. Vermutlich ist diese Form der Dissimilation bei den ersten zellulären Organismen schon in den Anfängen der Evolution entstanden.
In der Glykolyse wird ein Glucose-Molekül über eine Folge enzymatischer Umsetzungen in zwei Moleküle Brenztraubensäure zerlegt. Dies bedeutet eine Spaltung des C_6-Gerüstes in zwei C_3-Körper. Das primäre C_3-Spaltprodukt ist die Verbindung Glycerinaldehyd. Sie wird dann weiter zur Glycerinsäure oxidiert. Diese Oxidation ist der energieliefernde Prozeß. Er ist mit einer ATP-Synthese gekoppelt, wodurch die bei der Oxidation freiwerdende Energie in eine für die Zelle vielfältig verwertbare Energieform überführt wird. Die Oxidation des Substrats in der Glykolyse ist ein Entzug von Elektronen. Da dieser mit einer Abgabe von H^+-Ionen gekoppelt ist, wird Wasserstoff abgespalten. Dieser *Substratwas-*

serstoff wird auf das Coenzym NAD^+ (**N**icotinamid-**a**denin-**d**inucleotid) übertragen, das dadurch zu $NADH + H^+$ reduziert wird.

Der oxidative Abbau der Glucose und damit die ATP-Bildung kann in der Glykolyse nur solange ablaufen, wie ausreichend NAD^+ zur Aufnahme des Substratwasserstoffes zur Verfügung steht. Es ist daher erforderlich, daß $NADH + H^+$ den Wasserstoff an einen anderen Akzeptor abgibt. Organismen, die organische Moleküle als Wasserstoffakzeptor einsetzen, bezeichnet man als **Gärer**. Dabei dienen ganz verschiedene organische Verbindungen als Endakzeptoren des Substratwasserstoffes: Im einfachsten Fall übernimmt Brenztraubensäure als Endprodukt der Glykolyse den Wasserstoff. Es entsteht dann Milchsäure. Die Stoffwechselfolge von der Glucose bis zur Milchsäure nennt man *Milchsäure-Gärung*. Sie läuft z. B. bei Milchsäure-Bakterien ab. Beim Menschen tritt sie bei Sauerstoffmangel auch im Muskelgewebe auf.

Entsprechend den verschiedenen Endprodukten erhalten Gärungen ihren Namen. Die *Alkoholische Gärung* der Bäckerhefe weist als organisches Endprodukt die C_2-Verbindung Ethanol auf, weil aus Brenztraubensäure vor Übertragung des Wasserstoffes CO_2 abgespalten wird. Die Alkoholische Gärung wird also von einer Gasentwickung begleitet. Dies ist z. B. auch bei der sogenannten *Buttersäure-Gärung* der Fall, bei der neben Kohlenstoffdioxid auch molekularer Wasserstoff entsteht. Viele Buttersäuregärer zeichnen sich durch die sonst seltene Fähigkeit des Celluloseabbaus aus. Sie sind für die Cellulosevergärung im Boden, in Gewässern und im Schlamm mitverantwortlich.

Allen Gärungen ist gemeinsam, daß Glucose über die Glykolyse nur bis zur Brenztraubensäure zerlegt wird: Es liegt ein unvollständiger oxidativer Abbau des Substrats vor. Pro Molekül Glucose werden in der Glycolyse und damit auch bei allen Gärungen zwei Moleküle ATP gewonnen. Erst in der weiteren Umsetzung der Brenztraubensäure unterscheiden sich die verschiedenen Gärungen.

Die besondere ökologische Bedeutung von Gärungen liegt darin, daß sie ohne Beteiligung von molekularem Sauerstoff ablaufen: Es sind anaerobe Dissimilationsvorgänge. Gärer zersetzen daher Biomasse unter Luftabschluß. Derartige Bedingungen können im Boden, in der Streuschicht oder am Grund von Gewässern vorliegen.

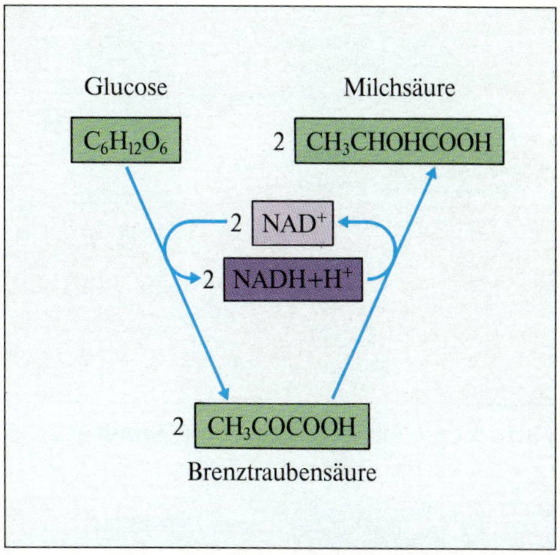

67.1. Prinzip der Milchsäure-Gärung

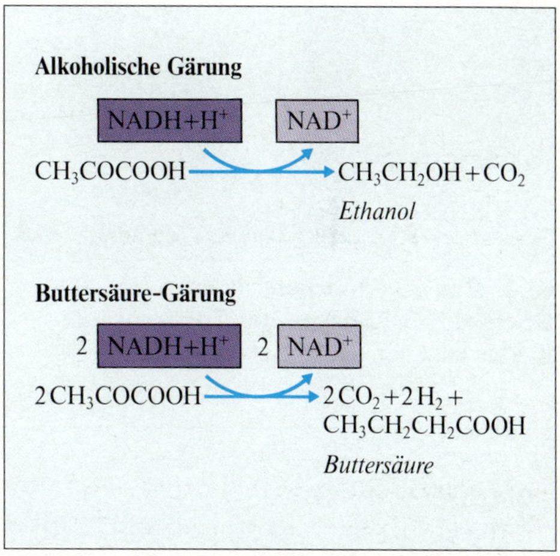

67.2. Weiterverarbeitung der Brenztraubensäure bei verschiedenen Gärungen

A 67.3. Formulieren Sie von der Glucose ausgehend die Reaktionsgleichungen für die Alkoholische Gärung und für die Buttersäure-Gärung.

A 67.4. Der vollständige Glucose-Abbau würde z. B. bei einer Verbrennung pro Mol 2870 kJ an verwertbarer Energie freisetzen. Wieviel Prozent der Glucose-Energie wird bei Gärungen in ATP überführt, wenn für die Bildung von 1 Mol ATP etwa 30 kJ benötigt werden?

A 67.5. Der Glucose-Abbau bis zur Milchsäure setzt 197 kJ pro Mol frei. Berechnen Sie den Wirkungsgrad der Milchsäure-Gärung.

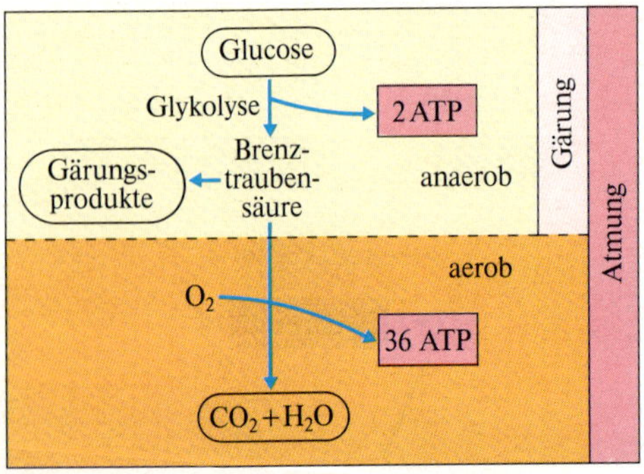

68.1. Vergleich von Gärung und Atmung

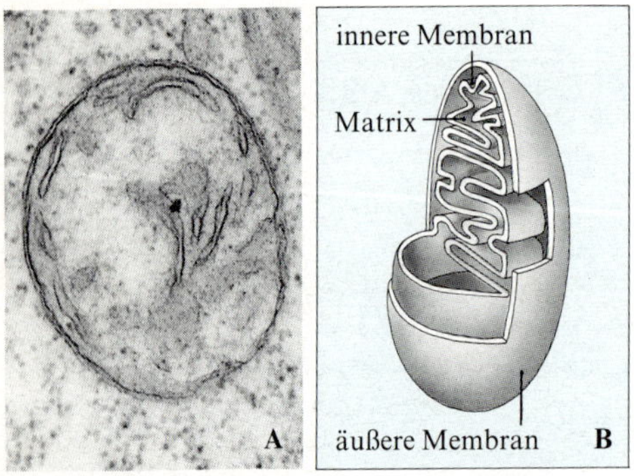

68.2. Bau des Mitochondriums. A EM-Bild, **B** Schema. Die Enzyme des Citronensäure-Zyklus liegen in der Matrix.

Glykolyse

$C_6H_{12}O_6 \xrightarrow{\searrow 2\,ATP} 2\,CH_3COCOOH + 4\,\langle H \rangle$

Brenztraubensäure

Bildung des Acetyl-Coenzym A

$CH_3COCOOH + H\text{-}CoA \longrightarrow CH_3CO\text{-}CoA + CO_2 + 2\,\langle H \rangle$

Coenzym A

Citronensäure-Zyklus

$CH_3CO\text{-}CoA + 3\,H_2O \xrightarrow{\searrow ATP} H\text{-}CoA + 2CO_2 + 8\,\langle H \rangle$

Acetyl-CoA

$\mathbf{C_6H_{12}O_6 + 6\,H_2O \xrightarrow{\searrow 4\,ATP} 6\,CO_2 + 24\,\langle H \rangle}$

68.3. Substratabbau der Glucose (⟨⟩ = an Coenzym gebunden)

5.5.2. Atmung – vollständiger Substratabbau

Gärungen führen zu organischen Endprodukten, deren Energiegehalt nicht weiter genutzt wird. So haben Gärer einen hohen Substratverbrauch, um ihren Energiebedarf decken zu können.

Mit der Entstehung einer Sauerstoff-Atmosphäre geht in der Evolution eine Verbesserung des energieliefernden Stoffwechsels einher: Es treten atmende Organismen auf.

Gegenüber den Gärungen zeichnet sich das Stoffwechselgeschehen der Zellatmung durch zwei Punkte aus: Zum einen wird in der Atmung das organische Substrat vollständig zu anorganischen Molekülen zerlegt. Zum anderen wird der bei dem oxidativen Abbau abgespaltene Substratwasserstoff auf molekularen Sauerstoff übertragen. Diesen Vorgang nennt man **Endoxidation**, während man die Zerlegung des Kohlenstoffgerüstes unter dem Begriff **Substratabbau** zusammenfassen kann.

Substratabbau in der Zellatmung. Auch bei der Zellatmung beginnt der Glucose-Abbau mit der Glykolyse. Dann tritt die entstandene Brenztraubensäure in das Mitochondrium über und wird dort weiter zerlegt. Zunächst werden dabei CO_2 und 2 H-Atome abgespalten. Es entsteht ein C_2-Körper, der Acetylrest. An ihn wird das sogenannte Coenzym A angelagert, es entsteht die Verbindung *Acetyl-Coenzym A*.

Der weitere Abbau des Acetyl-Restes erfolgt im **Citronensäure-Zyklus**. Im ersten Schritt dieser Stoffwechselfolge wird das Acetyl-Coenzym A an ein C_4-Akzeptormolekül angelagert. Dabei wird das Coenzym A wieder freigesetzt und es entsteht die C_6-Verbindung Citronensäure. Die weiteren Reaktionen des Zyklus dienen dem Substratabbau und der Rückbildung des C_4-Akzeptormoleküls. Man kann diese C_4-Verbindung als Transportmolekül ansprechen, das den Acetyl-Rest gewissermaßen durch den abbauenden Citronensäure-Zyklus schleust.

Der Abbau selbst verläuft unter CO_2-Abspaltungen und Wasserstoff-Entzug. Dabei werden pro Acetylrest zwei Moleküle CO_2 und 8 H-Atome frei; der Wasserstoff wird an Coenzyme gebunden. Insgesamt werden im Citronensäure-Zyklus drei Wassermoleküle verbraucht.

Pro abgebautem Acetylrest entsteht im Zyklus ein Molekül ATP.

Mit dem Citronensäure-Zyklus ist der Substratabbau abgeschlossen; Glucose ist vollständig in 6 CO_2 zerlegt. Bei den oxidativen Schritten fielen aus der Glucose und dem mitreagierenden Wasser insgesamt

24 H-Atome an, die von Coenzymen aufgenommen wurden: Es entstehen 10 NADH + H$^+$ und 2 $FADH_2$ (reduziertes **F**lavin-**a**denin-**d**inucleotid). Die Gesamtbilanz des Substratabbaus eines Moleküls Glucose ergibt also 12 reduzierte Coenzyme, 6 CO_2 und 4 ATP.

Endoxidation. Mit der Reduktion während des Substratabbaus sind die wasserstoffübertragenden Coenzyme energiereicher geworden. Die so festgelegte Energie wird in der Endoxidation auf ATP übertragen. Dieses geschieht während eines Elektronentransportes vom energiereichen NADH + H$^+$ zum energiearmen Endakzeptor O_2. Der molekulare Sauerstoff nimmt die Elektronen auf und reagiert mit Protonen (H^+-Ionen) zu Wasser. Der Elektronentransport erfolgt schrittweise über eine Elektronentransportkette aus Redoxsystemen. Diese sogenannte *Atmungskette* liegt auf der inneren Mitochondrienmembran. An drei Stellen dieser Atmungskette ist die Energiedifferenz zwischen zwei Gliedern so groß, daß eine an den Elektronenfluß gekoppelte ATP-Synthese erfolgt. Pro NADH + H$^+$ werden also 3 ATP gebildet. $FADH_2$ liefert nur 2 ATP, so daß in der Endoxidation pro abgebautem Glucose-Molekül 34 ATP-Moleküle gebildet werden. Hier ist also die Stelle der Zellatmung, wo die Hauptmenge biologisch verwertbarer Energie aus dem organischen Substrat gewonnen wird.

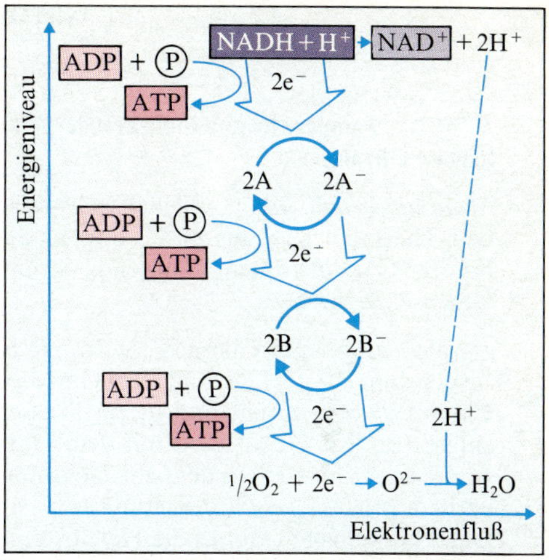

69.2. Prinzip der Atmungskette (A und B sind Redoxsysteme der Atmungskette)

A 69.3. Erläutern Sie die Begriffe anaerobe und aerobe Dissimilation!

A 69.4. Begründen Sie, warum die folgende Schreibweise der Zellatmungs-Gleichung die Rolle des Sauerstoffs nicht richtig wiedergibt: $C_6H_{12}O_6 + 6O_2 \longrightarrow 6CO_2 + 6H_2O$

A 69.5. Berechnen Sie den Wirkungsgrad der Zellatmung bei der ATP-Bildung!

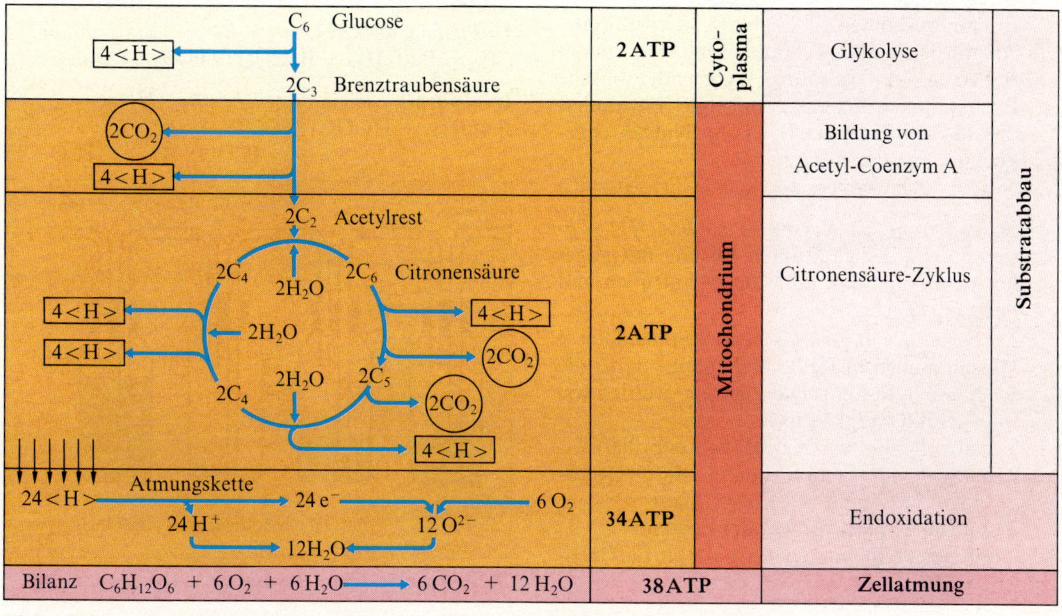

69.1. Schema des vollständigen oxidativen Abbaus der Glucose (⟨⟩ = an Coenzym gebunden)

V 70.1. Temperaturabhängigkeit der Alkoholischen Gärung

Materialien und Geräte: Elektrisches Wasserbad, Thermometer (0 bis 50 °C), doppelt durchbohrter Gummistopfen, Glasgefäß, Stoppuhr, Glucose, Bäckerhefe

Durchführung: Das Glasgefäß wird mit Hefesuspension (20 g Hefe und 5 g Glucose auf 100 ml Wasser) gefüllt und in ein Wasserbad eingesetzt. Das Gefäß wird mit dem Gummistopfen verschlossen, in dem ein Thermometer und ein gewinkeltes Gasableitungsrohr sitzen. Das Thermometer ragt in die Hefelösung, das Winkelrohr endet in einer wassergefüllten Wanne. Man wartet, bis eine Gasentwicklung einsetzt. Dann wird die Anzahl der innerhalb von 30 sec. austretenden Gasblasen bestimmt. Das Wasserbad wird langsam aufgeheizt und bei Temperaturanstieg um jeweils 2 °C die Anzahl der Gasblasen erneut festgestellt.
Auswertung: Stellen Sie die Gasproduktion als Funktion der Temperatur graphisch dar.

V 70.2. Quantitative Messung der CO_2-Produktion

Materialien und Geräte: 4 Waschflaschen, Wasserstrahlpumpe, 100 ml-Meßzylinder, 250 ml-Meßzylinder, 2 × 10 ml-Vollpipette, 4 × 50 ml-Erlenmeyerkolben, 2 Trichter, 50 ml-Bürette, 200 ml-Becherglas, Schlauch- und Stativmaterial, 0,025 M Oxalsäure, 1%ige ethanolische Phenophtalein-Lösung, gesättigte Bariumhydroxid-Lösung ($Ba(OH)_2$), konz. NaOH, abgekochtes Aqua dest.
Objekt: Mehlwürmer, angekeimte Erbsensamen

Durchführung: a) *Herstellen der $Ba(OH)_2$-Lösung:* 50 ml der gesättigten Lösung mit abgekochtem Aqua dest. auf 200 ml auffüllen und dann filtrieren!
b) Füllen der Waschflaschen: Man schaltet 4 Waschflaschen in Reihe und spannt dabei die 1., 2. und 4. fest ein. Die Flaschen werden wie folgt gefüllt: (vergl. Abb.)
1 halbvoll mit konz. NaOH (Schutzbrille!)
2 halbvoll mit der verdünnten $Ba(OH)_2$-Lösung,
3 mit 100 g Mehlwürmer oder Erbsen,
4 mit genau 100 ml der verdünnten $Ba(OH)_2$-Lösung.

c) Beginn der Messung: Zunächst die Flaschen 1–3 verbinden (auf richtigen Anschluß achten!) und mit Hilfe der Wasserstrahlpumpe für 1 min CO_2-freien Luftstrom scharf durchsaugen. Dann Waschflasche 4 miteinschalten und den Luftstrom so regulieren, daß die Gasblasen noch einzeln sichtbar sind. Beginn der Versuchszeit notieren!
Versuch genau eine Stunde laufen lassen!
d) Titration der Leerprobe: Während des Versuches Bürette zunächst mit 0,025 M Oxalsäure spülen und dann füllen. 10 ml von der restlichen verdünnten Bariumhydroxid-Lösung in einen 50 ml-Erlenmeyerkolben pipettieren und zur Lösung 1–2 Tropfen Phenolphthalein-Lösung hinzufügen. Lösung bis zum Farbumschlag titrieren, Verbrauch notieren. Vorgang evtl. wiederholen.
e) Titration der Reagenz-Lösung: Nach 1 Stunde Versuchsdauer 10 ml Lösung aus der Waschflasche 4 entnehmen und wie unter d) verfahren. Vorgang zweimal wiederholen und Mittelwert bilden!
Auswertung: Berechnen Sie die Atmungsintensität der atmenden Objekte, indem Sie die in 1 Stunde pro 100 g produzierte CO_2-Menge in μMol angeben!
Gehen Sie von folgenden Reaktionsgleichungen aus; danach entspricht ein Mol verbrauchter Oxalsäure einem Mol produzierten Kohlenstoffdioxids.

I *Bindung des CO_2*
$$CO_2 + Ba(OH)_2 \rightarrow BaCO_3\downarrow + H_2O$$

II *Neutralisation des restlichen $Ba(OH)_2$*
$$Ba(OH)_2 + HOOC-COOH \rightarrow (COO)_2Ba\downarrow + 2\,H_2O$$

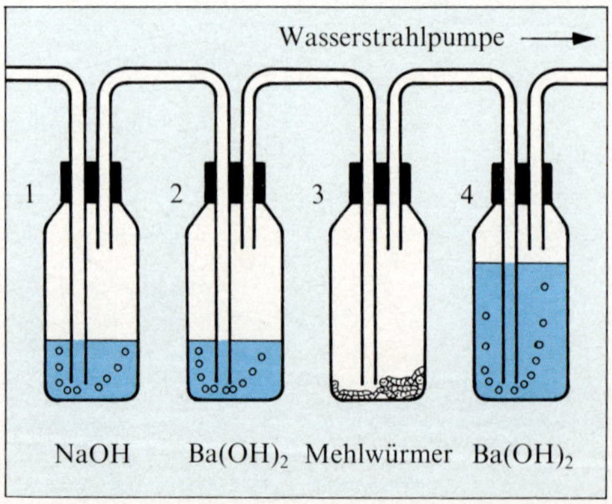

70.3. Quantitative Messung der CO_2-Produktion

5.6. Energiefluß durch ein Ökosystem

So wie das Individuum benötigt auch die Lebensgemeinschaft eines Ökosystems biologisch verwertbare Energie, um existieren zu können. Im Ökosystem erfolgt ein Energiefluß, bei dem die einzelnen Lebewesen über Nahrungsketten miteinander verbunden sind. Der Energietransfer besteht in der Weitergabe energiereicher Verbindungen mit der Nahrung.

Die für alle Lebensprozesse in einem Ökosystem erforderliche Energie stammt von der Sonne. Von der auf die Erdatmosphäre auftretenden Strahlungsenergie werden im Endeffekt etwa 24% von der Pflanzendecke absorbiert. Davon werden an die 23% in Wärme umgesetzt und gehen so einer biologischen Nutzung verloren. Nur rund 1% der von der Sonne gelieferten Energie steht letztendlich für die Primärproduktion zur Verfügung. Mit Hilfe dieser Sonnenenergie wird von den Produzenten die Biomasse aufgebaut, die für die Versorgung aller anderen Lebewesen ausreichen muß.
Zwischen den einzelnen Stufen der Nahrungsketten treten beträchtliche Verluste an biologisch verwertbarer Energie auf:

- Ein großer Teil des in der Primärproduktion hergestellten organischen Materials wird für die Aufrechterhaltung der Lebensfunktion in den dissimilatorischen Prozessen in Wärme überführt, die von den Organismen nicht weiter verwertbar ist.
- Beim Umbau der körpereigenen Substanz fällt Wärme an.
- Ein Teil der Nahrung geht als energetisch nicht voll ausgenutzter organischer Abfall verloren.

In der Bilanz bleiben daher nach einer groben Regel beim Übergang von einer Nahrungsstufe auf die nächstfolgende rund 10% der Ausgangsenergie biologisch nutzbar: Den Tertiärkonsumenten stehen danach nur noch etwa 0,1% der Primärproduktion zur Verfügung. Je länger Nahrungsketten sind, desto weniger verwertbare Energie bleibt für die Endkonsumenten. Erfahrungsgemäß haben Nutzketten selten mehr als 5 Glieder.
Die beim Energiefluß durch die Lebensgemeinschaft anfallende Wärme geht an die Umgebung verloren: Eine Umwandlung in biologisch verwertbare Energie ist nicht möglich. Der Energiefluß ist daher zum Unterschied zu Stoffkreisläufen eine „Einbahnstraße".

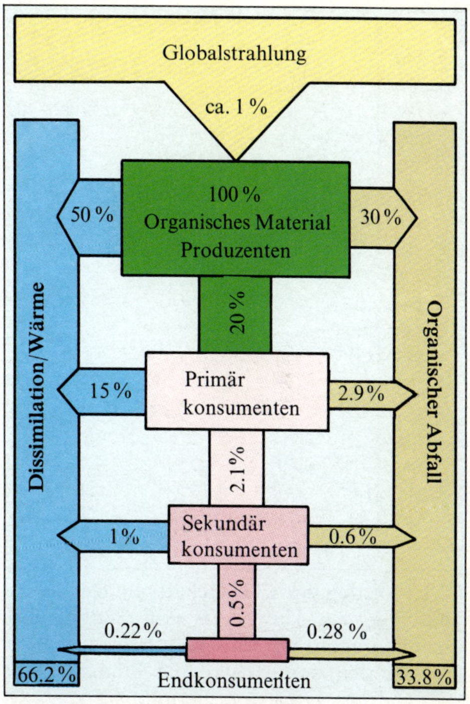

71.1. Energiefluß durch ein Ökosystem.
(Zahlenangaben für einen Buchenwald)

Hauptsätze der Thermodynamik

Lebensprozesse sind an Austausch und Umwandlung von Energie gebunden. Für diese Vorgänge gelten die beiden ersten Hauptsätze der Thermodynamik. Der *Energieerhaltungssatz* besagt, daß Energie nicht verloren gehen oder neu entstehen kann. Es werden vielmehr verschiedene Energieformen ineinander umgewandelt.
Der *Entropiesatz* besagt, daß jeder Naturvorgang zu einer Zunahme der „Unordnung" im Universum führt. Als Maß für diese Unordnung hat man die physikalisch meßbare Größe *Entropie* eingeführt. Man kann die Entropie als ungeordnete Wärmebewegung von Teilchen beschreiben, die nicht für Arbeit genutzt oder in eine andere Energieform umgewandelt werden kann. Bei jedem Stoffwechselvorgang, beim Wachstum oder bei der Bewegung nimmt die Entropie zu. Durch Biosynthesen z. B. steigt die Ordnung in der Zelle, dies geschieht aber stets zu Lasten einer Entropiezunahme der Umgebung.

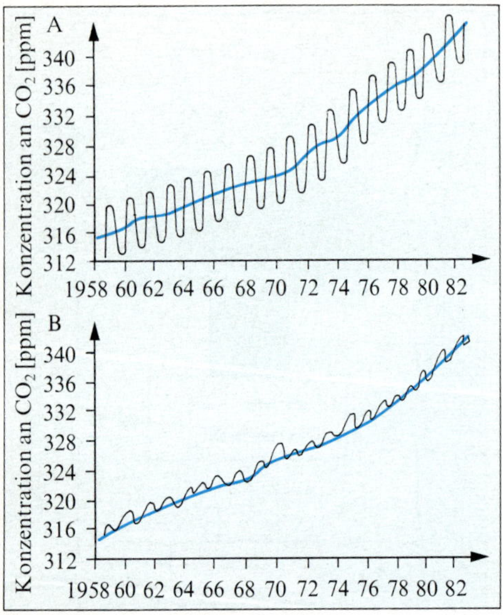

72.1. Anstieg des CO_2-Gehalts in der Atmosphäre. A Auf Hawaii; **B** Am Südpol. Die erkennbaren jahreszeitlichen Schwankungen ergeben sich daraus, daß die Pflanzendecke während der Wachstumsperiode stärker CO_2 photosynthetisch einbaut.

A 72.2. Überlegen Sie, warum die jahreszeitlichen Schwankungen des atmosphärischen CO_2-Gehaltes im Bereich der Südhalbkugel (Abb. 72.1. B) geringer sind!

5.7. Kreislauf der Stoffe

An den Energiefluß ist ein Fluß von Stoffen durch ein Ökosystem gekoppelt. Dieser Stofffluß beginnt mit den autotrophen Organismen, die anorganische Verbindungen in körpereigene Substanz umwandeln. Über die verschiedenen Konsumenten-Stufen setzt sich der Transport durch die Nahrungsketten fort. Durch die Zersetzung organischen Abfalls entstehen anorganische Verbindungen, die dann wieder durch die Produzenten als Ausgangsmaterial genutzt werden können.

Es ergibt sich so in der Biosphäre ein Kreislauf der Materie, der prinzipiell ausgeglichen sein muß: Eine Zufuhr von Materie von außen ist nicht möglich. Angetrieben wird dieser Kreislaufprozeß jedoch von Energie, die primär oder sekundär von der Sonne stammt.

Kohlenstoffkreislauf. Jedes in einem Lebewesen vorkommende Element macht einen charakteristischen Kreislauf durch, der isoliert betrachtet werden kann. Kohlenstoff ist das entscheidende Element organischer Verbindungen. Es wird als CO_2 bei der Photosynthese von den grünen Pflanzen eingebaut. Der Biosphäre stehen drei große Kohlenstoffspeicher zur Verfügung: Die Atmosphäre, die Vegetation des Festlandes und die obere Schicht der Weltmeere. Diese drei Speicher enthalten jeweils etwa 700 Gt (Gt = Gigatonnen = 10^9 Tonnen) Kohlenstoff. Die

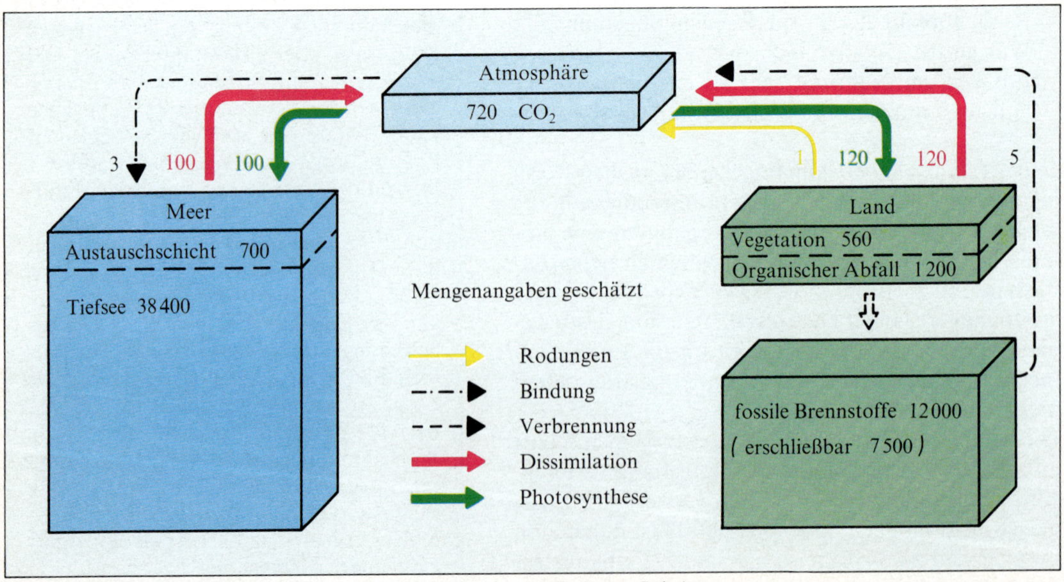

72.3. Kreislauf des Kohlenstoffs (Angaben in Gigatonnen C pro Jahr)

weitaus größeren Kohlenstoffvorräte in den Sedimentgesteinen der Erdkruste spielen als CO_2-Quelle keine Rolle.
Die Landoberfläche einerseits und die Meersoberfläche andererseits stehen jeweils mit der Atmosphäre im CO_2-Austausch; dabei ist die Bilanz zwischen CO_2-Bindung durch Photosynthese und CO_2-Freisetzung durch Dissimilationsprozesse ausgeglichen.

Stickstoffkreislauf. Auch Stickstoff ist als Bestandteil von Proteinen und Nucleinsäuren für die Organismen von zentraler Bedeutung. Die N-autotrophen Pflanzen nehmen dieses Element in Form anorganischer Ionen, überwiegend als Nitrat, auf. Alle N-heterotrophen Lebewesen, wie die große Gruppe der Tiere, sind auf organische Stickstoffverbindungen angewiesen, die sie mit der Nahrung aufnehmen. Aus den organischen Abfällen setzen die Destruenten anorganisches Ammonium frei, das die nitrifizierenden Bakterien zu Nitrat oxidieren.
Die **denitrifizierenden Bakterien** setzen aus dem Nitrat molekularen Stickstoff frei, der für die meisten Organismen nicht verwertbar ist. Lediglich die **Stickstoff-fixierenden Bakterien**, unter ihnen die symbiontischen Knöllchenbakterien, bauen Luftstickstoff im größeren Umfang in organische Stickstoffverbindungen ein.

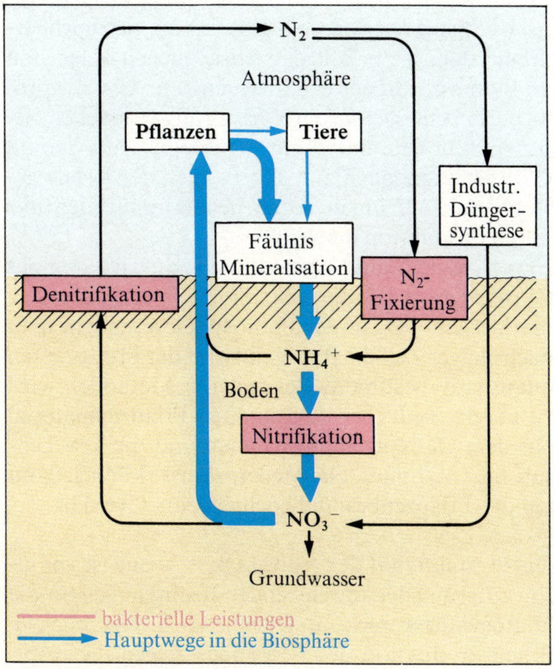

73.1. Kreislauf des Stickstoffs

Das CO_2-Problem

Das Kohlenstoffdioxid der Atmosphäre hat für die Biosphäre zwei wesentliche Funktionen: Zu einem ist es Ausgangsstoff der Photosynthese. Zum anderen ist es im hohen Maße klimabestimmend, da es Wärmestrahlung der Erdoberfläche absorbiert. Die Rückstrahlung der Sonnenwärme in den Weltraum wird dadurch erheblich vermindert und eine Auskühlung der Biosphäre verhindert. Man spricht vom *Treibhauseffekt* des CO_2. Veränderungen des CO_2-Gehalts der Atmosphäre könnten daher zu Klimaveränderungen führen.
Nach verschiedenen Berechnungen lag der CO_2-Gehalt der Lufthülle um 1850 bei 270 ppm (0,027 Vol%) und um 1890 bei 290 ppm. Er ist heute auf 340 ppm gestiegen, was einer Zunahme um 25 % entspricht. Seit 1958 verfügt man über exakte Daten der CO_2-Zunahme von zwei Meßstationen auf Hawaii und am Südpol. Der CO_2-Gehalt der Atmosphäre hat in den letzten Jahren weiter exponentiell zugenommen; zur Zeit liegt die Zunahme bei über 1 ppm pro Jahr. Ein ppm entspricht dabei einer Kohlenstoffmenge von 2,1 Gt.
Es ist unbestritten, daß die Zunahme des CO_2-Gehalts auf menschliche Maßnahmen zurückzuführen ist. So werden durch die Verbrennung fossiler Brennstoffe jährlich etwa 5 Gt Kohlenstoff freigesetzt. Da nur ein Teil dieser Menge in der Atmosphäre verbleibt, muß es zusätzlich CO_2-bindende Faktoren geben. Man nimmt an, daß die Weltmeere das zusätzliche CO_2 überwiegend als Hydrogencarbonat- und als Carbonat-Ionen binden. Umstritten ist die Rolle der Landvegetation bei steigendem CO_2-Gehalt. Einer erhöhten Primärproduktion stehen die Vernichtung großer Waldflächen sowie die Störung der Photosynthese durch Luftverschmutzung entgegen.
Ebenso umstritten sind die möglichen Auswirkungen des CO_2-Anstiegs in der Atmosphäre. Eine Verdoppelung des Gehalts in den nächsten 50 Jahren würde zu einer durchschnittlichen Temperaturerhöhung um 3 °C führen. Als Folge würden sich die warmen Klimazonen der Erde nach Norden und Süden ausdehnen. Das Treibeis der Arktis könnte schmelzen und der Meeresspiegel um einige Meter steigen.

	Buchen-wald	Tropischer Regenwald
Bestandeszuwachs		
Laub	0	0
Zweige u. Stämme	5,3	2,9
Wurzeln	1,6	0,2
Summe (B)	*6,9*	3,1
Abfall		
Laub	2,7	12,0
Zweige u. Stämme	1,0	13,3
Wurzeln	0,2	0,2
Summe (A)	*3,9*	25,5
Verbrauch durch Atmung		
Laub	4,6	60,1
Zweige u. Stämme	3,5	32,9
Wurzel	0,7	5,9
Summe (V)	*8,8*	98,9
Bruttoprimärproduktion (Summen B + A + V)	**19,6**	**127,5**

74.1. Produktivität zweier Waldökosysteme. Für den Vergleich wurde ein 60jähriger Buchenwald und ein tropischer Regenwald in Thailand herangezogen. (Alle Angaben beziehen sich auf die Jahresstoffproduktion in Tonnen Trockensubstanz pro ha)

A 74.2. Berechnen Sie für die obigen Beispiele, wieviel % der Bruttoprimärproduktion jeweils als Zuwachs verbleiben. Vergleichen Sie die Nettoprimärproduktion (Bruttoprimärproduktion – Atmungsverlust) der beiden Waldtypen! Rechnen Sie die Nettoprimärproduktion auf $g \cdot m^{-2}$ um und vergleichen Sie mit den Werten in Tab. 74.3.

Ökosysteme (Auswahl)	**Fläche** in %	**Nettoprimärproduktion** (Trockensubstanz)	
		$g \cdot m^{-2}$	Flächensumme in 10^{15} $g \cdot Jahr^{-1}$
Kontinente	29,2	730	109,0
Tropische Wälder	3,9	2000	40,0
Temp. Wälder	3,5	1300	23,4
Boreale Wälder	2,4	800	9,6
Savanne	2,9	700	10,5
Temp. Grasland	1,7	500	4,5
Halbwüste	3,5	70	1,3
Eiswüste	3,0	–	–
Kulturland	2,8	650	9,1
Ozeane	70,8	155	55,0
Schelfgebiete	5,3	350	9,5
Offenes Meer	65,1	125	41,5
Riffe, Brackwasser	0,4	2000	4,0
Erde insgesamt 510 · 10^6 km²		320	164,0

74.3. Globale Nettoprimärproduktion

5.8. Produktivität und Stabilität von Ökosystemen

Trotz der dynamischen Vorgänge des Energieflusses und der Stoffkreisläufe ist Stabilität ein wesentliches Kennzeichen von Ökosystemen. So bleibt die Struktur der biotischen und abiotischen Komponenten eines Sees, eines Waldes oder eines Korallenriffes über Jahre hinweg nahezu unverändert.

Die Stabilität eines Ökosystems ergibt sich aus den vielfältigen Wechselbeziehungen zwischen den Organismen untereinander und mit ihrer unbelebten Umwelt. Über diese Beziehungen kann das Ökosystem auf Störungen reagieren; es ist weitgehend zur *Selbstregulation* befähigt. Erst wenn der Mensch im Zuge einer wirtschaftlichen Nutzung in ein Ökosystem eingreift, geht die Fähigkeit der Selbstregulation oft verloren.

Voraussetzung für die Stabilität ist die **Produktivität** eines Ökosystems. Darunter versteht man die Fähigkeit zur Herstellung von energiereichen Verbindungen durch Photosynthese und Chemosynthese. Man mißt die Produktivität eines Ökosystems als Veränderung der Biomasse pro Zeiteinheit. Dabei wird die pro Fläche innerhalb eines bestimmten Zeitraumes neu gebildete organische Substanz als **Bruttoprimärproduktion** bezeichnet. Berücksichtigt man, daß die Produzenten einen Teil der neuen Biomasse energetisch selbst verwerten, so ergibt sich die **Nettoprimärproduktion**. Sie erfaßt den tatsächlichen Zugewinn an Biomasse auf der Produzentenstufe. Erst die produzierten energiereichen Verbindungen machen Lebensfunktionen und damit Wechselbeziehungen im Ökosystem möglich. So ist z. B. auch der Ersatz gestorbener Individuen durch neue Organismen nur durch Produktion möglich.

Experimentell mißt man die Produktivität eines Ökosystems z. B. über den Einbau von radioaktiv markiertem CO_2 in der Photosynthese, indem man nach einiger Zeit die Radioaktivität der Produzenten quantitativ bestimmt. Bei anderen Methoden wird zu unterschiedlichen Zeitpunkten Pflanzenmaterial aus dem Ökosystem entnommen und die Trockensubstanz bestimmt. Die Meßergebnisse können dann auf den Pflanzenbestand hochgerechnet werden.

Die Produktivität der großen Ökosysteme ist vor allem aufgrund der abweichenden Bedingungen für die Photosynthese recht unterschiedlich. Die höchste Primärproduktion des Festlandes zeigen die tropischen Regenwälder.

Ökologische Pyramiden. Der Stoff- und Energiefluß im Ökosystem erfolgt über die Nahrungsketten. Dabei zeigen die verschiedenen Ökosystem-Typen (See, Meer, Wald, Weideland u. a. m.) oft eine charakteristische quantitative Zusammensetzung der Lebensgemeinschaften. Diese Zusammensetzung läßt sich graphisch als ökologische Pyramiden darstellen. Dabei werden auf der Grundlage einer Meßgröße die verschiedenen Glieder einer Nahrungskette in der Reihenfolge des Stoff- und Energieflusses übereinander angeordnet.

Zahlenpyramiden. Hier gibt man die Anzahl der Einzelorganismen jeder Nahrungsstufe an, die pro Fläche ermittelt wurde. Meist ergibt sich eine Pyramidenform: Die Anzahl der Produzenten ist höher als die der Pflanzenfresser. Dies gilt aber z. B. nicht, wenn Bäume die Produzenten sind. Dann ernähren sich mehrere Primärkonsumenten von einem Produzenten. Man erhält hierbei eine umgekehrte Pyramide. Vergleichbares gilt für eine Parasitenkette; in der Regel ernähren sich mehrere Parasiten von einem Wirtsorganismus.
Zahlenpyramiden sind daher meist ungeeignet, um die quantitativen Nahrungsbeziehungen in einem Ökosystem so darzustellen, daß sie mit anderen Werten vergleichbar sind.

Biomassepyramiden. Ordnet man die Biomasse pro Fläche für die einzelnen Glieder einer Nahrungskette übereinander an, so erhält man wieder eine Pyramidenform. Dabei spielt die Größe des Einzelorganismus keine Rolle.
Bei der Untersuchung der Biomasse in einer Nahrungskette können jahreszeitlich bedingte Schwankungen der Ergebnisse auftreten. Dies gilt z. B. für die Algenpopulation in Gewässern.
Die Darstellung der Individuen- und Massendichte in Form ökologischer Pyramiden gibt anschaulich die Kapazität an, die für jede Nahrungsstufe im untersuchten Ökosystem zur Verfügung steht.

Energiepyramiden. Während Zahlen- und Biomassepyramiden den augenblicklichen Zustand von Ökosystemen zeigen, gibt die Energie- oder Produktivitätspyramide den Fluß von Nahrung durch die Nahrungskette wieder. Dazu wird die Produktivität in Kilojoule oder Gramm pro Fläche und Zeiteinheit aufgetragen. Man erhält also nicht ein Bild von der Zusammensetzung sondern einen Überblick von der Leistung des Ökosystems. Energiepyramiden sind immer nach oben hin zugespitzt.

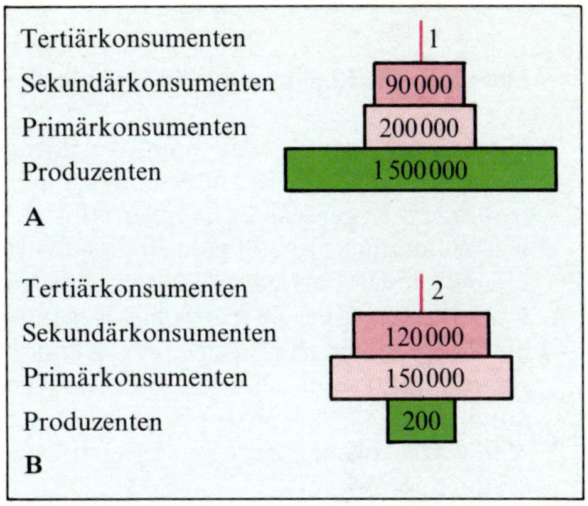

75.1. Zahlenpyramiden. A Grasland im Sommer, **B** Wald im Sommer (gemäßigtes Klima). Die Anzahl der Organismen bezieht sich jeweils auf eine Fläche von 1000 m^2.

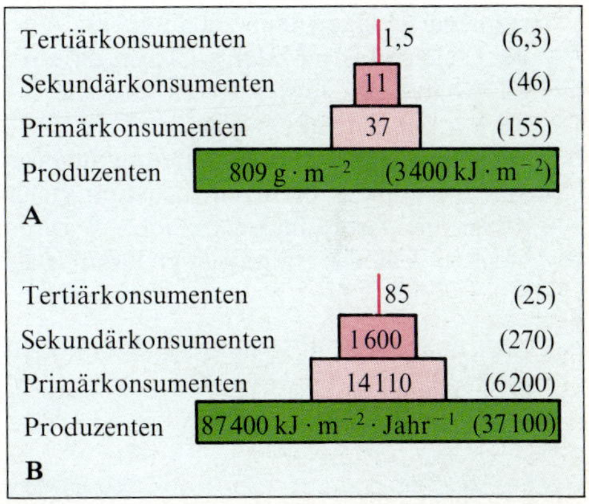

75.2. Biomasse- und Energiepyramide. A Biomasse der Nahrungsstufen, **B** Bruttoprimärproduktion (in Klammern: Nettoprimärproduktion).
Die Daten wurden am nordamerikanischen Quellfluß Silver Springs gewonnen.

A 75.3. Erstellen Sie anhand der unten angegebenen Werte die drei Typen ökologischer Pyramiden für einen Teich:

	Produktivität im mg m^{-2} d^{-1}	Biomasse in g m^{-2}	Individuen pro m^2
Produzenten	280	17,7	$7{,}2 \cdot 10^{10}$
Primär-konsumenten	26,8	1,25	$1{,}5 \cdot 10^4$
Sekundär-konsumenten	1,2	0,66	$1 \cdot 10^2$
Tertiär-konsumenten	0,1	0,1	$1{,}5 \cdot 10$

Der tropische Regenwald – ein Großökosystem in Gefahr

Heute sind etwa 1/5 der Landoberfläche der Erde bewaldet. Dabei unterscheiden sich die tropischen Regenwälder in vieler Hinsicht von den Wäldern der gemäßigten Breiten. Mit Ausnahme einiger intensiver landwirtschaftlicher Nutzflächen haben die tropischen Regenwälder die höchste *Produktivität* aller Landökosysteme. Aufgrund hoher Biomasseverluste durch Atmung und phytophage (pflanzenfressende) Organismen sind die Zuwachsraten allerdings gering.

Die tropischen Regenwälder erstrecken sich heute mit etwa 10 Mio km² Fläche beiderseits des Äquators bis etwa zum 10. Breitengrad. Dort herrscht ein Klima, das durch eine Durchschnittstemperatur von 24° C und hohe Jahresniederschläge (über 2000 mm im Jahr) gekennzeichnet ist. Weder im Tagesverlauf noch im Ablauf des Jahres treten extreme Klimaschwankungen auf.
Die günstigen klimatischen Bedingungen erlauben ein üppiges Pflanzenwachstum vieler immergrüner Arten nebeneinander. Während in unseren Wäldern einige wenige Baumarten vertreten sind, wird die Zahl der Holzarten allein im Amazonasgebiet auf 5000 geschätzt. Auf 10000 m² Fläche kommen bis zu 100 verschiedene Baumarten vor. Charakteristisch für den tropischen Regenwald ist auch seine Gliederung in drei bis vier *Stockwerke*, die von den Bäumen unterschiedlicher Höhe gebildet werden. Die Bäume wiederum sind der Lebensraum für andere aufsitzende Pflanzen. Diese sogenannten *Epiphyten*, unter ihnen mindestens 20000 Orchideen-Arten, ernähren sich bodenunabhängig vom Regenwasser und der Photosynthese. Im Stockwerkbau sind die Lichtverhältnisse sehr unterschiedlich, nur noch 0,1 % des vollen Tageslichtes erreichen den Boden. Auch die Luftfeuchtigkeit ist in den einzelnen Stockwerken des Waldes unterschiedlich hoch. Der tropische Regenwald bietet mit seiner strukturellen Manigfaltigkeit vielen Lebewesen die Möglichkeit der Einnischung; man schätzt, daß mindestens die Hälfte aller Organismenarten hier vorkommen. Viele von diesen sind bis heute noch unbekannt. Der tropische Regenwald stellt damit auch ein großes Reservoir an genetischer Information dar.

Es gibt drei große Gebiete des tropischen Regenwaldes: das Amazonasbecken, das Kongogebiet und das indomalayische Gebiet. Daneben gibt es noch kleinere Gebiete. Der tropische Regenwald ist heute auf der ganzen Erde in seiner Existenz gefährdet. Jährlich werden etwa 200 000 km^2 tropischen Regenwaldes vernichtet, das ist etwa das Dreifache der gesamten Waldfläche der Bundesrepublik Deutschland. Die Vernichtung hat im wesentlichen drei Ursachen:

– Für die Bevölkerung in den unterentwickelten Ländern ist Holz das wichtigste und meist auch das einzige **Brennmaterial**. Etwa 2 Mrd. Menschen sind direkt vom Brennholz abhängig. Aber nicht nur für den täglichen Gebrauch wird in der Dritten Welt Wald vernichtet sondern auch für industrielle Prozesse. So wird z. B. in Kenia die heimische Tabakproduktion über Holzfeuer getrocknet. Allein dafür werden jährlich 12 Millionen Bäume gefällt. Nach den Trocken- und Savannenwäldern werden heute auch die Regenwälder eingeschlagen.

– Im tropischen Regenwald finden sich viele begehrte **Edelhölzer**. Sie sind für Länder der Dritten Welt ein wichtiger Exportartikel. In früheren Zeiten wurden die isoliert stehenden Bäume in einem für den Abtransport geeigneten Gebiet einzeln herausgeschlagen. Obwohl nur etwa 10 % des Bestandes als Edelholz geeignet sind, schlagen heute die internationalen Holzfirmen große Flächen des Regenwaldes ein, um an die begehrten Tropenhölzer zu kommen.

– In den letzten Jahren sind große Flächen des tropischen Regenwaldes durch **Brandrodung** vernichtet worden, um sie für den Ackerbau oder als Weideland zu nutzen. Dies scheint in Anbetracht des großen Hungers in der Dritten Welt auf den ersten Blick eine verständliche Maßnahme. Tatsächlich aber sind die Böden tropischer Regenwälder nährstoffarm, da hohe Temperatur und Feuchtigkeit die „Verwitterungsvorgänge“ sehr beschleunigen und wichtige Mineralien durch den ständigen Niederschlag ausgewaschen werden. Der Regenwald bezieht seine Nährsalze vor allem aus dem Regen und dem abgestorbenen Pflanzenmaterial, das durch die Bodenorganismen schnell umgesetzt wird. Aufgrund der temperaturbedingt hohen Umsatzrate ist die Humusschicht im tropischen Regenwald nur etwa 10 cm dick. Nach einer Rodung sind die Nährstoffe des Bodens schnell erschöpft, ohne daß eine Humusnachbildung erfolgen kann. Hinzu kommt, daß die tropischen Regengüsse den Boden weg- und auswaschen: Die schützende Pflanzendecke des Waldes fehlt. Auch die Nutzung als Weideland führt nach einschlägigen Erfahrungen in Brasilien zu einer *Verschlechterung des Bodens*, die durch sich ausbreitende Termiten und ihre Bauten noch beschleunigt wird.

Die Studie „Global 2000“ sagt eine Zunahme der Waldvernichtung voraus und schätzt, daß bis zum Jahr 2020 in den unterentwickelten Ländern der gesamte zugängliche tropische Regenwald abgeholzt sein wird. Die negativen Auswirkungen, wie sie sich schon heute abzeichnen, sind vielfältig und übertreffen in ihren Ausmaßen bei weitem die Folgen des „Waldsterbens“ in den Industrienationen:

– Die Vernichtung tropischen Regenwaldes wird zu einem **Artenverlust** führen, der auf 50 % der dort vorkommenden Lebewesen geschätzt wird. Damit wäre 1/4 des gesamten Genpotentiales auf der Erde unwiederbringlich verloren.

– Durch großflächige Entwaldungen vermindert sich die Wasserverdunstung, da die Wasserabgabe durch die Blätter fehlt. Als Folge vermindern sich die Niederschläge in einem Umfang, daß sogar eine Verschiebung der Klimazonen möglich scheint. Auch wird im entwaldeten Gebiet der Wasserabfluß erhöht, wodurch einerseits die Bodenerosion zunimmt und andererseits der Vorrat an Bodenwasser abnimmt.

– Durch die Brandholzrodung, die Verwendung von Brennholz und die Zersetzung des organischen Abfalls gelangt zusätzliches Kohlenstoffdioxid in die Atmosphäre, das den „Treibhauseffekt“ verstärkt.

Der Vernichtung tropischen Regenwaldes stehen *Aufforstungen* in den Tropen gegenüber, die aber nur etwa 10 % der Verluste erreichen. Zwischenzeitlich landwirtschaftlich genutzte Flächen scheiden aufgrund der Bodenzerstörung in der Regel für eine Wiederbewaldung aus und versteppen. Auch bei sorgfältigen Aufforstungen schätzt man, daß es mindestens 100 Jahre dauern wird, bis sich das komplexe Artengefüge des tropischen Regenwaldes wieder eingestellt hat.

A 77.1. Überlegen Sie, wie der weiteren Zerstörung des tropischen Regenwaldes Einhalt geboten werden kann. Differenzieren Sie dabei zwischen den Möglichkeiten der Dritten Welt und denen der Industrienationen.

6. Ökosystem Wald

Pollendiagramme – Dokumente der Waldgeschichte

Die nacheiszeitliche Aufeinanderfolge der verschiedenen Waldgesellschaften in Mitteleuropa ist bekannt. Man kann die Abfolge der Vegetation nämlich an sogenannten Pollendiagrammen ablesen. Ein solches Diagramm erhält man, indem in den verschiedenen Torfschichten eines Moores die Zusammensetzung der dort gefundenen Pollen untersucht wird. Der prozentuale Anteil einer Pollenart an der Gesamtmenge der abgelagerten Pollen ist ein Maß für die Häufigkeit der entsprechenden Baumart. Auch das Verhältnis von Baumpollen und Nichtbaumpollen läßt sich bestimmen; daran läßt sich zusätzlich die Bewaldungsdichte ablesen. Die Zeit ergibt sich aus der Schichttiefe: Die Pollen der ersten nacheiszeitlichen Waldgesellschaften liegen am weitesten unten, die der jüngeren Zeitalter weiter oben.

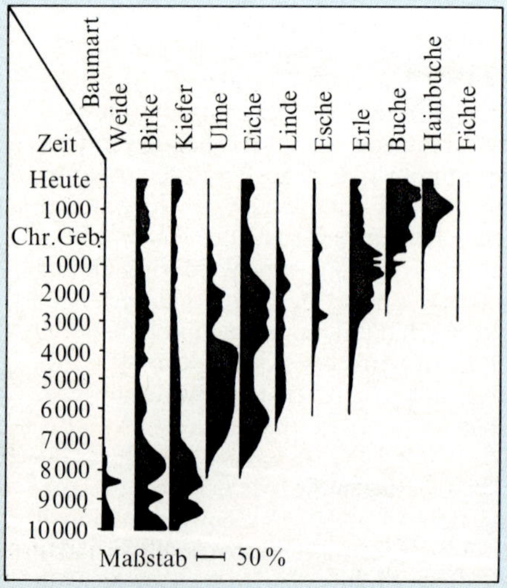

78.1. Pollendiagramm (Moor bei Göttingen; prozentualer Anteil der Baumpollen)

Nach der letzten Eiszeit war Mitteleuropa zunächst eine baumlose Landschaft. Bei der dann einsetzenden Wiederbewaldung wechselten die Waldgesellschaften in Abhängigkeit von den sich verändernden Klimabedingungen. In der Zeit nach Christi Geburt herrschten buchenreiche Mischwälder vor. Im 7. Jahrhundert setzten dann Rodungen ein, die im 13. und 14. Jahrhundert ihr Maximum erreichten. Gleichzeitig vollzog sich ein Wandel vom Naturwald zum Wirtschaftswald.

Der naturnahe Buchenwald. Der Charakterbaum Mitteleuropas ist die Rotbuche. Sie kommt in reinen Beständen und in Mischwäldern vor. Ohne forstwirtschaftliche Maßnahmen wäre die Buche die vorherrschende Baumart unserer Wälder. Fast alle Böden lassen ihre Ansiedlung zu, die Temperatur- und Niederschlagsbedingungen des gemäßigten Klimas entsprechen bis etwa 800 m Höhe ihren Ansprüchen. Vor allem aber ist die Buche eine schattenfeste Baumart. Buchenblätter können noch bei einem Lichtgenuß von nur 1% Photosynthese betreiben. Buchen bilden ein dichtes Kronendach, das bei senkrechter Bestrahlung bis zu 90% der Bodenfläche beschatten würde. Tatsächlich erreichen bei voller Belaubung in einem dichten Buchenbestand nur etwa 2% des vollen Tageslichtes den Waldboden. Jungbuchen können auch unter solchen Lichtbedingungen gedeihen, während Baumarten mit höherem Lichtanspruch sich bei diesen Lichtbedingungen nicht durchsetzen können.

Viele naturnahe Laubwälder zeigen einen kräftigen Unterwuchs. Dabei zeigt sich ein typischer Stockwerkbau. Auf die **Baumschicht** mit dem Kronen- und Stammbereich folgt die **Strauchschicht**. Hierzu zählen alle Holzgewächse von 1 m bis 5 m Höhe einschließlich der durch Naturverjüngung nachwachsenden Jungbäume. Die sich anschließende **Krautschicht** baut sich aus früh- und spätblühenden krautigen Pflanzen auf. Dabei kann es sich um einjährige oder überwinternde Arten handeln. Die unterste Stufe des Stockwerkbaus bildet die bodennahe **Moosschicht**.

Der naturferne Fichtenforst. Durchschnittlich verbraucht jeder Bundesbüger jährlich 1 m^3 Holz. Dabei stammen etwa 50 % des Bedarfs aus heimischen Waldbeständen. Diese Bestände sind heute Forste, die unter dem Gesichtspunkt der Rentabilität bewirtschaftet werden.

In den ursprünglichen Waldgesellschaften Mitteleuropas war die Fichte nur in den Hochlagen der Mittelgebirge vertreten. Heute ist dieses Nadelholz die Hauptbaumart. Man hat in den letzten hundert Jahren die Fichte auch auf solchen Flächen angepflanzt, die an sich den Ansprüchen dieser Baumart nicht voll genügen. Jedoch bietet ein Fichtenforst auch unter für die Fichte weniger günstigen Standortbedingungen gegenüber Laub- und Mischwäldern wirtschaftliche Vorteile:

- Die Fichte steht dichter, so daß pro Fläche mehr Stammholz anfällt.
- Die Fichte wächst schneller und kann im Alter von 100 Jahren geschlagen werden.
- Fichtenholz erzielt in der Regel einen höheren Preis als etwa Buchenholz.
- Bei der Aufforstung muß mit 4000 Jungpflanzen pro Hektar vergleichsweise weniger Aufzuchtmaterial eingesetzt werden (Buche: 100000 Jungpflanzen pro Hektar).

Der höheren Holzproduktion eines Fichtenforstes stehen erhebliche Nachteile einer Monokultur gegenüber. Vor allem junge Bestände bieten weniger Einnischungsmöglichkeiten als naturnahe Wälder, sie sind artenärmer. So zeigt der junge Fichtenforst einen einfacheren Stockwerbau. Die immergrüne dichte Kronenschicht läßt das ganze Jahr über nur wenig Licht zum Boden durch. Die Nadelstreu ist schwer zersetzbar und liefert einen sauren, nährstoffarmen Humus. Der Unterwuchs wird von wenigen säureertragenden Zwergsträuchern und Moosen gebildet. Durch das günstige Nahrungsangebot und die geringe Anzahl von Feinden kann es im Fichtenforst zur Massenvermehrung von spezifischen Baumschädlingen kommen. Diese verursachen dann große wirtschaftliche Schäden.

Gegenüber klimatischen Extrembedingungen sind Forste empfindlicher als naturnahe Wälder. Durch das einheitliche Alter der Bäume und dem geringen Unterwuchs kann der Wind in den Wald eindringen und große Bestände entwurzeln. Die Fichte ist ein Flachwurzler und damit besonders windanfällig.

Naturnahe Mischwald-Forsten dagegen sind weniger störanfällig, insbesondere auch dann, wenn die Nutzung durch Herausschlagen von Einzelbäumen erfolgt.

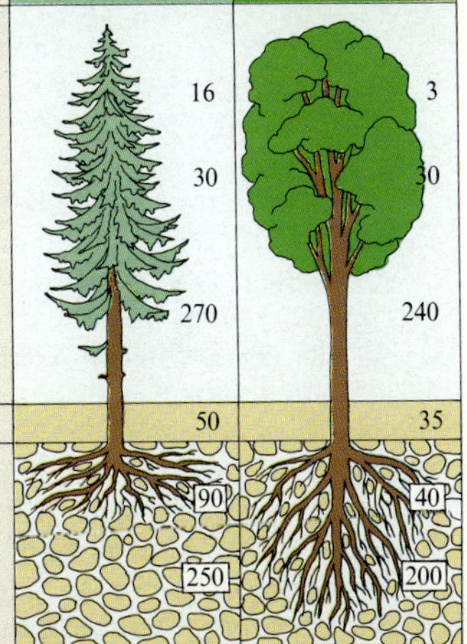

	Fichtenforst	Buchenwald
Alter, Jahre	80	122
Baumzahl pro ha	800	243
Baumhöhe, m	30	27
Blattoberflächen, ha/ha	22	12
Blätter	16	3
Äste	30	30
Stämme	270	240
Auflagehumus	50	35
Wurzeln	90	40
Bodenhumus	250	200
Gesamte lebende organische Substanz	406	313
Oberirdischer Zuwachs im Jahr	16	11
Gesamte lebende und tote organische Substanz	706	548

79.1. Vergleich zweier Waldgesellschaften des Sollings (Angabe der Biomasse in 10^3 kg Trockenmasse pro ha)

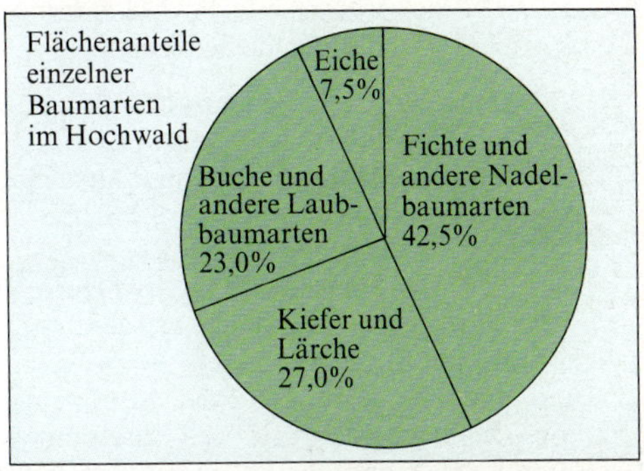

79.2. Anteil der Wald-Baumarten (Bundesrepublik Deutschland)

A 79.3. Ökologen fordern heute den naturnahen Wirtschaftswald. Diskutieren Sie, wie eine ökologisch ausgerichtete Forstwirtschaft betrieben werden könnte. Welche Vor- und Nachteile wären zu erwarten?

Buchenwald ist nicht gleich Buchenwald

Betrachtet man die Buchenwälder verschiedener Gegenden, so stellt man Unterschiede im Stockwerkbau und in der Zusammensetzung der Pflanzenarten fest: Nicht jeder Buchenwald gleicht dem anderen. Es können vielmehr verschiedenartige Waldgesellschaften vorliegen.

Um die Pflanzengesellschaft eines Waldes zu charakterisieren, führt man eine **Vegetationsaufnahme** durch. Bei dieser wird die Artenzusammensetzung qualitativ und quantitativ ermittelt. Das erfolgt an einer Probefläche, die eine Mindestgröße von 100 m^2 und einheitliche Standortbedingungen aufweist. Für diese Probefläche schätzt man den Flächenanteil, den die einzelnen Pflanzenarten bedecken. Diesen Flächenanteil bezeichnet man als **Deckungsgrad**. Der Deckungsgrad wird in Prozent angegeben. Häufigkeit der Pflanzenart und ihr Deckungsgrad zusammen ergeben die **Artenmächtigkeit**, die für die einzelnen Stockwerke (Baum-, Strauch-, Kraut- und Moosschicht) nach folgender standardisierter Skala angegeben wird:

r: „rar", sehr spärlich, nur 1 Individuum;
+: „Kreuz", spärlich, 2 bis 5 Individuen pro Aufnahmefläche;
1: 6 bis 50 Individuen, aber Deckungsgrad unter 5 %;
2: sehr zahlreich, wenigstens 5 % der Fläche deckend;
3: Individuenzahl beliebig, 25 % bis 50 % der Fläche deckend;
4: 50 % bis 75 % der Fläche deckend;
5: über 75 % der Fläche deckend.

Führt man derartige Vegetationsaufnahmen in den Buchenwäldern Mitteleuropas durch, so kann man drei Haupttypen von Pflanzengesellschaften unterscheiden:

Der **Perlgras-Buchenwald** ist in Deutschland eine sehr häufige Pflanzengesellschaft. Er kommt auf Braunerdeböden des Hügellandes und auch im norddeutschen Moränengebiet vor. Das sind Standorte, die durch eine gute Nährstoffversorgung und einen ausgeglichenen Wasserhaushalt gekennzeichnet sind. In der Baumschicht sind der Rotbuche häufig Esche, Berg- und Spitzahorn beigemischt. Typische Vertreter der Krautschicht sind neben dem Einblütigen Perlgras und dem Waldmeister z. B. das Buschwindröschen und das Waldveilchen.

Der **Hainsimsen-Buchenwald** kommt auf sauren, nährstoffarmen Böden vor. Bei dieser Waldgesellschaft fällt die Artenarmut auf; oft sind nur bis zu 10 Pflanzenarten vertreten. Die Strauchschicht besteht aus Jungbäumen der Rotbuche, der Traubenkirsche, der Birke und der Vogelbeere. In der Krautschicht herrschen säureanzeigende Süßgräser und Seggen vor. Charakteristisch ist auch, daß die Moosschicht gut entwickelt ist. Da der Boden stets einen sauren, modrigen Humus trägt, spricht man hier auch vom „Moderbuchenwald".

Der **Orchideen-Buchenwald** ist die Waldgesellschaft trockener Kalkgebiete; dieser Buchenwald fällt durch seinen Artenreichtum auf. In der gut entwickelten Strauchschicht können z. B. Seidelbast, Liguster, Heckenkirsche und Weißdorn auftreten. Neben Orchideen findet man in der reich entwickelten Krautschicht das Waldbingelkraut, die Frühlingsplatterbse, das Maiglöckchen, das Waldlabkraut, die Pfirsichblättrige Glockenblume, die Schwalbenwurz und die Echte Schlüsselblume. Aber auch das Buschwindröschen und der Waldmeister sind im Artenspektrum vertreten.

Alte Buchenwälder zeigen den typischen Aspekt eines „Hallenwaldes": Die Baumstämme ragen säulenartig empor und das Kronendach ist sehr dicht. Die Strauchschicht ist kaum ausgebildet und man blickt dann tief in eine „säulengetragene Halle".

80.1. „Hallen"-Buchenwald

Die nachstehenden Untersuchungen können in jedem Waldbestand durchgeführt werden. Günstig wären vergleichende Messungen in einem naturnahen Wald und in einem Nadelholz-Forst, die zudem über das Jahr verteilt mehrfach erfolgen würden.

V 81.1. Lichtgenuß

Materialien und Geräte: Belichtungsmesser (evtl. Luxmeter)

Hinweis: Ein Belichtungsmesser gibt sogenannte ganzzahlige Lichtwerte an. Diese berechnen sich aus der Belichtungszeit und der Blendenweite. Die Erhöhung des Lichtwertes um 1 bedeutet eine Verdoppelung der Lichtintensität.
Anhand folgender Tabelle können bei vorgewählter Filmempfindlichkeit von 18 DIN Lichtwerte in die Lichtintensitätseinheit LUX umgerechnet werden:

Lichtwert	LUX	Lichtwert	LUX
5	150	11	9500
6	300	12	19000
7	600	13	38000
8	1200	14	75000
9	2400	15	150000
10	4800	16	300000

Durchführung: Bei allen Messungen ist die Photozelle senkrecht nach oben zu richten. Zur Festlegung des 100 %-Wertes mißt man bei Streulicht-Einstellung die Lichtintensität unter freiem Himmel.
Danach mißt man an verschiedenen Punkten
- am Waldrand,
- an einer lichtschwachen Stelle im Wald,
- an einer hellen Stelle im Wald.

An den verschiedenen Meßpunkten sind jeweils mehrere Messungen am Boden durchzuführen.

Auswertung: Berechnen Sie für die einzelnen Meßpunkte die Mittelwerte des Lichtgenusses.

V 81.2. Temperaturgang.

Materialien und Geräte: Thermometer

Durchführung: Im Waldinneren werden über einen längeren Zeitraum hinweg im halbstündigen Abstand die Temperatur
- des Bodens in 1 cm Tiefe,
- der Luftschicht in 40 cm Höhe gemessen.

Auswertung: Stellen Sie Ihre Meßwerte graphisch dar und vergleichen Sie diese mit der nachfolgend wiedergegebenen Kurve.

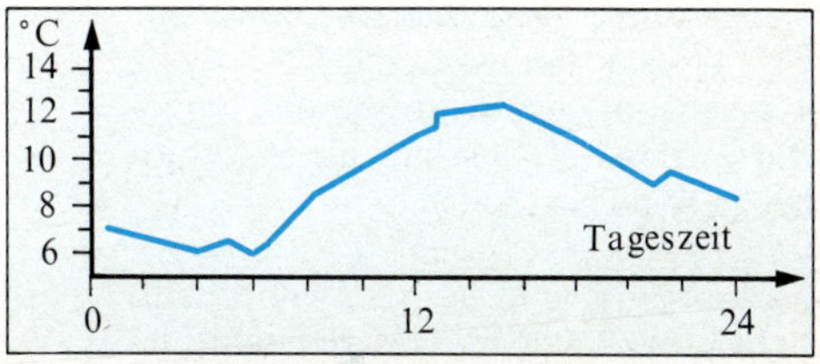

81.3. Mittlerer Schönwetter-Tagesgang der Temperatur (Buchenwald, 40 cm über dem Boden)

V 81.4. Temperaturprofil

Materialien und Geräte: Digital-Thermometer mit verlängerten Anschlußschnüren, ausziehbare Teleskopstange mit Metermarkierungen

Durchführung: Der Temperaturmeßfühler wird an der Spitze der Teleskopstange befestigt. Entlang einer senkrecht gedachten Linie mißt man die Temperatur in unterschiedlichen Höhen. Nach Möglichkeit ist der Kronenbereich miteinzubeziehen.

Auswertung: Stellen Sie das Ergebnis graphisch dar, vergleichen Sie mit den nachfolgend gezeigten Kurven und erläutern Sie das Zustandekommen der Profile.

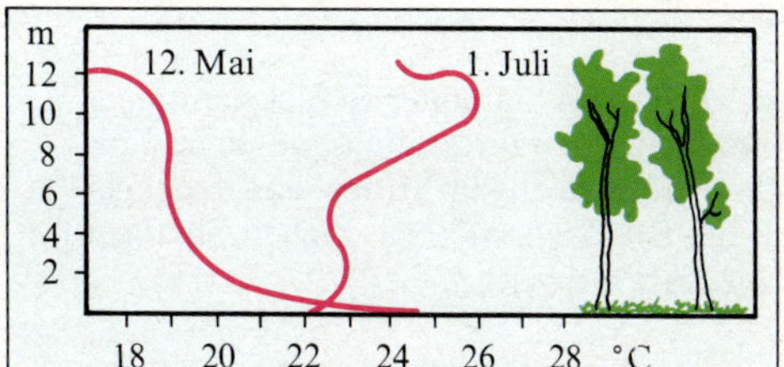

81.5. Temperaturprofile (Eichenwald)

Ökonomische Bedeutung des Waldes

Wald wird ähnlich wie Boden vom Menschen bewirtschaftet. Der steigende Holzbedarf veranlaßte den Menschen in den letzten 200 Jahren, den naturnahen Mischwald weitgehend durch Monokulturen zu ersetzen. Bei Wiederaufforstungen wurde die schnellwüchsige Fichte bevorzugt, so daß sie bald zur waldbestimmenden Baumart wurde. 1980 waren etwa 29% der BR Deutschland, das sind ca. 7,3 Mio. ha, mit Wald bedeckt.
Den Bundesländern gehören 31,6%, den Städten und Gemeinden 25,2% der Wälder. Der Rest von 43,2% befindet sich im privaten, überwiegend bäuerlichen Besitz. Etwa 475000 landwirtschaftliche Höfe sind sogenannte gemischte Betriebe, die zusätzlich zur Landwirtschaft durchschnittlich 6 ha Wald bearbeiten.

Der ökonomische Wert des Waldes wird auf etwa 150–200 Mrd. DM geschätzt. Jedes Jahr werden 30 Mio. Kubikmeter Holz für rund 3,5 Mrd. DM in den Wäldern der BR Deutschland eingeschlagen. Die heimischen Wälder decken damit etwa die Hälfte unseres Holzbedarfes. Ungefähr 100000 Menschen finden in der Forstwirtschaft Arbeit. Weitere 750000 Arbeitsplätze bietet die holzverarbeitende Industrie, die den Rohstoff Holz u. a. zu Zellstoff, Papier, Bauholz und Möbeln mit einem Produktionswert von 100 Mrd. DM verarbeitet.

A 82.1. Fassen Sie in einer Tabelle die ökonomischen, ökologischen und sozialen Funktionen (Erlebnis- und Erholungswert) des Waldes zusammen. Lassen sich die verschiedenen Funktionen des Waldes nach ihrer Bedeutung ordnen?

A 82.2. Erläutern Sie, unter Berücksichtigung der verschiedenen Jahreszeiten, mögliche Folgen des Waldsterbens in Mittel- und Hochgebirgslagen BR Deutschlands. Ziehen Sie dazu auch die Abb. auf Seite 83 heran.

A 82.3. Überlegen Sie sich weitere Folgen des Waldsterbens für die übrigen Teile BR Deutschlands in ökonomischer und ökologischer Hinsicht.

6.1. Bedeutung des Waldes

Unter der Voraussetzung, daß die Schadstoffbelastung des Bergwaldes und der Verbiß durch Schalenwild und Weidetiere weiter so anhält, wird der Bergwald in etwa 10 Jahren seine natürliche **Schutzfunktion** nicht mehr erfüllen können. So schwarz wird die Zukunft des Bergwaldes in einer vom Deutschen Alpenverein 1982 unter dem Titel „Der Wald stirbt" vorgelegten Studie gesehen. Danach ist die Hälfte aller Ortschaften des bayerischen Alpenraumes durch Überschwemmungen, Erdrutsche, Überschotterungen und Lawinenabgänge bedroht. Etwa 370 km Ortsverbindungsstraßen werden unpassierbar und eine Vielzahl der Alpentäler werden unbewohnbar sein. Die Hochwasserspitzen können mehrere Meter über dem heute bekannten Niveau liegen. Die Studie macht deutlich, daß der Wald neben seiner ökonomischen und ökologischen Funktion auch eine breit gefächerte Schutzfunktion hat.
Der Wald stellt einen großen Wasserspeicher mit ausgleichender Funktion im Wasserhaushalt der Natur dar. In normalen Jahren gibt der Wald etwa 70% des Jahresniederschlages durch unmittelbare Verdunstung des von den Blättern aufgefangenen Wassers und durch Transpiration des über die Wurzeln aufgenommenen Wassers wieder an die Atmosphäre ab. Nur ein relativ geringer Teil des Niederschlagswassers kann also ins Grundwasser versickern und Quellen und Bäche speisen. Die Niederschläge gelangen, durch das Kronendach gebremst, auf den Erdboden, wo sie von der Streuschicht des Waldbodens wie von einem Schwamm aufgesaugt werden. Dadurch wird weitgehend vermieden, daß das Wasser oberflächlich abläuft, dabei die Bodendecke zum Teil abträgt und zu Hochwasser in den Flüssen führt. Die Bodenerosion wird besonders im ansteigenden Gelände durch das umfangreiche Wurzelsystem der Bäume verhindert. In den Gebirgen dient der Bergwald zusätzlich als Lawinenschutz. An mit Wald bedeckten Hängen können keine Lawinen entstehen. Auch wird der Zeitraum, in dem der Schnee schmilzt, durch das Mikroklima des Waldes gedehnt. Dadurch wird die Gefahr von Hochwasserkatastrophen vermindert. Ein intakter Waldboden entzieht dem versickernden Wasser Schadstoffe, so daß aus dem Grund- und Quellwasser Trinkwasser hoher Qualität gewonnen werden kann. Aus diesem Grunde werden Wälder, besonders in der Nähe großer Städte, als Wasserschutzgebiete ausgewiesen, um aus ihrem Grundwasser Trinkwasser zu gewinnen.

83.1. Blick auf den Feldberg

83.2. Dasselbe Tal im Schwarzwald in den neunziger Jahren?

84.1. Anteil der geschädigten Baumarten in der Bundesrepublik Deutschland (Stand 1984)

Methodik zur Ermittlung der Waldschäden

Um für eine bundesweite Inventur der Waldschäden vergleichbare Ergebnisse zu erhalten, wurde eine gemeinsame Methodik vereinbart. Danach werden in einem Raster Erhebungsflächen von der Größe 150 m x 150 m ausgewählt. In einem Fichtenbestand z. B. bestimmt man dann anschließend 15 etwa gleichaltrige Bäume (möglichst über 40 Jahre alt), die nicht weiter als 10 bis 20 Meter voneinander entfernt sind. Neben anderen Symptomen (s. S. 88/89) wird die Benadelung von drei Ästen des siebenten Quirls von oben unterschiedlicher Stellung näher untersucht. An einem Ast dieses Quirls sind sieben Jahrestriebe vorhanden. Man geht davon aus, daß eine gesunde Fichte mindestens sechs vollständige Nadeljahrgänge hat. Für jeden Zweig und Triebjahrgang wird am Haupttrieb der Anteil der vorhandenen lebenden Nadeln an der ursprünglichen Benadelung festgestellt. Braune Nadeln und abgefallene Nadeln, die leere Nadelkissen hinterlassen, ergeben den Nadelverlust. Die umlaufenden Knospenschuppen markieren jeweils die Grenze zwischen zwei Jahrgängen. Man ermittelt nun die Prozentanteile der lebenden Nadeln und ordnet sie Schadensstufen zu.

6.2. Waldsterben

Seit Beginn des 19. Jahrhunderts sind, durch die fortschreitende Industrialisierung bedingt, Rauchgasschäden an Bäumen bekannt. Die Schäden wurden nacheinander bei Tanne, Fichte, Kiefer, Lärche und bei den Laubbaumarten in der Reihenfolge Esche, Buche und Eiche sichtbar. Bei rauchgasgeschädigten Tannen- und Fichtenbeständen verfärbten sich meist die älteren Nadeljahrgänge und starben schließlich ab. Die Kronen verlichteten sich von innen nach außen. Derartig geschädigte Bestände wurden eher Opfer von Schädlingen und klimatischen Extremsituationen.

In neuerer Zeit werden solche seit langer Zeit bekannten Schäden in Umfang und Ausprägung weit übertroffen. Es begann Anfang der siebziger Jahre mit **„Tannensterben"** im Bayerischen Wald, das sich auf alle Standorte und Altersklassen in den folgenden Jahren ausdehnte. Wie genauere Untersuchungen der Jahresringe an den Tannen ergaben, müssen die Schädigungen schon Mitte bis Ende der fünfziger Jahre begonnen haben. Bei den heute als sehr krank (Nadelverlust größer als 60%) und krank (Nadelverlust 25–60%) eingestuften Tannen lagen die Jahresringbreiten bereits zu diesem Zeitpunkt unter den Werten der heute als gesund (Nadelverlust bis 10%) eingestuften Bäume. Ende der siebziger Jahre wurden auch an den Fichten Schäden beobachtet, die zunehmend großflächige Bestände erfaßten. Anfang der achtziger Jahre folgten dann Meldungen über Schäden an anderen Baumarten wie an Kiefer und Buche, aber auch an Eiche, Ahorn und Esche.

Die heute an unseren Wäldern beobachtbaren Schäden werden unter dem Begriff **„Waldsterben"** zusammengefaßt. Charakteristisch für das „Waldsterben" ist die weite geographische Verbreitung der Schäden bei den einzelnen Baumarten. Ebenso auffällig ist das nahezu gleichzeitige, um wenige Jahre verschobene Auftreten der Schäden an mehreren Baumarten, das schnelle Fortschreiten und die lange Dauer der Erkrankung. Es sind alle Standorte, auch die für die betreffende Baumart bestgeeigneten Orte, betroffen. Eine scharfe Abgrenzung von Belastungsgebieten um Ballungs- oder Industrieräume ist nicht möglich. Alte Bestände und solche in exponierter Lage sind stärker betroffen als junge und solche in geschützten Lagen.

Faßt man alle Schadstufen zusammen, so waren 1982 7,7% und 1985 52,9% der Waldflächen in der BR Deutschland vom Waldsterben erfaßt.

V 85.1. Auswirkungen von Schwefeldioxid und Stickstoffdioxid auf die Umwelt

Materialien und Geräte: Natriumhydrogensulfit ($NaHSO_3$), pH-Papier (Meßbereich pH 1–7 mit 0,2 pH-Einheiten Ablesegenauigkeit), Universalindikator, Salpetersäure (65%ig), Watte, Waldboden, Kressesamen, Nadelbaumzweige (Fichte, Tanne, Kiefer) und Laubbaumzweige (Buche, Eiche, Ahorn)
Dräger-Gasspürgerät und Dräger-Prüfröhrchen für Schwefeldioxid (50/a) und Stickstoffdioxid (2/c), Bechergläser (150 ml), Erlenmeyerkolben (150 ml), Exsikkatoren oder Weckgläser mit Bügelverschluß, Petrischalen

Durchführung: Zur Beschickung der Exsikkatoren bzw. der Weckgläser werden für jeden Versuch zwei Ansätze vorbereitet. Ein Ansatz dient jeweils als Kontrollversuch.
– 2 Petrischalen mit Waldboden, der mit Leitungswasser angefeuchtet wird,
– 2 Petrischalen mit angezüchteten etwa 6–8 Tage alten Kressesämlingen,
– 2 Petrischalen mit Watte und 20 Kressesamen, die Watte wird auch hier mit Leitungswasser angefeuchtet,
– 2 mit Teich- bzw. Seewasser gefüllte Bechergläser, denen man eine bestimmte Menge Algen und Kleinkrebse zusetzt,
– 2 mit Leitungswasser gefüllte Bechergläser, in die jeweils einige Tropfen Universalindikator gegeben wird.
– 2 mit Leitungswasser gefüllte Erlenmeyerkolben, in die kleine Nadelbaum- und Laubbaumzweige gegeben werden.
Man mißt den pH-Wert des feuchten Waldbodens, der feuchten Watte und des Wassers in den Bechergläsern und Erlenmeyerkolben mit dem pH-Papier. Das anschließende Füllen der Exsikkatoren oder Weckgläser geschieht unter Beachtung der Sicherheitsbestimmungen (Schutzbrille, Abzug). Man füllt den Boden des Exsikkators bzw. der Weckgläser mit einer etwa 1 cm hohen Schicht einer frisch angesetzten 1%igen Natriumhydrogensulfitlösung bzw. mit einer frisch hergestellten 20%igen Salpetersäure. Man gibt je einen Ansatz in den Exsikkator bzw. in das Weckglas und verschließt sie sofort. Die Behälter und die als Blindproben außerhalb der Gefäße aufbewahrten Zweitansätze werden mehrere Tage ans helle Fenster gestellt. Nach einem Tag mißt man mit dem Gasspürgerät die Gaskonzentrationen im Exsikkator. Während der nächsten 2 bis 3 Tage werden alle Veränderungen im Versuch protokolliert. Nach 4 Tagen bricht man den Versuch unter dem Abzug ab, mißt den pH-Wert in den verschiedenen Proben und untersucht die an den Pflanzen auftretenden Veränderungen genauer.
Zusätzlich lassen sich folgende ergänzende Versuche durchführen:
– mit einem Testset (z. B. von Visocolor) wird im Exsikkator mit der Salpetersäure das Wasser in den Versuchsansätzen auf Nitrationen überprüft (s. V 126.2),
– im Exsikkator mit der Natriumhydrogensulfitlösung wird das Wasser in den Versuchsansätzen auf Sulfationen getestet (0,5 ml 10%ige HCl + 2 ml 2%ige $BaCl_2$ zu 10 ml Untersuchungswasser, s. V 126.3).
– Untersuchung von Korrosionsvorgängen, indem man die Exsikkatoren zusätzlich mit Metall-, Kunststoff- und Gesteinsstücken beschickt,
– Untersuchung des geschädigten Chlorophylls, indem man das Chlorophyll der geschädigten Blätter dünnschichtchromatographisch analysiert (s. V 58.3.).

Aufgabe: Stellen Sie anhand der Versuche mögliche Auswirkungen der Luftschadstoffe Schwefeldioxid und Stickstoffdioxid auf die Umwelt zusammen. Berücksichtigen Sie dabei, daß die im Versuch benutzten Konzentrationen wesentlich über denen in der Umwelt auftretenden liegen.

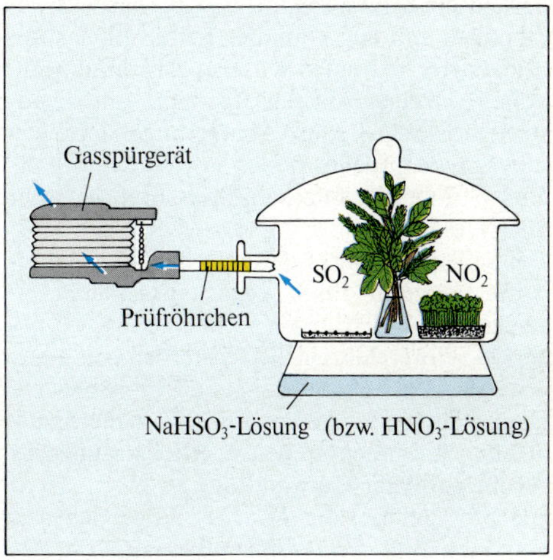

85.2. Exsikkator mit einem Gasspürgerät

Welche Ursachen hat das Waldsterben?

„In Mitteleuropa sind in jüngster Zeit neuartige Waldschäden fast gleichzeitig aufgetreten und haben sich seitdem ständig weiter entwickelt. Dies führt zu dem Schluß, daß an den dafür verantwortlichen Ursachenkomplexen der gleiche Faktor oder die gleiche Faktorengruppe beteiligt ist. Mit an Sicherheit grenzender Wahrscheinlichkeit handelt es sich um Luftschadstoffe und ihre Umwandlungsprodukte. Sie können je nach Konzentration unmittelbar zu Schäden führen oder prädisponierend für Schäden durch Witterungsextreme oder biotische Faktoren sein." (Zitat aus dem 3. Bericht über „Umweltforschung zu Waldschäden" im Auftrag des Ministers für Forschung und Technologie, Frühjahr 1985.)

Als solche möglichen Faktoren des Waldsterbens sind die Luftschadstoffe **Schwefeldioxid, Stickstoffoxide** und **Ozon** im Gespräch. Für die meisten Standorte gilt, daß die Konzentrationen der einzelnen Schadstoffe jeweils unterhalb der Schadschwelle für Bäume liegen. Die Schadschwelle kann aber durch das Zusammenwirken mehrerer Schadstoffe (additiv oder synergistisch) überschritten werden. Die **saure Deposition** in Form des sauren Regens verstärkt die Schädigungen. Es ist zu vermuten, daß die über Jahrzehnte anhaltende Immissionsbelastung der Bäume zunächst zu nicht sichtbaren Auswirkungen im **Wurzelbereich,** in den **Blättern** und im Wachstum geführt hat. Dadurch ist die **Vitalität** der Bäume herabgesetzt und ihre Anfälligkeit erhöht worden. Als **auslösende Stressoren,** die zu sichtbaren Schädigungen führen, kommen Kurzzeitbelastungen durch extreme Witterungsbedingungen, hohe Konzentrationen gasförmiger Luftschadstoffe sowie stark saure Ablagerungen und Versauerungsschübe im Boden in Frage. Über die Gewichtung der einzelnen Stressoren herrscht noch Unklarheit.

Die Schadwirkungen der einzelnen Luftschadstoffe hat man durch Begasungsversuche an verschiedenen Pflanzen untersucht. So bewirkte **Schwefeldioxid** das Absterben von Blattgewebe und die Zerstörung von Chloroplasten. Die schädigende Wirkung des über die Spaltöffnungen aufgenommenen **Stickstoffdioxids** beruht auf einer Umwandlung zu *Nitrit* durch den Stoffwechsel der Pflanze. Angereichertes Nitrit schädigt den Photosyntheseapparat. Als äußerlich sichtbare Symptome treten z. B. an Nadeln rotbraune, von der Nadelspitze zur Nadelbasis fortschreitende Verfärbungen auf. Die Einwirkungsmechanismen des **Ozons** auf Struktur und Funktion der Zelle sind vielfältiger Natur und noch nicht in allen Einzelheiten geklärt. Ozon greift z. B. die Zellmembranen an. Dadurch können Wasser und Nährsalze austreten, die dann durch den sauren Regen ausgewaschen werden können. Ebenso werden die Chloroplasten angegriffen, was sich durch Vergilben der Nadeln bemerkbar macht. Bei den beschriebenen Vorgängen kommt es zu einer verminderten Photosyntheseleistung und damit zu einem gestörten Wachstum der Bäume.

Saurer Nebel oder **saurer Regen** spielen als Lösungsmittel für trockene, auf den Blättern abgelagerte Schadstoffe eine Rolle, die in gelöster Form in die Pflanze eindringen können. Sichtbare Schäden werden an Blattorganen in Form von absterbendem Gewebe und Blattabwurf beobachtet.

Eine weitere Hypothese über die Ursachen des Waldsterbens geht von der Schädigung unterirdischer Pflanzenteile aus. Danach soll die Absenkung des **Boden-pH-Wertes** durch den sauren Regen die entscheidende Rolle spielen. So führt die Bodenversauerung u. a. zur Freisetzung von im Boden festgelegten **Aluminiumionen.** Diese beeinträchtigen bei der Pflanze einmal die Aufnahme und den Transport verschiedener Kationen (Ca^{2+}, Mg^{2+}, K^+) und zum anderen das Wurzelwachstum. Infolge des sauren Regens passieren größere Sulfat- und Nitratmengen den Boden, die Ca^{2+}, Mg^{2+}, K^+ als Begleitionen mitreißen und so zu einem verminderten Nährsalzangebot beitragen. Bei Fichten hat man als Folge z. B. des **Magnesiummangels** eine Einschränkung der Photosynthese, der Transpiration und eine Störung der Wasserleitung festgestellt. Auch im Boden angereicherte Schwermetalle (Pb, Cu, Zn, Hg) werden durch den Protoneneintrag (Wasserstoffionen) des sauren Regens mobilisiert und können zur Schädigung des Wurzelsystems führen.

Insekten, Pilzen, Bakterien oder **Viren** kommen nach dem heutigen Wissensstand keine Verursacherfunktionen zu. Es besteht aber der Verdacht, daß einige von ihnen das durch andere Faktoren verursachte Krankheitsbild verschärfen. Vor allen Dingen treten einige Insekten- und Pilzarten als **Schwächeparasiten** auf, die die geschädigten Bäume bevorzugt befallen.

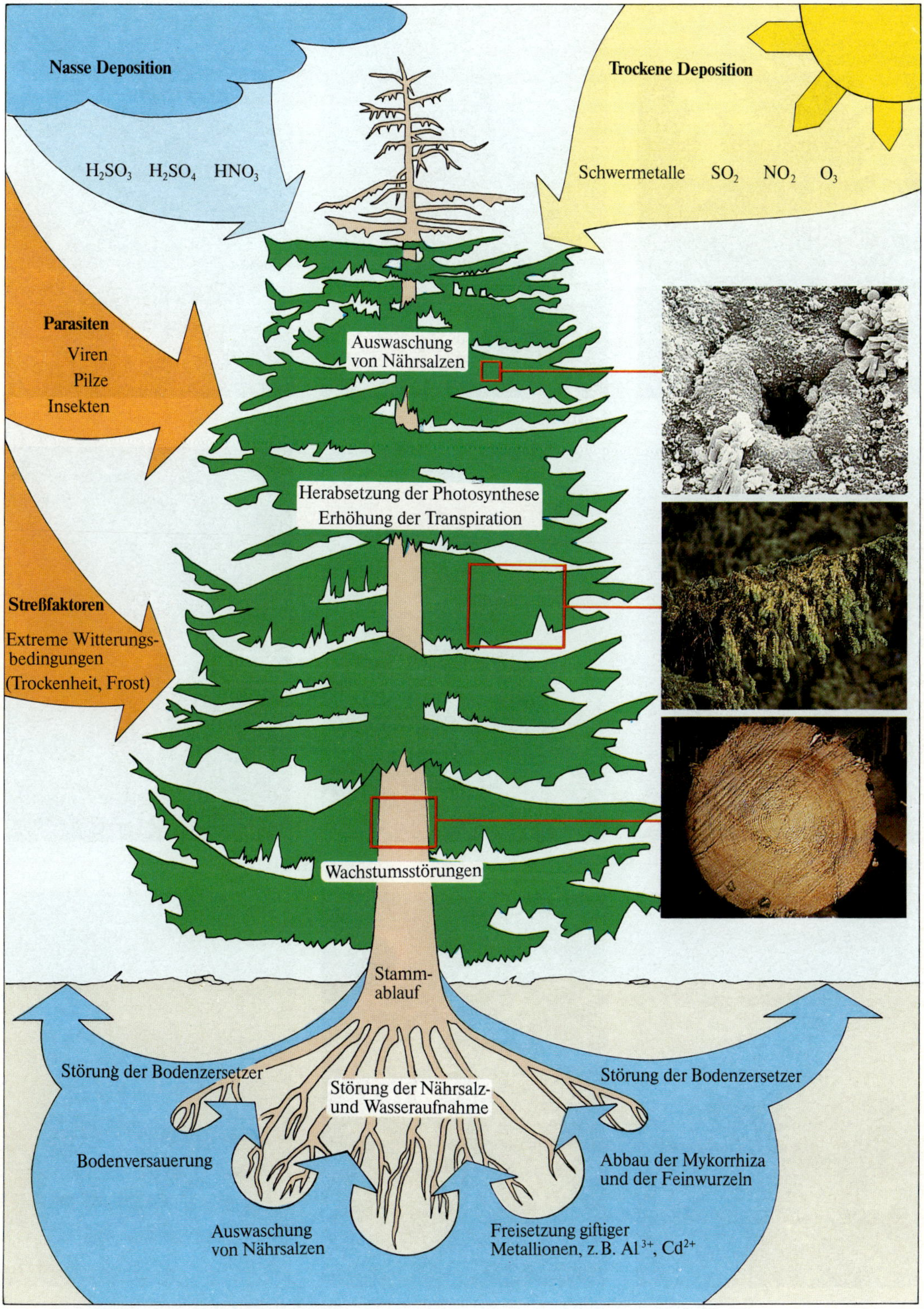

87.1. Mögliche Ursachen des Waldsterbens und ihre Folgen

Stufe 1

Stufe 2

Stufe 3

Stufe 4

Stufe 5

Stufe 4

Stufe 2

Stufe 2

Stufe 4

88.1. Schadstufen bei Fichte und Buche

Schadensmerkmale der Fichte

Stufe 1: Nicht geschädigt

Stufe 2: Leichte Schäden (kränkelnd)
In Beständen über 40 Jahre: Nadelverluste zwischen 10% und 25%, mindestens 2/3 der Zweiglänge benadelt, weniger als 5 Jahrgänge grüner Nadeln, Auftreten von leichter Gelbfärbung der Nadeln, unregelmäßig in verschiedene Richtungen abstehende Äste 2. Ordnung (struppiges Aussehen), beginnende Kronenvernichtung von innen nach außen;
in bis etwa 40 Jahre alten Beständen: Gelbfärbung bis zu 25% der Nadeln auf der Astoberseite oder Braunfärbung einzelner Triebe.

Stufe 3: Mittlere Schäden (krank)
(Zusätzlich zu Erscheinungen der Stufe 2)
In Beständen über 40 Jahre: Nadelverluste zwischen 26% und 60%, 1/2 der Zweiglänge benadelt, Verlichtung der gesamten Krone, Seitenzweige 2. Ordnung oft hängend und teilweise entnadelt (Lamettazweige), häufig gleichzeitige Gelb- oder Braunfärbung der älteren Nadeln;
in bis etwa 40 Jahre alten Beständen: stärkere Gelbfärbung von über 25%–60% der Krone oder nur drei grüne Nadeljahrgänge.

Stufe 4: Starke Schäden (sehr krank bis absterbend)
(Zusätzlich zu Erscheinungen der Stufen 2 und 3)
In Beständen über 40 Jahre: Nadelverluste von mehr als 60%, etwa 1/3 der Zweiglänge benadelt, stark verlichtete Krone, Wipfel häufig abgestorben, an den Ästen 1. Ordnung auf der Astoberfläche unregelmäßiges Auftreten kurzer Triebe (Angsttriebe), häufig zusätzliche Gelb- oder Braunfärbung bei mehr als 60% der Krone, in der Endphase Absterben der gesamten Krone;
in bis etwa 40 Jahre alten Beständen: starke Gelbfärbung nahezu der gesamten Benadelung Krone und Seitenzweige verlichtet oder weniger als drei grüne Nadeljahrgänge.

Stufe 5: Abgestorben

Die Schadensmerkmale wurden u. a. aus folgenden Quellen zusammengestellt:
Allgemeine Forst Zeitschrift Nr. 3/1983,
SCHÜTT, P. und andere: So stirbt der Wald, BLV, 1983

Schadensmerkmale der Buche

Stufe 1: Nicht geschädigt

Stufe 2: Leichte Schäden (kränkelnd)
Blattverluste zwischen 10% und 25%, schüttere Beblätterung in den peripheren Kronenbereichen in Verbindung mit Vergilbungserscheinungen, erkrankte Blätter lederartig, mit der Neigung, nach oben zusammenzuklappen, Blätter z. T. mit gesägtem Blattrand, vorzeitiger Blattfall im Herbst von oben her beginnend.

Stufe 3: Mittlere Schäden (krank)
(Zusätzlich zu Erscheinungen der Stufe 2) Bäume mit Blattverlusten zwischen 26% und 60% Verlichtung der äußeren Kronenbereiche, Dürrwerden von Ästen und Astspitzen im oberen Kronenteil, häufigeres Auftreten von Blattnekrosen (unregelmäßige braune Flecke auf den Blättern).

Stufe 4: Starke Schäden (sehr krank bis absterbend)
(Zusätzlich zu Erscheinungen der Stufen 2 und 3)
Blattverluste von über 60%, Blattabfall bereits im Sommer, Blattform und Blattfarbe sind abnormal, Absterben von Kronenteilen.

Stufe 5: Abgestorben

A 89.1. Untersuchen Sie einen ausgewählten Fichten- und/oder Buchenbestand (Anweisung siehe Seite 84) auf die angegebenen Schadensmerkmale hin. Schätzen Sie an einem Ast 1. Ordnung einer Fichte mit mindestens sieben Jahrestrieben die Benadelung am Haupt- und an den Nebentrieben ein.

A 89.2. Erkundigen Sie sich bei der Forstbehörde nach Schadensmerkmalen bei anderen Bäumen wie Kiefer, Tanne und Eiche. Informieren Sie sich über das Ausmaß des Waldsterbens in ihrer Umgebung.

A 89.3. Begründen Sie, warum man aus Vorsorge heute Maßnahmen zur Bekämpfung des Waldsterbens einleiten muß, obwohl die Ursachen des Waldsterbens noch nicht in allen Einzelheiten geklärt sind.

7. Ökosystem Gewässer

90.1. Mäandrierender Fluß

Ein Fluß mäandriert

Unsere Fließgewässer bilden, überläßt man sie dem freien Spiel der Kräfte, in der Regel schlangenförmig gewundene Flußläufe, sogenannte **Mäander,** aus. Der Name leitet sich von dem kleinasiatischen Fluß Menderes ab, der im Altertum Mäander hieß. Bei der Entstehung der Mäander wirken mehrere Faktoren zusammen. In den schwachen Krümmungen, die entstehen, wenn der Fluß Hindernissen ausweicht, prallt das Wasser mit größerer Kraft auf den an der Außenseite der Krümmung liegenden Hang. Dieser sogenannte **Prallhang** wird durch die dort herrschende starke Strömung immer mehr ausgehöhlt. Am gegenüberliegenden **Gleithang,** an dem die Strömung wesentlich geringer ist, wird mitgeführtes Geschiebematerial zum Teil abgelagert. Im stark strömenden Wasser können sich besonders an Hindernissen Turbulenzen bilden, die zu Vertiefungen, den **Kolken,** führen. Dort, wo die Strömungen geringer sind, entstehen durch Sedimentation flache Stellen, sogenannte **Furte.**

A 90.2. Verfolgen Sie in einem kleineren Fließgewässer mit Hilfe auf der Oberfläche schwimmender Holzstücke das Strömungsverhalten am Prall- und Gleithang, in Kolken und Furten.

7.1. Fließgewässer

7.1.1. Gliederung eines Fließgewässers

Natürliche Wasserläufe, die das Festland mit natürlichem Gefälle entwässern, werden als *Fließgewässer* bezeichnet. In jedem Fließgewässer laufen *Erosions-, Transport-* und *Sedimentationsvorgänge* ab. Gefälle und Untergrund beeinflussen die Fließgeschwindigkeit eines jeden Wasserlaufes. Die Fließgeschwindigkeit wiederum bestimmt den Transport des aus Geröll, Kies oder Sand bestehenden **Geschiebes.** Da das Geschiebe talabwärts durch die Abriebkräfte des Wassers mehr und mehr in feinere Bestandteile zerlegt wird, verändert sich auch die Zusammensetzung der Sohle im Fließgewässer. Das **Substrat** der Sohle wird immer feinkörniger und mit zunehmendem Gehalt an zersetzbaren organischen Stoffen auch schlammiger. Neben dem Untergrund verändern sich auch die Temperatur- und Sauerstoffverhältnisse des Wassers. Flußabwärts vergrößern sich durch Wärmeaustauschvorgänge die Tages- und Jahrestemperaturschwankungen. Gleichzeitig verringert sich mit Zunahme des im Wasser befindlichen organischen Materials und der Abnahme der Durchmischung des Wassers durch nachlassende Turbulenzen der Sauerstoffgehalt.

Nach Gefälle, Strömung, Zusammensetzung des Bodens, Temperatur und Sauerstoffverhältnissen unterscheidet man vereinfacht zwei Hauptlebensräume in den Fließgewässern: einmal den **Bachbereich,** das *Rhithral* und den anschließenden **Flußbereich,** das *Potamal.* Nach dem jeweiligen Hauptnutzfisch, der in den verschiedenen Abschnitten eines Fließgewässers in erster Linie angetroffen wird, nehmen die Fischereibiologen eine weitere Differenzierung dieser Lebensräume vor. Sie unterscheiden von der Quelle bis zur Mündung im Bachbereich die *Forellen-* und *Äschenregion* und im Flußbereich die *Barben-, Brachsen-* und *Kaulbarsch-Flunderregion.* Durch Laichwanderung der Fische können Überschneidungen auftreten.

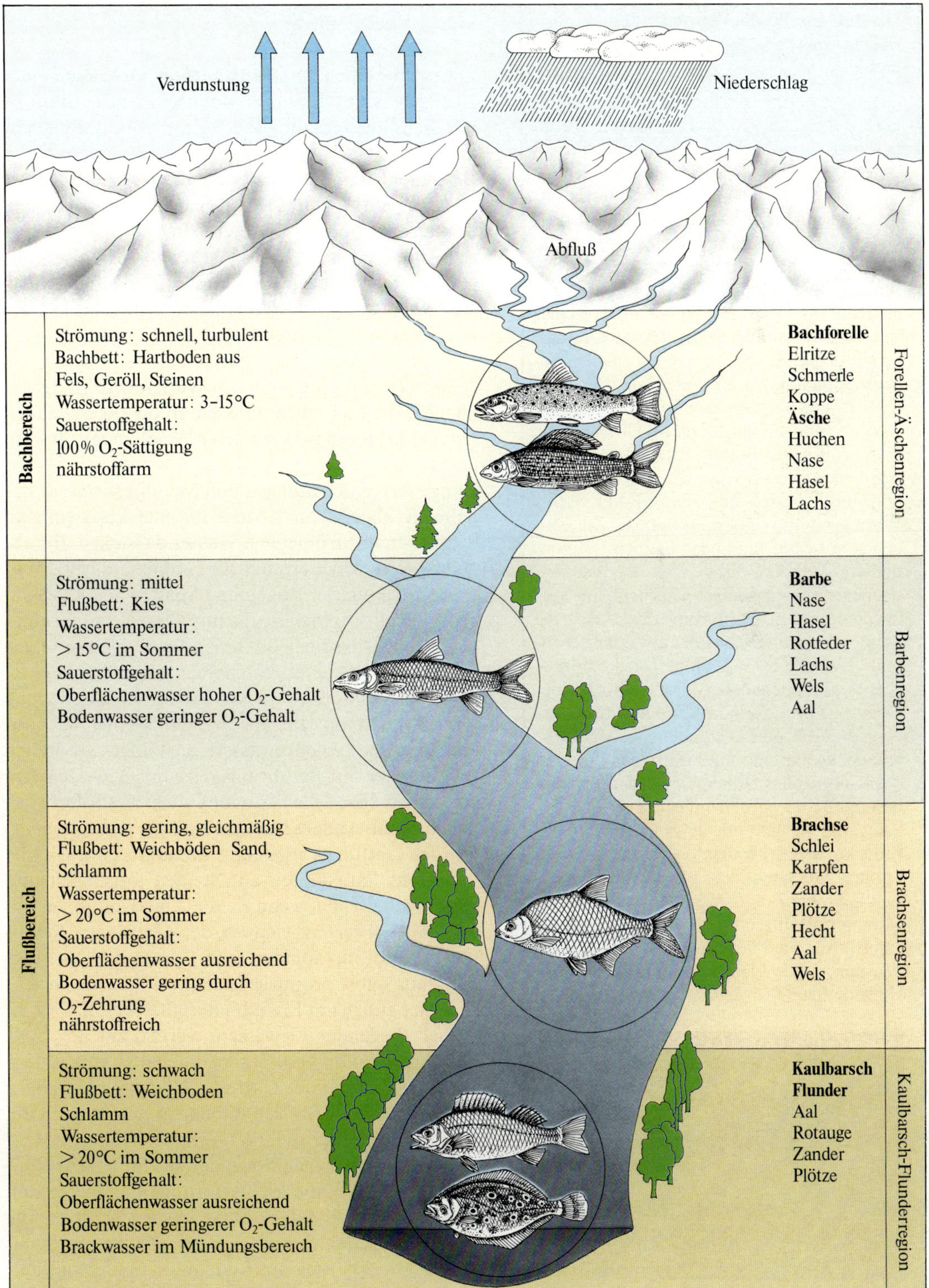

91.1. Biozönotische Gliederung eines Fließgewässers

Die Bachforelle, ein Bewohner des Bachbereichs

Die Bachforelle bewohnt reine, sauerstoffreiche, unbelastete Fließgewässer. Sie gehört zu den lachsartigen Fischen, die durch eine zwischen Rücken und Schwanzflosse liegende grätenlose Fettflosse gekennzeichnet sind. Die Bachforelle ist mit ihrem stromlinienförmigen Körper und ihrer starken Schwimmuskulatur an das strömende Wasser in besonderer Weise angepaßt. Bachforellen können Strömungen wahrnehmen. Ihre Bewegungen sind in der Regel stromaufwärts, also gegen die Strömung, gerichtet. Um Energie zu sparen, suchen sie aber vielfach strömungsarme Zonen im Gewässer auf, in denen sie dann längere Zeit „stehen" und auf Beute lauern. Die Bachforelle ist ein sogenannter Driftsammler. Das strömende Wasser trägt ihr einen Teil der Nahrung, bestehend aus Flohkrebsen, Würmern und Wasserinsekten, zu. Zusätzlich geht sie auf Jagd nach kleinen Fischen und Insekten, die direkt über der Wasseroberfläche fliegen oder sich kurzzeitig auf ihr niederlassen. Weiterhin führt die Strömung sauerstoffreiches Atemwasser heran und verbrauchtes, kohlenstoffdioxidreiches Wasser wieder ab. Als kaltstenotherme Tiere haben sie eine Vorzugstemperatur von 10,5 °C. Die Weibchen laichen zwischen Oktober und Januar in Vertiefungen des Kiesgrundes 500 bis 1 500 Eier ab. Die besamten Eier werden mit einigen kräftigen Schwanzschlägen mit Kies oberflächlich bedeckt, so daß sie nicht verdriftet werden können. Je nach der Wassertemperatur schlüpfen die Jungfische nach drei bis vier Monaten. Während der ersten beiden Lebensjahre sind Plankton, Insektenlarven, Würmer und kleinere Schnecken ihre Hauptnahrung.

92.1. Bachforelle

7.1.2. Lebensbedingungen und Lebewesen im Fließgewässer

Die wechselnden Standortsfaktoren im Verlauf eines Fließgewässers bedingen unterschiedliche Biotope mit vielfältigen ökologischen Einnischungsmöglichkeiten.
Besonders extreme Lebensbedingungen herrschen in einem **Gebirgsbach.** Geröll, Schotter und Kies bedecken die Sohle des Bachbettes. Hohe Fließgeschwindigkeiten von über 1 m/sec. bis 10 m/sec. mit starken Turbulenzen sorgen für einen hohen Sauerstoffeintrag aus der Atmosphäre, so daß das Wasser mit Sauerstoff gesättigt ist. Die Temperatur des Wassers ist während des ganzen Jahres niedrig. Sie schwankt geringfügig um den Wert von 10 °C. Organismen, die hier leben, müssen an die herrschenden Umweltfaktoren in besonderer Weise angepaßt sein.

Einige Arten der *Eintags-* und *Steinfliegenlarven* haben z. B. abgeflachte Körper, die eine Anpassung an das Leben im strömenden Wasser darstellen. Ihr abgeflachter Körper ermöglicht es ihnen, tagsüber unter Steinen oder in Ritzen und Spalten Schutz zu suchen. Nachts weiden sie die mit Kiesel- und Grünalgen und Blaugrünen Bakterien bewachsenen Oberflächen der Steine ab. Sie halten sich dabei in einer wenigen Millimeter dicken strömungsschwachen Grenzschicht auf, die sich über den Steinen oder auf der Sohle des Fließgewässers ausbildet. Zusätzlich reagieren sie auf Berührungsreize mit Anklammern, so daß sie durch die Strömung nicht verdriftet werden können. Andere Insekten, wie die *Lidmückenlarven* der Gattung Liponeura, können sich mit Hilfe von sechs Saugnäpfen auf Steinen festsaugen und auch fortbewegen, wenn sie die Algen auf ihnen abweiden. *Köcherfliegenlarven* der Gattungen Stenophylax und Silo spinnen zum Schutz und zur Tarnung aus selbst produzierten Sekretfäden einen Köcher, der außen mit Fremdmaterialien belegt wird. In schnell fließenden Gewässern werden zur Beschwerung Steine und Sandkörner eingebaut. Andere Köcherfliegenlarven der Gattung Rhyacophila sichern sich gegen ein Verdriften mit einem Sekretfaden ab, der hin und wieder an Unterlagen befestigt wird. Unter den Köcherfliegenlarven der Gattung Neureclipsis gibt es solche, die trichterförmige Fangnetze zum Nahrungserwerb bauen. Diese Netze sind gegen die Strömung gerichtet und werden von ihr regelrecht aufgebläht. Die sich am Ende des Trichters aufhaltende Larve weidet die von der Strömung in den Trichter transportierten Kleinstorganismen ab.

In *strömungsfreiem Wasser* zwischen oder hinter Steinen (Totwasserzonen) und in Wassermoosen finden viele Insektenlarven geschützte Lebensräume. Im Wassermoos Scapania undulata hat man in einer 0,119 m^2 großen Fläche 4309 Tiere gefunden. Sie bestanden zu 35% aus Zuckmücken-, zu 20% aus Köcherfliegen-, zu 14% aus Eintagsfliegen- und zu 10% aus Steinfliegenlarven.

Auch die *Bakterien* und *Wasserpflanzen* sind an das strömende Wasser angepaßt. So bilden mikroskopisch kleine Bakterien und Algen einen rasenartigen Bewuchs auf den Steinen. Wassermoose und Fadenalgen sind meistens mit Hilfe von Haftscheiben auf ihrer Unterlage angekittet. Andere Wasserpflanzen bilden im Wasser flutende Büschel oder fadenförmige Strähnen aus.

Die extremen Lebensbedingungen des Gebirgsbaches treten im **Flußbereich** nicht mehr auf. Die Wasserführung wird ausgeglichener, und die Strömung verringert sich. Mit der Abnahme der durchschnittlichen Fließgeschwindigkeit wird in der Flußsohle mehr und mehr Kies, Sand und auch Schlamm abgelagert. Durch die Sedimentation kommt es zur Ausbildung von Uferbänken und bewachsenen Ufersäumen. Die Tages- und Jahrestemperaturschwankungen vergrößern sich. Dagegen verringert sich durch die abnehmenden Turbulenzen der Sauerstoffeintrag aus der Luft. Lichtabsorbierende Schwebstoffe trüben vielfach das Wasser.

Die im Flußbereich lebenden Organismen sind nicht mehr so stark an das strömende Wasser angepaßt. Lebewesen mit einem großen Temperatur- und Sauerstofftoleranzbereich herrschen vor. Die Lebensgemeinschaften werden immer vielfältiger und ähneln mit abnehmender Fließgeschwindigkeit denen stehender Gewässer. Vor allen Dingen das tierische und pflanzliche Plankton hat jetzt im langsam fließenden Wasser die Möglichkeit, sich zu vermehren und auszubreiten. Die Parallelen zwischen stehenden und langsam fließenden Gewässern werden besonders dort augenfällig, wo an bewachsenen Uferzonen der Flüsse *Unterwasserpflanzen-*, *Schwimmpflanzen-* und *Schilfrohrbereiche* erkennbar sind. Auch in der vertikalen Gliederung trifft man die gleichen Lebensgemeinschaften wie in stehenden Gewässern an. In der Zusammensetzung der Fischfauna lassen sich solche Parallelen ebenfalls aufzeigen. So sind die Fische der Brachsenregion wie Brachsen, Karpfen, Schleie, Rotaugen und Hechte auch Bewohner der stehenden Gewässer. Es handelt sich bei ihnen in der Mehrzahl um Krautlaicher, die ihre Eier an Wasserpflanzen ablegen.

Schlammröhrenwurm, ein Bewohner des Flußbereichs

Die Schlammröhrenwürmer *(Tubifex spec.)* treten vor allen Dingen in sauerstoffärmeren, organisch belasteten Gewässern auf. Sie gehören zu den Ringelwürmern. Die Schlammröhrenwürmer bauen mit Schleim ausgekittete Röhren, in denen sie mit ihrem Vorderende stecken, um den Schlamm mit seinen organischen Bestandteilen als Nahrung aufzunehmen. Das herausragende Hinterende führt pendelnde Atembewegungen aus. Durch die Tätigkeit der Schlammröhrenwürmer wird einerseits der Schlamm stark durchlüftet und zum anderen umgewälzt. Die Besiedlungsdichte beträgt oft mehr als 400000 und in Extremfällen mehr als 1,7 Mio. Individuen pro Quadratmeter. Nehmen wir die letzte höhere Besiedlungsdichte an, so können die 1,7 Mio. Tubificiden täglich etwa 10 kg Schlamm verarbeiten. Die Schlammröhrenwürmer spielen im Stoffkreislauf als Destruenten eine entscheidende Rolle. Zusätzlich fördern sie durch ihre Durchlüftungsmaßnahmen den aeroben Abbau des Schlamms durch Bakterien.

V 93.1. Schlammröhrenwürmer verbrauchen Sauerstoff

Materialien und Geräte: 2 gleich große Glasflaschen (100–200 ml), Gaze, Manganchlorid, Natronlauge (Ansätze siehe Seite 124), Pipetten, Pipettierhilfen, Zwirn

Durchführung: Schlammröhrenwürmer werden in ein feines Gazenetz, das mit einem Zwirnsfaden zugebunden wird, gegeben. Die Glasflaschen werden mit Wasser gefüllt. In eine Flasche gibt man 1 ml Mangan(II)-chlorid, 2 ml Natronlauge, verschließt und schüttelt gut um. In die zweite Flasche wird das Gazenetz mit den Würmern gegeben. Das Netz befestigt man mit Hilfe des Zwirnsfadens am Glasstopfen, mit dem man die Flasche verschließt. Nach einem Tag wird das Netz entfernt und das Wasser mit den gleichen Substanzmengen wie oben versetzt. Nach dem Umschütteln vergleicht man die Farbe der Niederschläge in beiden Flaschen miteinander. Die Farbe der Niederschläge läßt Rückschlüsse auf den Sauerstoffgehalt des Wassers zu (s. Seite 124).

Ausbau des Oberrheins

Das Hochwasser des Oberrheins vernichtete immer wieder die Ernten und z. T. auch die menschlichen Ansiedlungen in den Rheinauen. Um die Überschwemmungen einzudämmen, wurde der Oberrhein zwischen 1817 und 1880 nach den Plänen von Johann Gottfried TULLA in ein korrigiertes Flußbett gezwungen. Er ging von der Überlegung aus, daß ein schneller fließender Fluß nicht nur das Wasser rascher abführen würde, sondern daß er sich auch durch die Erosionskräfte tiefer in die Talsohle einschneiden würde. Um das zu erreichen, wurden die Seitenarme des Oberrheins durch Dämme abgeschottet und die Mäanderbögen mit Hilfe von Durchstichen abgetrennt. Durch diese Maßnahmen erhöhte sich, einmal die Fließgeschwindigkeit und zum anderen die Tiefenerosion des Flusses, so daß die Überschwemmungen tatsächlich stark zurückgingen.
Im 20. Jahrhundert wurde der Oberrhein weiter ausgebaut. Der nach dem 2. Weltkrieg zwischen Basel und Breisach gebaute Rhein-Seitenkanal nahm fast das gesamte Wasser des Rheins auf. Die dadurch bedingte Grundwasserabsenkung führte dazu, daß die landwirtschaftlichen Flächen in der Talaue mehr und mehr austrockneten. Daher entschloß man sich, beim weiteren Ausbau die sogenannte Schlingenlösung anzuwenden. Der Rhein wurde hierbei jeweils, parallel zum TULLAschen Bett, in einem Kanalteilstück mit Kraftwerk und Schleuse abgeleitet. In den wasserarmen Restrhein wurden Wasserschwellen eingebaut, die die Abflußgeschwindigkeit hemmten und für ein höheres Grundwasserniveau sorgten.

7.1.3. Ökologische Folgen des Fließgewässerausbaus

Die Fischarten in unseren Fließgewässern sind zu zwei Dritteln in ihrem Bestand bedroht. Die Verschmutzung der Gewässer durch Haushalts- und Industrieabwässer wird vor allen Dingen für den Rückgang der Fischarten verantwortlich gemacht. Die Auswirkungen von **wasserbaulichen Maßnahmen** auf den Fischbestand werden vielfach unterschlagen. Nach Schätzungen sind seit 1945 etwa 40000 km Bach- und Flußläufe ausgebaut worden.
Überall dort, wo Flußbett und Uferbereich noch vielfältig strukturiert sind und wo die Strömungsverhältnisse abwechselnder Natur sind, existiert noch eine reichhaltige Fischfauna. Werden nun durch wasserbauliche Maßnahmen das Flußbett ausgeräumt, der Flußlauf begradigt, Staustufen eingebaut, die Ufervegetation beseitigt und Uferböschungen befestigt, so tritt an die ursprüngliche Vielfalt eine weitgehende Uniformität. Durch die Ausräumung des Bach- oder Flußbettes wird das Substrat und damit die Lebensgrundlage der Bodenlebensgemeinschaft vernichtet. Zusätzlich wird dadurch bestimmten Fischarten und anderen Tieren die Nahrungsbasis entzogen. Die Beseitigung der Ufervegetation nimmt vielen Fischen Laich- und Ruheplätze und den heranwachsenden Jungfischen Schutz- und Deckungsmöglichkeiten. Ähnliche Wirkungen werden durch die Verbauung von Nebenarmen eines Flusses bewirkt.
Die Auswirkungen von veränderten Strömungsverhältnissen lassen sich am Beispiel der **Groppe** verdeutlichen. Die ausgewachsene Groppe, ein Fisch des Bachbereichs, benötigt grobes Sediment als Untergrund bei großer Fließgeschwindigkeit. Die jungen Groppen bevorzugen dagegen ein feineres Sediment bei langsamer Strömung. Ein ausgebauter

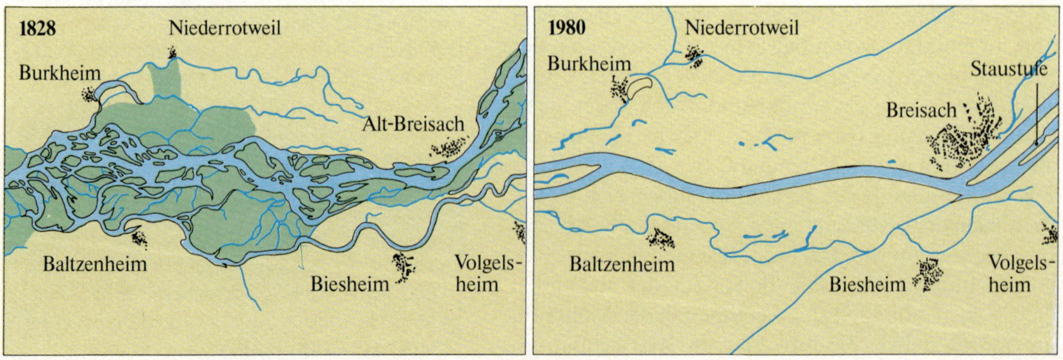

94.1. Oberrhein zwischen Breisach und Sassbach, 1828 und 1980

Bach mit einem gleichmäßigen Schotterbett und einer starken Fließgeschwindigkeit bietet weder den Jung- noch den Altfischen ausreichende Lebensmöglichkeiten.

Auch die **Bachforelle** verschwindet, wenn man ihr die Möglichkeit nimmt, sich in Ruhezonen wie Kolken, leicht unterspülten Ufern oder Gehölzwurzeln aufzuhalten. Die Einschränkung der Wanderungsmöglichkeiten durch Staustufen, selbst wenn in ihnen sogenannte Fischtreppen eingebaut sind, beeinträchtigt ebenfalls die Fischbestände. Die **Barbe** z. B. wandert zur Laichzeit im Frühjahr aus dem Flußbereich, für den sie typisch ist, in die Äschenregion des Bachbereiches, um ihre Eier auf grobkiesigem Untergrund abzulegen. In den Wintermonaten wandert die Barbe vielfach in das tiefere Flußbett der Brachsenregion. In vielen Flüssen hat die Stauregelung zur Zerstörung der Biozönosen der Barben- und z. T. auch der Brachsenregionen geführt. Als Beispiele können Mosel und Main genannt werden. Viele Fischarten können sich heute nicht mehr in den Fließgewässern natürlich vermehren. Die Bestände fischereiwirtschaftlich wichtiger Fischarten werden z. T. durch künstliche Besatzmaßnahmen aufrechterhalten.
Neben der Vernichtung von Lebensräumen haben wasserbauliche Maßnahmen auch zu einer Herabsetzung der Selbstreinigungskraft der Flüsse geführt. Nur eine weitgehend intakte Flora und Fauna ist in der Lage, mit begrenzten Abwassermengen fertig zu werden. Im Wasser flutende Wasserpflanzen kämmen z. B. Schwebstoffe aus dem Wasser, die danach durch auf ihnen lebenden Bakterien und Protozoen aerob abgebaut werden. Höhere Wasserpflanzen wie die Flechtbinse können selbst toxische Substanzen wie Kohlenwasserstoffe, Phenole oder Cyanide aus dem Wasser entfernen. Durch Wurzelausscheidungen von Sumpfdisteln, Rohrkolben oder Wasserminze werden Krankheitserreger abgetötet.
Bach- und Flußregulierungen führen zu einem ungünstigen Verhältnis zwischen Wasseroberfläche und Wassermasse bei abnehmenden Turbulenzen, so daß sich der Sauerstoffeintrag aus der Luft verschlechtert. Der für den Abbau benötigte Sauerstoffgehalt im Wasser wird damit geringer. Ferner läßt der beschleunigte Abfluß in regulierten Gewässern den Organismen nicht genügend Zeit für die Abbauvorgänge.
Die höhere Abflußgeschwindigkeit regulierter Gewässer und die Verringerung der natürlichen Versikkerungsflächen haben auch nachteilige Folgen für das als Trinkwasserreservoir dienende Grundwasser.

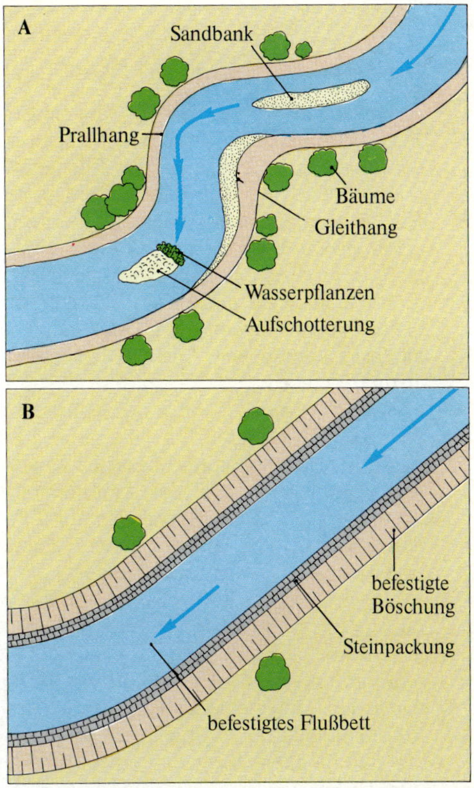

95.1. Naturnaher Bachabschnitt (A)und ausgebauter Bachabschnitt (B)

A 95.2. Mitte der fünfziger Jahre wurden die Bäche des Sauerlandes auf ihren Tierbestand hin untersucht. Dabei wurden in naturnahen Bächen 486 Tierarten mit einer Individuendichte von 3180 Tieren/m^2 und in ausgebauten Bächen 241 Tierarten mit einer Individuendichte von 450 Tieren/m^2 angetroffen. Bei den Tierarten handelte es sich zu über 95% um Wirbellose.
Erklären Sie, unter Einbeziehung der Abb. 95.1., die unterschiedliche Art- und Individuendichte.

A 95.3. Stellen Sie am Beispiel des Oberrheins, unter Einbeziehung der Abb. 94.1., Flußregulierungsmaßnahmen zusammen. Erläutern und bewerten Sie jeweils die Maßnahmen aus ökonomischer und ökologischer Sicht.

A 95.4. An Rhein und Mosel treten regelmäßig Hochwasserkatastrophen auf. Überlegen Sie sich mögliche Beziehungen, die zwischen dem Ausbau des Oberrheins und den Hochwasserkatastrophen am Unterlauf des Flusses bestehen könnten.

Der Auenwald, ein sterbendes Ökosystem

Auenwälder (Au = Wasser) sind natürliche Begleitbiotope der Flüsse. Sie entstehen in Bodensenken und Altarmen der Fließgewässer, die periodisch überschwemmt werden. In der BR Deutschland sind Auenwälder auf etwa 30 überwiegend kleinflächige Standorte zusammengeschmolzen. Das mit 845 ha größte zusammenhängende und unter Naturschutz stehende Auenwaldgebiet liegt im Oberrheingebiet bei Taubergießen. Allein in den Oberrheinauen kommen 120, z. T. in ihrem Bestand bedrohte, Vogelarten, 80% der in der BR Deutschland lebenden Libellenarten und 40% der heimischen Schmetterlingsarten vor.
Der überwiegende Teil der Amphibien, 46% der Vogel-, 23% der Reptilien und 13% der Säugetierarten sind auf die Feuchtgebiete der Flußauen und Auenwälder angewiesen. Die Angaben belegen, daß die Auenwälder einer reichhaltigen Flora und Fauna Lebensraum bieten. Je nach Häufigkeit und Dauer der Überschwemmungen und je nach Untergrund ist der Auenwald unterschiedlich zusammengesetzt. Meist kann man eine vorgelagerte **amphibische,** aus Sandbänken, Seggen- und Röhrichtsümpfen bestehende Zone, eine anschließende aus Pappeln, Erlen und Weiden zusammengesetzte **Weichholzauenzone** und eine am wenigsten überflutete **Hartholzauenzone** unterscheiden. Esche, Ulme, Eiche und Ahorn sind die bestandsbildenden Baumarten dieser letzten Zone. Alle Zonen zusammen bilden einen stark gegliederten Lebensraum von tropenähnlicher Vielfalt und Üppigkeit. Die Altwassergebiete der Auenwälder spielen nicht nur als Lebensraum für viele Pflanzen und Tierarten und als Rückzugsgebiete für bedrohte Lebewesen eine Rolle, sondern auch für die **Wiederbesiedelung** des Flusses nach Hochwasser oder nach toxischen Abwasserbelastungen. Diese Aufgabe können sie nur erfüllen, wenn die Altarme und ihre Auenwälder nicht vom Fluß durch wasserbauliche Maßnahmen abgeschnitten sind.
Auch für den Wasserhaushalt der Umgebung haben Auenwaldgebiete große Bedeutung. Sie wirken als natürlicher **Hochwasserschutz,** indem sie einen Teil des Hochwassers wie ein Hochwasserrückhaltebecken aufnehmen und langsam wieder abgeben. Ebenso wirkt ein Auenwaldgebiet regulierend auf den **Grundwasserstand.** Bei hohem Wasserstand in der Aue wird das abfließende Grundwasser gestaut und bei niedrigem Wasserstand durch die Auen aufgefüllt.

A 96.2. Viele Auenwaldgebiete mußten wasserbaulichen Maßnahmen wie z. B. Flußregulierungen, Wasserkraftwerken und Staustufen weichen. Tragen Sie Argumente aus ökonomischer und ökologischer Sicht zusammen, die für und die gegen solche wasserbaulichen Eingriffe sprechen.

96.1. Auenwald

Rekultivierung von Fließgewässern

Mitte der sechziger Jahre wurde ein kleiner Bach im Südosten Berlins, das sogenannte Rudower Fließ, durch wasserbauliche Maßnahmen in ein begradigtes, mit Betonschalen ausgestattetes Bett gezwungen. Nach Beseitigung der Wasser- und Ufervegetation, nur größere Bäume blieben stehen, entstand eine mehr oder minder tote Abflußrinne. Da der Bach mit den Jahren sein betoniertes Bett mehr und mehr zerwühlte, mußten Sanierungsmaßnahmen durchgeführt werden. Man entschloß sich, eine Versuchsstrecke nach ökologischen Gesichtspunkten zu sanieren. Als erstes entfernte man die Betonschalen und wandelte den begradigten Lauf wieder in einen mäandrierenden Bachlauf um. Die Uferränder wurden mit Wülsten aus Kokosfasern gesichert und die Uferböschung mit Matten aus vorgezogenen Uferpflanzen rekultiviert. Innerhalb eines Jahres entstand wieder ein naturnaher Lebensraum für viele Tiere und Pflanzen. Auch an anderen Stellen in Deutschland sind Bach- und kleinere Flußläufe im beschriebenen Sinne rekultiviert worden.
In den letzten Jahren werden bei wasserbaulichen Maßnahmen mehr und mehr auch ökologische Gesichtspunkte berücksichtigt. Nach diesem Ansatz wird ein naturnaher Ausbau der Fließgewässer angestrebt. Der Ausbau hat sich danach der Fließgewässerdynamik und der Landschaftsstruktur anzupassen. Uferränder und Böschungen werden naturnah bepflanzt, um Uferabbrüche und Uferzerstörungen weitgehend zu verhindern. So können z. B. Ufergehölze durch ihr dichtes Wurzelgeflecht erosionsgefährdete Ufer sichern. Sie bieten gleichzeitig Tieren Unterschlupfmöglichkeiten. Ein naturnaher Ausbau senkt nicht nur die Kosten für Erhaltungsmaßnahmen, sondern erhöht auch die Leistungsfähigkeit eines Gewässers gegenüber Störungen, wie sie in Form von Abwässern auftreten.

A 97.2. Machen Sie Vorschläge für die Rekultivierung eines ausgebauten Baches. Gehen Sie dabei von den Abbildungen aus. Erläutern und begründen Sie jeweils Ihre Maßnahmen aus ökologischer Sicht.

A 97.3. Erkundigen Sie sich nach ausgebauten Fließgewässern in ihrer Umgebung. Stellen Sie fest, welche Gründe dem Ausbau des Gewässers zugrunde lagen.

A 97.4. Kartieren Sie die Ufer- und Wasservegetation an einem ausgebauten und einem naturnahen Bachabschnitt gleicher Länge und möglichst auch gleicher Wasserqualität. Vergleichen Sie die Arten, Anzahl und die Individuendichte in beiden Bachabschnitten, und erläutern Sie die Unterschiede.

97.1. Ausgebautes Rudower Fließ

97.5. Rekultiviertes Rudower Fließ

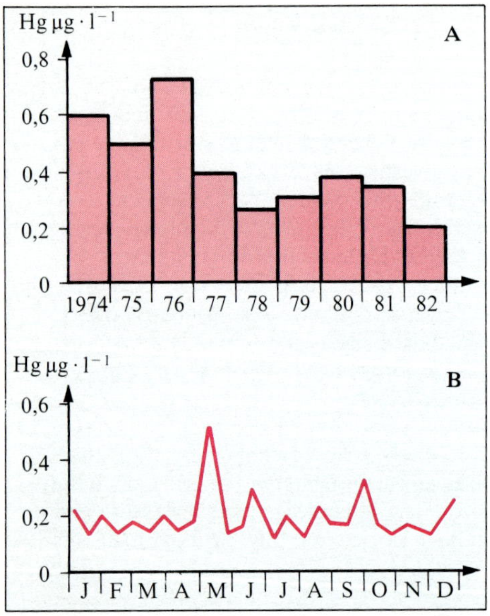

98.1. Quecksilbergehalte im Rhein (bei Lobith). **A** von 1974–1982, **B** im Verlauf des Jahres 1982.

A 98.2. **a)** Bewerten Sie die Quecksilberbelastung des Rheins nur anhand des Säulendiagramms.

b) Beziehen Sie in die Bewertung die angegebene Kurve mit ein. Berücksichtigen Sie, daß im Januar die Abflußmenge etwa 5000, im April etwa 2800 und im Mai etwa 2100 m^3/s betrug.

c) Ziehen Sie zur Bewertung Angaben über Quecksilber aus den Abbildungen 98.3. und 99.2. heran. Berücksichtigen Sie die unterschiedlichen Einheiten (1 mg = 1000 µg).

d) Diskutieren Sie, wie man das Zahlenmaterial, je nach Interessenlage, als Argumentationshilfe zur Darstellung der Quecksilberbelastung des Rheins benutzen kann.

7.1.4. Verschmutzung des Rheins

Der Rhein ist mit etwa 1300 km Länge und einem Einzugsgebiet von 224000 km^2 der größte Fluß Deutschlands. Seine mittlere jährliche Abflußmenge beträgt bei Emmerich 2330 m^3/s. Der Rhein ist ein bedeutender Schiffahrtsweg, an dem sich industrielle Ballungszentren angesiedelt haben. Das Rheinwasser wird zur Bewässerung, zur Gewinnung von Trinkwasser und von Kühl- bzw. Brauchwasser für Kraftwerke und Industrie herangezogen. Außerdem muß der Rhein das Abwasser von Industrie und Kommunen aufnehmen. Die intensive Nutzung des Rheins ist mit einer starken Belastung des Flusses verbunden.

Die Schmutzfrachten mit ihren Schadstoffen haben die ursprünglichen Lebensgemeinschaften des Flusses geschädigt. Von den einstmals 44 Fischarten im Rhein konnten die 8 Arten Stör, Lachs, Meerforelle, Nordseeschnäppe, Schneider, Strömer, Moderlieschen und Maifisch in den letzten Jahren nicht mehr nachgewiesen werden. Betrachtet man bestimmte Stromabschnitte wie z. B. den Rhein zwischen Karlsruhe und Mainz, so sind von 39 ursprünglichen Fischarten nur noch 23 übrig geblieben.

Der Rückgang der Arten, die Verseuchung der Fischbestände und die immer wieder auftretenden Fischsterben im Rhein waren Warnsignale, die vor allen Dingen die Wasserwerke am Rhein auf den Plan riefen. Sie müssen für fast 10 Mio. Bundesbürger bzw. für 28 Mio. Europäer aus dem Rhein Trinkwasser gewinnen. Dazu entnehmen sie im Uferbereich versickertes Flußwasser und bereiten es auf. Die Trinkwassergewinnung ist mit den Jahren immer aufwendiger und damit teurer geworden, da immer mehr Schadstoffe bei der Trinkwassergewinnung aus dem Rheinwasser entfernt werden müssen.

Stoff	Tonnen pro Jahr (1980)	Konzentration in mg/l	
		Mittelwerte	Maximalwerte
Schlamm getrocknet	2600000	33	95
Chlorid (Salz)	12800000	**160**	**272**
Nitrat	1400000	17	22
Phosphat	150000	1,89	2,9
Gelöster organisch geb. Kohlenstoff (TOC)	400000	**5,1**	**7,0**
Kohlenwasserstoffe	8800	**0,11**	**0,35**
Organisch gebundenes Gesamtchlor (TOCl) (einschließlich der chlorierten K.W.)	6500	**0,08**	**0,19**
Phenole	400	0,005	**0,018**
Cadmium	80	0,001	0,003
Arsen	320	0,004	**0,011**
Quecksilber	16	0,0002	**0,001**

98.3. Schmutzfrachten des Rheins an der deutsch-holländischen Grenze (Überschrittene Grenzwerte der Internationalen Arbeitsgemeinschaft der Wasserwerke im Rheineinzugsgebiet sind fett gedruckt.)

Der Zwang zu einer Rheinsanierung auf internationaler und nationaler Ebene wurde immer dringlicher. 1976 unterzeichneten die Anliegerstaaten Frankreich, Luxemburg, Niederlande, Schweiz und Bundesrepublik Deutschland ein Rheinschutz-Übereinkommen. Es sollten danach Lösungen erarbeitet werden, wie man die chemische Belastung und die Wärmebelastung abbauen könnte. Anfang 1978 trat in der Bundesrepublik Deutschland das Abwasserabgabengesetz in Kraft. Es bestimmte, daß jeder Einleiter schädlicher Abwässer pro Schadeinheit 40 DM bezahlen muß. Eine Schadeinheit entspricht etwa dem ungereinigten Abwasser eines Einwohners. Inzwischen sind viele industrielle und kommunale Klärwerke am Rhein gebaut worden. Sie führten zu einer Herabsetzung der Belastung des Rheins mit bakteriell abbaubaren, sauerstoffzehrenden, organischen Substanzen. Im Gegensatz zu den siebziger Jahren, wo der Sauerstoffgehalt strecken- und zeitweise unter 2 mg/l sank, werden heute 5 mg/l kaum noch unterschritten.

Trotz dieser Ansätze zur Rheinsanierung ist die Gesamtbelastung des Rheins immer noch sehr hoch. Vor allen Dingen ist die Anzahl der Verbindungen gestiegen, die nur mit aufwendigen Analysemethoden bestimmt werden können. Eine EG-Richtlinie schlägt für große Rheinwasserwerke die Untersuchung von 51 Schadstoffen vor. Der Rhein enthält aber heute mindestens 10000 verschiedene, nach anderen Schätzungen sogar über 50000 Schadstoffe. Von diesen sind bisher etwa 2000 identifiziert worden. Von den meisten Schadstoffen kennt man die Wirkung auf die Organismen nicht. Unbekannt sind ferner additive oder synergistische Wirkungen der Stoffe auf die Lebewesen. Besonders bei synergistischen Wirkungen addieren sich nicht nur die Schadstoffe in ihrer Wirkung, sondern sie können auch so zusammenwirken, daß sie in geringeren Konzentrationen schon Schäden hervorrufen.

Die anhaltende Belastung des Rheins und die sich daraus ergebenden Probleme für die Trinkwassergewinnung werden durch folgendes Beispiel beleuchtet. Anfang Oktober 1982 wurden im Rheinwasser gefährlich hohe Konzentrationen von Chlornitrophenol festgestellt. Es handelt sich um eine Verbindung mit krebsverdächtiger und erbgutschädigender Wirkung. Auch in Trinkwasserproben konnte die Substanz in geringen Konzentrationen nachgewiesen werden, die in der Nähe der Grenzwerte lagen. Die Niederländer, die fast ausschließlich auf Rheinwasser angewiesen sind, stoppten daraufhin vorübergehend die Trinkwassergewinnung aus dem Rhein.

Wie giftig ist das Rheinwasser?

Um die **akute Toxizität** eines Stoffes festzustellen, bestimmt man in standardisierten Tierversuchen den sogenannten **LD_{50}-Wert**. Hierunter versteht man diejenige Konzentration eines Stoffes, bei der 50 % aller Versuchstiere innerhalb einer bestimmten Zeitspanne sterben. Die Feststellung der **chronischen Toxizität**, bei der giftige Stoffe über einen längeren Zeitraum einwirken müssen, um Schäden hervorzurufen, gestaltet sich dagegen wesentlich schwieriger. Da man die chronisch-toxische Wirkung nicht von jedem Einzelstoff bestimmen kann, untersucht man eine Art **Summeneffekt** aller toxischen Stoffe im Wasser. So wurden zum Beispiel 1981/82 Forelleneier und 9 Monate alte Regenbogenforellen über 24 Wochen im Rheinwasser und eine Kontrollgruppe in reinem Grundwasser gehalten. Da die Sterblichkeitsrate bei den Eiern und den geschlüpften Larven im Rheinwasser signifikant höher lag als bei der Kontrollgruppe, mußte das Rheinwasser als chronisch-toxisch eingestuft werden. Ebenso war das Wachstum der Forellen deutlich geringer als bei der Kontrollgruppe. Auch diese Ergebnisse beweisen die chronisch-toxische Wirkung der im Rhein enthaltenen Stoffe.

A 99.1. Diskutieren Sie die Bedeutung und die Problematik der geschilderten Tierversuche.

Stoffart	Rhein-wasser	Grund-wasser
	Konzentration	
Pentachlorbenzol	0,60	< 0,05
Hexachlorbenzol	1,20	< 0,05
γ-Hexachlorcyclohexan	0,26	< 0,10
Pentachlorthioanisol	0,29	< 0,10
Blei	< 0,01	< 0,01
Cadmium	0,14	0,02
Quecksilber	0,03	0,03
Arsen	0,20	0,25

99.2. Schadstoffgehalte im Fett- und Nierengewebe von in holländischem Rhein- bzw. Grundwasser 1981/82 gehaltenen Regenbogenforellen. (Angaben bei K.W. in mg/kg Fettgewicht bzw. bei Schwermetallen in mg/kg Naßgewicht.)

Gefahr durch PCB

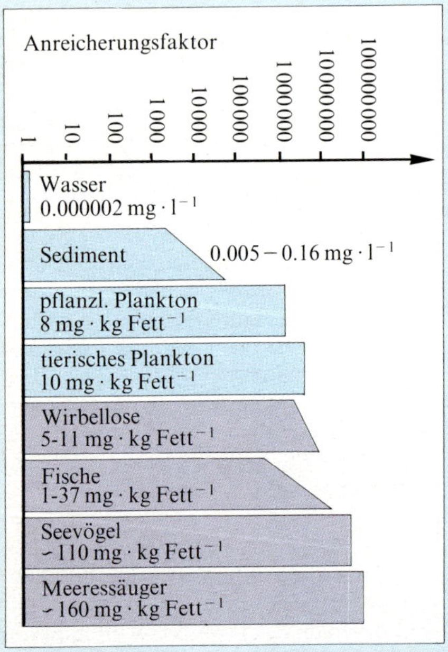

100.1. Anreicherung von PCB in Organismen der Nordsee

Seit 1930 werden industriell Biphenyle (H_5C_6-C_6H_5) hergestellt, die man einer Chlorierung unterwirft. Hierbei entstehen verschieden stark chlorierte Biphenyle, die man als **polychlorierte Biphenyle (PCB)** bezeichnet. PCB's werden als wasserabstoßende Lackzusätze, als Weichmacher in Kunststoffen, als Transformatorenflüssigkeiten und als feuerbeständige Hydrauliköle verwendet. Über Luft und Wasser haben sich inzwischen die in die Umwelt gelangten PCB's weltweit verbreitet. Die kaum wasserlöslichen aber gut fettlöslichen Substanzen werden von den Organismen aufgenommen und im Fettgewebe gespeichert. Durch Anreicherung über die Nahrungsketten werden vor allen Dingen die Endglieder der Nahrungsketten gefährdet. So werden die hohen PCB-Gehalte im Fettgewebe der Robben für Mißbildungen und erhöhte Krankheitsanfälligkeit der Jungrobben verantwortlich gemacht. Auch im menschlichen Fettgewebe oder in der Muttermilch können PCB's inzwischen nachgewiesen werden. Aufgrund von Tierversuchen müssen die PCB's als zumindest krebsverdächtige Substanzen eingestuft werden.

7.2. Verschmutzung der Nordsee

Die Nordsee, ein 500000 km² großes flaches Randmeer des Atlantischen Ozeans, muß mehr und mehr Abwasser und Abfall der Anrainerstaaten aufnehmen. Ein Teil der Abfälle gelangt über direkte Einleitungen, über Flüsse und über Schiffe in die Nordsee. Weitere Abfälle werden auf Spezialschiffen auf hoher See verbrannt. So wurden 1984 auf diese Weise 70000 t Chemieabfälle, unter ihnen etwa 45000 t chlorierte Kohlenwasserstoffe, beseitigt. Die Verbrennungsprodukte, die immer noch eine Reihe von Schadstoffen enthalten, gelangen über die Atmosphäre in großem Umfang in die Nordsee. Ebenso werden weitere Industrieabfälle wie Dünnsäure, Klärschlämme oder auch Baggergut auf See versenkt. Die Abfälle werden entweder mit Hilfe der Schiffsschraube mit dem Seewasser verquirlt, man spricht von **Verklappung**, oder direkt in die See eingeleitet. Weitere Belastungen erwachsen der Nordsee aus der Schiffahrt und aus den in etwa 50 Feldern der Nordsee stehenden Öl- und Gasförderungsplattformen. Statistisch gesehen kann man davon ausgehen, daß jährlich zwei große Tankerunfälle in der Nordsee mit einer mittleren Abflußmenge von etwa 2500 t Öl passieren. Ebenso kann mit zwei bis drei größeren Plattformunfällen pro Jahr gerechnet werden, bei denen jeweils zwischen 2600 und 4000 t Öl in die Nordsee gelangen. Hinzu kommen die Brennrückstände der Schiffe, die für die Seevögel eine tödliche Gefahr darstellen. Allein im Winter 1983 sollen nach Angaben des Umweltbundesamtes 320000 Seevögel an der deutschen Nordseeküste an den Folgen der Ölverschmutzung zugrunde gegangen sein. Trotz dieser Belastungen wird die Nordsee von der Fischereiwirtschaft intensiv genutzt. Jährlich werden rund 3 Mio. t Fisch, Muscheln und Krabben in der Nordsee gefangen.

Inzwischen mehren sich die Anzeichen, daß die Belastungen zur Gefahr für die Nordsee werden. So reichern sich z. B. Schwermetalle und chlorierte Kohlenwasserstoffe in Muscheln und Fischen an. Fischkrankheiten wie „*Blumenkohlgeschwüre*“, *Tumore, Flossenfäule* und *Skelettdeformationen* nehmen in den küstennahen, abwasser- und abfallverseuchten Meeresabschnitten der Nordsee zu. Ein ursächlicher Zusammenhang zwischen bestimmten Schadstoffen im Wasser der Nordsee und speziellen Erkrankungen der Fische wird zwar vermutet,kann aber bis heute nicht wissenschaftlich einwandfrei nachgewiesen werden.

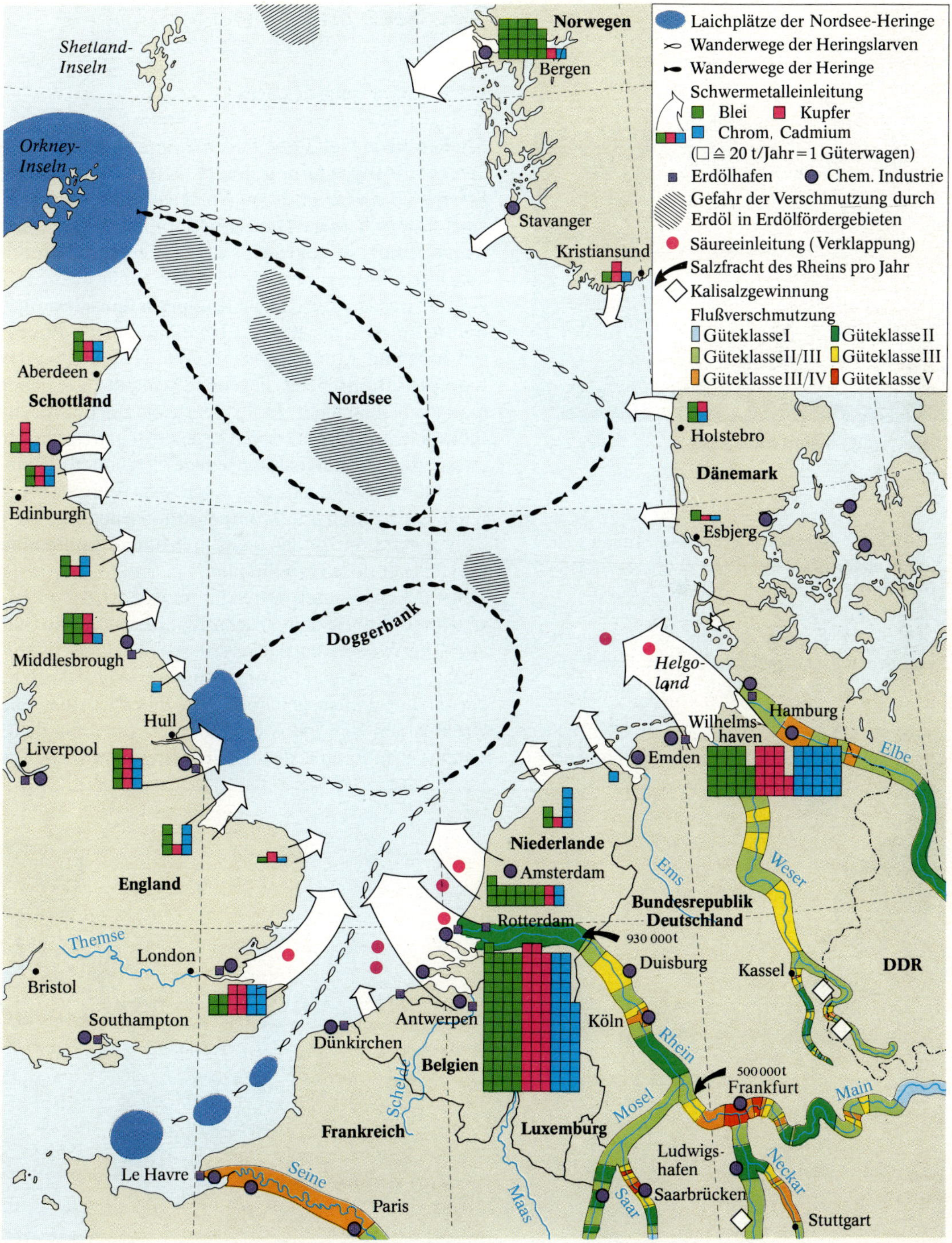

101.1. Belastung der Nordsee durch die Anrainerstaaten (1980)

102.1. Uferregion eines Sees

A 102.2. Charakterisieren Sie anhand der Abbildungen 102.5. und 103.1. die in einem See vorkommenden Biotope und Biozönosen.

A 102.3. Erläutern Sie die Bedeutung des abiotischen Faktors Licht für die Gliederung des Sees und für die Organismen im See.

A 102.4. Erläutern Sie anhand der Abb. 103.1. mögliche ökologische Einnischungen.

7.3. See

7.3.1. Gliederung des Sees

Ein See bietet vielfältige Lebensräume. So kann man in einer Grobgliederung zunächst einmal den **Bodenbereich** (*Benthal*) und den **Freiwasserbereich** (*Pelagial*) unterscheiden. Die Uferregion ist durch autotrophe und die anschließende Tiefenregion durch heterotrophe Organismen gekennzeichnet. Beide Regionen werden durch die **Kompensationsebene** getrennt. Im Bereich dieser Ebene halten sich Photosynthese und Atmung etwa die Waage. Die über der Kompensationsebene liegende Schicht bezeichnet man als **Nährschicht**. In ihr überwiegt die photosynthetische Stoffproduktion. Dagegen überwiegt in der unter der Kompensationsebene liegenden **Zehrschicht** die Dissimilation. Auch der Freiwasserbereich wird durch die Kompensationsebene in zwei Zonen getrennt: in das lichtdurchflutete **Epilimnion** und das lichtlose **Hypolimnion.**

Jeder der genannten Bereiche im See wird von bestimmten Lebensgemeinschaften besiedelt. So hat auch die Wasseroberfläche ihre spezielle, aus Bakterien, Pilzen, Algen, Protozoen und Wasserläufern bestehende Lebensgemeinschaft, das **Pleuston**. Die Organismen des Pleustons besitzen die Fähigkeit, unter Ausnutzung der Oberflächenspannung des

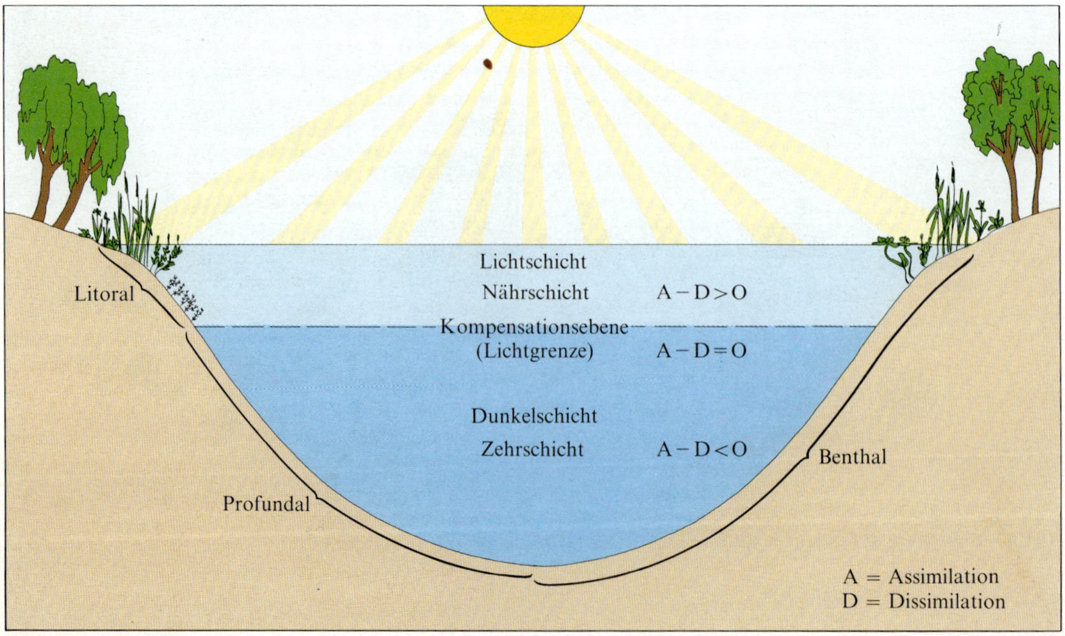

102.5. Gliederung eines Sees nach den Lichtverhältnissen

Wassers die Grenzfläche zwischen Wasser und Luft als Lebensraum zu nutzen. Die anschließende freie Wasserschicht ist vor allen Dingen im Wasser schwebenden Lebewesen, dem pflanzlichen und tierischen **Plankton**, vorbehalten. Sowohl in den oberen als auch in den unteren Wasserschichten kommt die schwimmende Gesellschaft der Fische, das **Nekton**, vor.

Je vielseitiger nun die Lebensbedingungen in den Biotopen sind, um so artenreicher sind sie in der Regel. Herrschen dagegen in einem Biotop einseitige Lebensbedingungen, so ist die Biozönose artenärmer. Die vorkommenden Arten treten dann aber in den meisten Fällen in größeren Individuenzahlen auf. Das Litoralbiotop kann als Beispiel für Artenreichtum und das Profundalbiotop als Beispiel für Artenarmut angeführt werden.

Die verschiedenen Biozönosen in den verschiedenen Lebensräumen stehen ihrerseits wiederum in Wechselbeziehungen und bilden das Gesamtökosystem See. In den Biotopen herrscht jeweils ein **biologisches Fließgleichgewicht** zwischen den verschiedenen Arten der Lebensgemeinschaft. Zu- und Abgänge der Arten schwanken langfristig gesehen um einen Mittelwert. Ebenso wird das Gesamtökosystem unter natürlichen Verhältnissen durch ein biologisches Fließgleichgewicht bestimmt. Langfristig können die Biozönosen durch fließende Übergänge verbunden, von anderen abgelöst werden.

V 103.2. **Kartierung der Uferregion eines Sees**

Materialien und Geräte: Bestimmungsbücher, 20 Meter lange Schnur mit 1 m-Markierungen, Wanderkarte oder Meßtischblatt, Zeichenmaterial (Millimeterpapier, Zeichenbrett)

Durchführung: Fertigen Sie mit Hilfe einer Karte eine maßstabgetreue Abbildung des zu untersuchenden Sees oder eines Ausschnittes auf Millimeterpapier an. Legen Sie für jede Pflanzenart ein Symbol (z.B. Buchstabe) fest. Tragen Sie mit Hilfe der Symbole Ausdehnung und Zusammensetzung der bewachsenen Uferbereiche in Ihre Zeichnung ein. Ziehen Sie am Rande einer besonders gut ausgebildeten Uferzone oder einer Schneise vom festen Ufer bis zum freien Wasser zwischen zwei Stöcken eine mit 1 m-Markierungen versehene Schnur. Legen Sie anhand der Schnur Planquadrate fest, die Sie auf Millimeterpapier übertragen. Anschließend bestimmen Sie in den Planquadraten die Anzahl der Arten und die ungefähre Individuenzahl jeder Art. Je nach ihrer Häufigkeit und ihrem Deckungsgrad (<5–25%, 25–50%, 50–75% und 75–100%) werden die Symbole der einzelnen Arten ein- bis fünfmal in die Planquadrate eingezeichnet. Kommt eine Art nur vereinzelt vor, so wird dem Symbol dieser Art ein Pluszeichen (+) hinzugefügt.

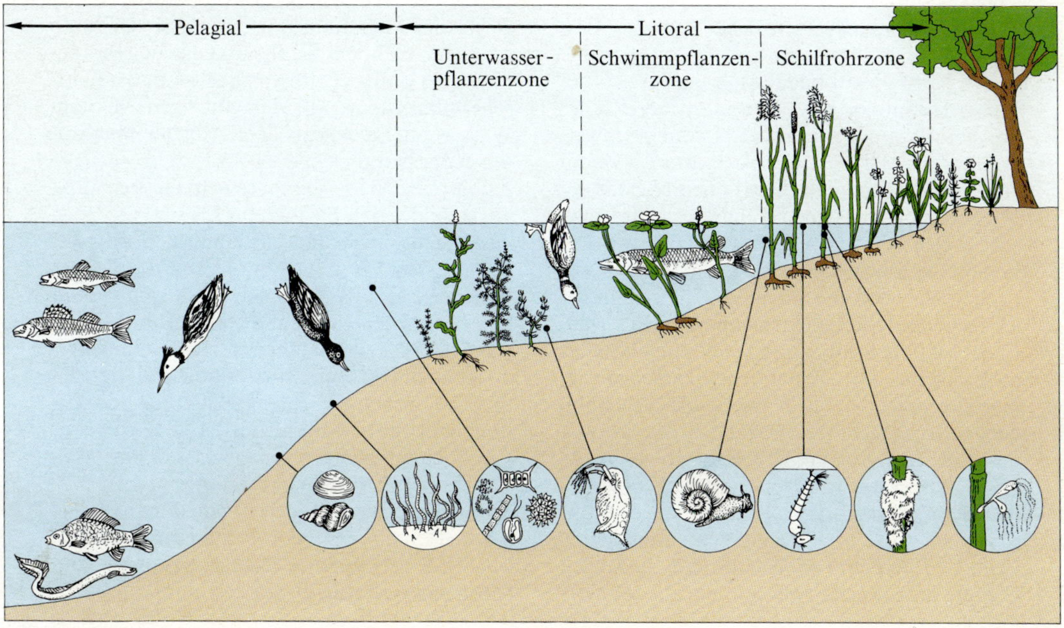

103.1. Organismen in den verschiedenen Biotopen eines Sees

V 104.1. Modellversuch zur Wasserzirkulation und Stagnation

Materialien und Geräte: Blei in Form von Kügelchen oder dünnen Bleiplatten, Kaliumpermanganat, 2 große Standzylinder (1 l), Thermometer

Durchführung: a) Man gibt in eine Schale zur Eiswürfelherstellung eine Kaliumpermanganatlösung. Zu einigen Feldern setzt man zusätzlich Bleiteilchen hinzu und läßt die Lösung im Tiefkühlfach gefrieren.
b) Man füllt beide Standzylinder mit Leitungswasser. Anschließend gibt man vorsichtig auf die Oberfläche des einen Zylinders die mit Blei beschwerten und auf die Oberfläche des anderen die nicht mit Blei beschwerten Kaliumpermanganateiswürfel. Die Eiswürfel kann man auch, sollten keine Bleiteilchen zur Verfügung stehen, mit dünnen Bleiplatten beschweren. Nach Auflösung der Eiswürfel mißt man in beiden Zylindern in verschiedenen Wassertiefen die Temperatur.

Auswertung: 1. Erklären Sie unter Berücksichtigung der temperaturabhängigen Dichte des Wassers die gemachten Beobachtungen und die gemessenen Werte.
2. Ordnen Sie die beiden Modellversuche den auf Seite 105 angegebenen Stagnations- und Zirkulationsvorgängen im See zu.

7.3.2. Der See im Wechsel der Jahreszeiten

Die sich während der Jahreszeiten ändernden Temperaturverhältnisse beeinflussen den Austausch der verschiedenen Wasserschichten in einem See.
Winterstagnation: Im Winter kühlt sich durch die sinkenden Außentemperaturen das Wasser allmählich ab und bildet schließlich eine Eisdecke aus. Unter der Eisdecke kommt es aufgrund der Dichteunterschiede zur Ausbildung einer Wasserschichtung. Die Schichten bestehen aus dem kälteren Oberflächenwasser (Dichte < 1) und dem wärmeren Tiefenwasser von $+ 4°$ C (Dichte $= 1$). Damit ist sichergestellt, daß unter der schützenden Eisdecke der See den Organismen als Lebensraum erhalten bleibt.
Die hohe **spezifische Wärme** des Wassers ist dafür verantwortlich, daß der See eine hohe Wärmemenge speichern kann. Er besitzt eine hohe **Wärmekapazität**. Diese Wärmeeigenschaften des Wassers sorgen dafür, daß ein Gewässer von den Temperaturbedingungen her einen relativ ausgeglichenen Lebensraum darstellt. Hinzu kommt die schlechte **Wärmeleitfähigkeit** des Wassers, die einen molekularen Wärmetransport zwischen den Wasserschichten so gut wie ausschließt. Er erfolgt fast ausschließlich durch Wasserbewegungen. Dadurch wird auch verständlich, warum ein Gewässer bei ausreichender Tiefe nicht durchfrieren kann.

Wasser, ein besonderes Molekül

Im Wassermolekül bilden sich im Bereich der Wasserstoffatome positive und im Bereich des Sauerstoffatoms negative Ladungsschwerpunkte aus. Das Wassermolekül wird damit zum **Dipol**. Durch die elektrische Polarität der Wasserdipole entstehen Bindungskräfte zwischen den Wassermolekülen. Dabei treten Wechselwirkungen zwischen den positiv polarisierten Wasserstoffatomen eines Wassermoleküls und den freien Elektronenpaaren am negativen Ladungsschwerpunkt weiterer Wassermoleküle auf. Die entstandenen Nebenvalenzbindungen werden als **Wasserstoffbrückenbindungen** bezeichnet. Sie verbinden die Wassermoleküle zu großen Molekülaggregaten. Je nach Temperatur werden durch Auf- und Abbau der Wasserstoffbrückenbindungen unterschiedlich große Molekülaggregate gebildet.
Beim Verdampfen von Wasser muß zusätzlich Energie aufgewendet werden, um die Wasserstoffbrückenbindungen zu sprengen. Dadurch ist ein relativ hoher Siedepunkt des Wassers bedingt, der dafür verantwortlich ist, daß aquatische Ökosysteme mit dem flüssigen Medium Wasser unter den gegebenen Außentemperaturen in der Natur existieren.
Kühlt man Wasser bis zu seinem Gefrierpunkt ab, so bildet sich Eis aus. Im Eis sind die Wassermoleküle in einem weiträumigen Gitter festgelegt. Das Eis schwimmt deshalb auf dem Wasser, da es eine geringere Dichte als Wasser hat. Diese **Dichteanomalie** kommt dadurch zustande, daß beim Schmelzen eine Volumenreduktion eintritt. Die Wassermoleküle sind im flüssigen Zustand dichter gepackt als im weiträumigen Gitter des Eises. Bei 4 °C hat Wasser sein Dichtemaximum. Erwärmt sich das Wasser über 4 °C, so bewirkt die thermische Ausdehnung der Materie eine Dichteabnahme, die mit steigender Temperatur zunimmt. Zusätzlich wird die Lage des Dichtemaximums vom Salzgehalt und vom Druck bestimmt.

Frühjahrszirkulation. Die beschriebene Wasserschichtung im Winter wird im Frühjahr nach Abschmelzen der Eisdecke aufgehoben. Mit zunehmender Erwärmung sinkt Oberflächenwasser in Schichten mit gleicher Dichte ab. Zusätzlich erzeugt der Wind an der Oberfläche eine Strömung, die sich an den Ufern staut. Die entstehenden Kräfte drücken das Oberflächenwasser in die Tiefe und lassen Tiefenwasser nach oben steigen. So kommt es in der Regel zu einer gründlichen Durchmischung durch **Vollzirkulation** der verschiedenen Wasserschichten.

Sommerstagnation. Im Sommer liegt eine stabile Wärmeschichtung vor. Sie besteht aus der wärmeren (über + 4 °C) und damit leichteren Oberflächenwasserschicht, dem **Epilimnion,** und einer kühleren (etwa + 4 °C) und damit schwereren Tiefenschicht, dem **Hypolimnion.** Mißt man während der Sommermonate die Temperatur in den verschiedenen Tiefen eines mitteleuropäischen Sees, so stellt man fest, daß die Temperaturabnahme von der Oberfläche zum Grund nicht allmählich erfolgt. Die Temperatur fällt sprunghaft in einer zwischen Epi- und Hypolimnion liegenden Schicht. Man spricht vom **Metalimnion** (Sprungschicht). Im Sommer werden nur die obersten Wasserschichten durch Temperaturunterschiede zwischen Tag und Nacht bedingt durchmischt. Durch den nächtlichen Temperaturabfall sinkt das abgekühlte dichtere Wasser soweit in die Tiefe, bis es auf gleich schweres Wasser trifft. Das wärmere Wasser gelangt dabei nach oben. An der Grenze zwischen wesentlich leichterem Oberflächen- und schwererem Tiefenwasser entsteht die Sprungschicht, in der die Temperatur in wenigen Metern stark fällt. Während in den oberen Wasserschichten durch die Umwälzung immer wieder ausgeglichene Temperatur- und Sauerstoffverhältnisse entstehen, bleibt das Tiefenwasser durch die Sprungschicht isoliert. Weder gelöste Gase noch Stoffe oder Wärmemengen können mit dem Oberflächenwasser ausgetauscht werden.

Herbstzirkulation. Im Herbst kühlt das Oberflächenwasser immmer mehr ab, wird damit schwerer und sinkt in Wasserschichten gleicher Dichte ab. Die durch den Wind erzeugte Strömung sorgt wieder, ähnlich wie im Frühjahr, für eine Durchmischung der verschiedenen Wasserschichten. Die Geschwindigkeit und die Durchdringungstiefe der vom Wind erfaßten Wassermassen hängen von der Windgeschwindigkeit und der Temperatur des Oberflächenwassers ab.

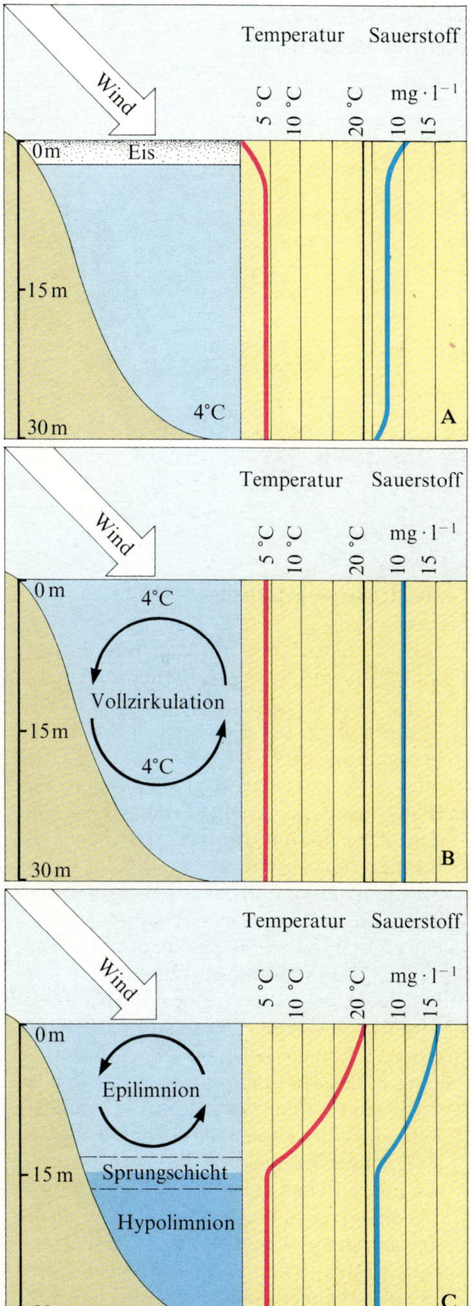

105.1. Winterstagnation (A), Frühjahrs- und Herbstzirkulationen (B) und Sommerstagnation (C) im See

A 105.2. Erläutern Sie den unterschiedlichen Verlauf der Temperatur- und Sauerstoffkurven während verschiedener Jahreszeiten im See.

Schweben im Wasser

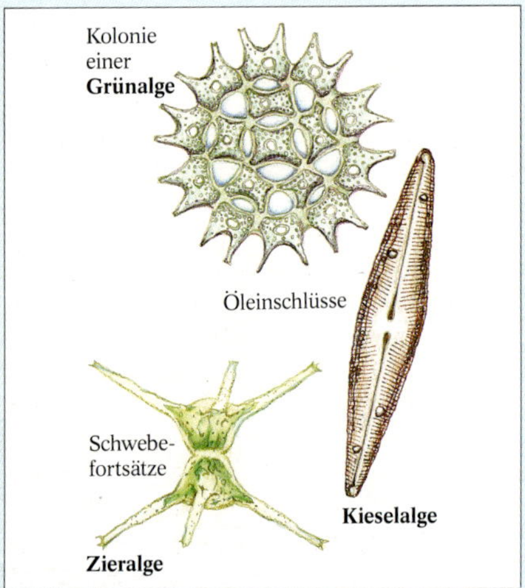

106.1. Schwebefortsätze

Das Plankton besteht aus im Wasser schwebenden Organismen, die, sieht man von einigen tierischen Planktern oder Geißelalgen ab, in der Regel über keine Fortbewegungsorgane verfügen. Das Plankton setzt sich aus dem **Phytoplankton** wie Blaugrüne Bakterien und Grünalgen sowie dem **Zooplankton** wie Rädertierchen und Kleinkrebsen zusammen.

Ein dauerhaftes Schweben des Planktons ist im Wasser aber nur unter der Voraussetzung möglich, daß die Dichte der Plankter mit der des Wassers übereinstimmt. Die Dichte des Wassers von $1 g/cm^3$ (bei 4 °C) wird jedoch von den Organismen übertroffen, da schon die Dichte des Protoplasmas etwa $1{,}05 g/cm^3$ beträgt. Das Schweben wird damit zum langsamen Absinken, wenn nicht der Höhenverlust durch Eigenbewegungen oder durch Wasserturbulenzen ausgeglichen wird. Die Sinkgeschwindigkeit wird von der Dichtedifferenz, dem sogenannten **Übergewicht**, bestimmt. Durch Einlagerung von Öltröpfchen oder Gasen verringern manche Plankter ihre Dichte. Außerdem wird die Sinkgeschwindigkeit bei vielen Planktern durch Ausbildung von Schwebefortsätzen, man spricht von einer Erhöhung des **Formwiderstandes**, gebremst. Zusätzlich hängt die Sinkgeschwindigkeit von der **Zähigkeit (Viskosität)** des Wassers ab. Die Viskosität sinkt mit steigender Temperatur.

7.3.3. Nahrungsbeziehungen

Alle höheren Pflanzen, Algen und einige Bakteriengruppen schaffen als autotrophe **Produzenten** die stoffliche und damit auch die energetische Grundlage für die übrigen Organismen im Ökosystem See. Die heterotrophen Lebewesen, die von den Produzenten leben, werden als **Konsumenten** bezeichnet. Die abgestorbenen Produzenten bzw. Konsumenten und andere tote Biomasse werden schließlich von den **Destruenten** bis zu den anorganischen Bestandteilen abgebaut. Die in den Biozönosen des Sees herrschenden Nahrungsbeziehungen verbinden Produzenten, Konsumenten und Destruenten miteinander.

Die typische Nahrungskette der Freiwasserzone beginnt mit dem Phytoplankton. Es wird von den pflanzenfressenden Zooplanktern (z.B. Wasserflöhe), den **Primärkonsumenten**, aufgenommen. Das nächst folgende Glied bilden die fleischfressenden Zooplankter (z. B. Blattfußkrebse), die als **Sekundärkonsumenten** die Primärkonsumenten als Nahrung nutzen. Die Primär- und Sekundärkonsumenten wiederum werden von den pelagischen Friedfischen oder auch Raubfischen, die als viertes Glied in der Nahrungskette die Stufe der **Tertiärkonsumenten** einnehmen, verzehrt. Den Abschluß der Nahrungskette können Raubfische bilden, die als **Endkonsumenten** räuberisch von den Friedfischen oder kleineren Raubfischen leben. Als Endkonsumenten können auch andere, nicht im Ökosystem See lebende Organismen, wie z.B. Greifvögel, auftreten. Es entstehen damit Verbindungen zu anderen Nahrungsketten weiterer Ökosysteme.

Innerhalb der beschriebenen Nahrungskette kommt es von Stufe zu Stufe zu einer allmählichen Steigerung der Körpergröße. Ordnet man die Organismen nach steigender Körpergröße an, so ergibt sich die sogenannte **Nahrungspyramide**.

Die aufgestellte Nahrungskette wird im See nicht immer in der beschriebenen schematischen Form eingehalten. So können z. B. einige Konsumentengruppen wie Allesfresser sowohl als Primär- wie auch als Sekundärkonsumenten auftreten. Einige Glieder der Nahrungskette ändern ihre Nahrungsgewohnheiten während ihrer Individualentwicklung, so daß sie im Laufe ihres Lebens an verschiedenen Stellen der Kette eingeordnet werden müssen. So leben verschiedene Raubfische wie z. B. der Hecht bis zu einer bestimmten Größe von Plankton. Später ernährt er sich von anderen Fischen und ist Endkonsument verschiedener Nahrungsketten. Eine weitere Abwandlung der Nahrungskette könnte darin bestehen, daß einige Bakterienarten direkt als Primärkonsumenten von ausgeschiedenen organischen Verbindungen der Algen leben. Die Bakterien werden dann von Zooplanktern gefressen. Sie bilden in diesem Fall dann die Sekundärkonsumenten. Andere Bakterien, wie photoautotrophe Formen, können als Produzenten direkte Ausgangsglieder von Nahrungsketten sein. Sie werden zusammen mit anderen Bakterienarten z. B. von Wimpertierchen gefressen. Die Wimpertierchen wiederum bilden die Nahrung für Rädertierchen oder Kleinkrebse, die unterschiedlichen Nahrungsketten angehören können.

Die Nahrungsketten sind nicht nebeneinander und isoliert voneinander vorkommende, im Räuber-Beute-Verhältnis stehende Organismenketten, sie sind vielmehr durch wechselseitige Nahrungsbeziehungen miteinander verknüpft. Die Produzenten können Ausgangsglieder verschiedener Nahrungsketten sein. Ebenso können einzelne Glieder jeder Kette als Nahrung für ein oder mehrere Mitglieder der jeweils anderen Nahrungskette dienen.

Verknüpfungen zwischen den Nahrungsketten sind auch im Profundalbereich eines Sees verwirklicht. In der lichtlosen Tiefe eines Gewässers werden die Nahrungsketten praktisch nur von Konsumenten gebildet. Die Produzenten sind hier in Form abgestorbenen Materials vertreten, das von den Nahrungsketten der Freiwasserzone nicht genutzt wurde. Dieses Material sinkt als **Detritus** auf den Gewässerboden. Die Bodentiere beziehen ihre Nahrung als heterotrophe Organismen aus diesen organischen Substanzen. Über Sekundärkonsumenten endet auch im Profundalbereich die Nahrungskette bei den Fischen. Fische pelagischer Nahrungsketten können im Laufe ihres Lebens als zeitweilige Glieder profundaler Nahrungsketten auftreten. Sie ernähren sich in dieser Entwicklungsphase vorwiegend von Bodentieren.

Je genauer man das Gesamtökosystem untersucht, desto deutlicher zeigt sich, daß die Ketten durch vielfältige Verknüpfungen zu **Nahrungsnetzen** verbunden sind. Die Stabilität dieser Netze hängt ganz entscheidend von der Zahl der Ketten und Verknüpfungen ab. Dieses Verknüpfungsgefüge wird auch als **biozönotischer Konnex** bezeichnet. Er ist für die Stabilität des gesamten Ökosystems und für das in ihm herrschende *biologische Gleichgewicht* von entscheidender Bedeutung. Ein artenreiches Ökosystem hat danach eine größere Stabilität als ein artenarmes.

V 107.1. Wasserflöhe als Primärkonsumenten

Materialien und Geräte: Wasserproben aus einem nährstoffreichen Gewässer, Wasserflöhe, Stehkolben (200–300 ml), Aluminiumfolie

Durchführung: Eine Wasserprobe (ca. 200 ml) aus einem Gewässer wird in einem Stehkolben, den man mit Aluminiumfolie abdeckt, zwei bis drei Wochen an einem hellen Fenster dem Tageslicht ausgesetzt.
Den entstandenen Algenpopulationen setzt man dann Wasserflöhe hinzu. Nach einem Tag wird der Darminhalt der durchsichtigen Wasserflöhe mikroskopisch untersucht.

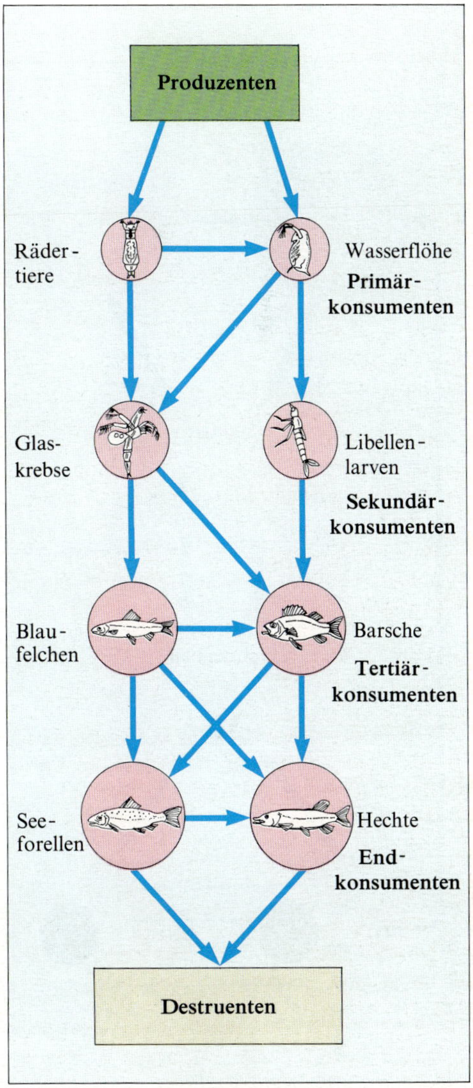

107.2. Vereinfachtes Nahrungsnetz

V 108.1. Anaerober bakterieller Abbau

Materialien und Geräte: Glasstöpselflasche (250 ml), Schlamm aus einem Gewässer

Durchführung: Geben Sie soviel Schlamm in die Glasflasche, bis der Boden etwa 1 cm hoch bedeckt ist. Füllen Sie die Flasche mit Wasser auf, verschließen Sie die Flasche luftdicht und bewahren Sie sie unter Lichtabschluß 4 bis 5 Tage auf. Überprüfen Sie anschließend den Geruch der geöffneten Flasche. Weisen Sie mit Hilfe des Versuches V 126.4. Schwefelwasserstoff nach.

A 108.2. Mit Hilfe welcher Versuche würden Sie oxidierende bzw. reduzierende Verhältnisse in einem Gewässer nachweisen?

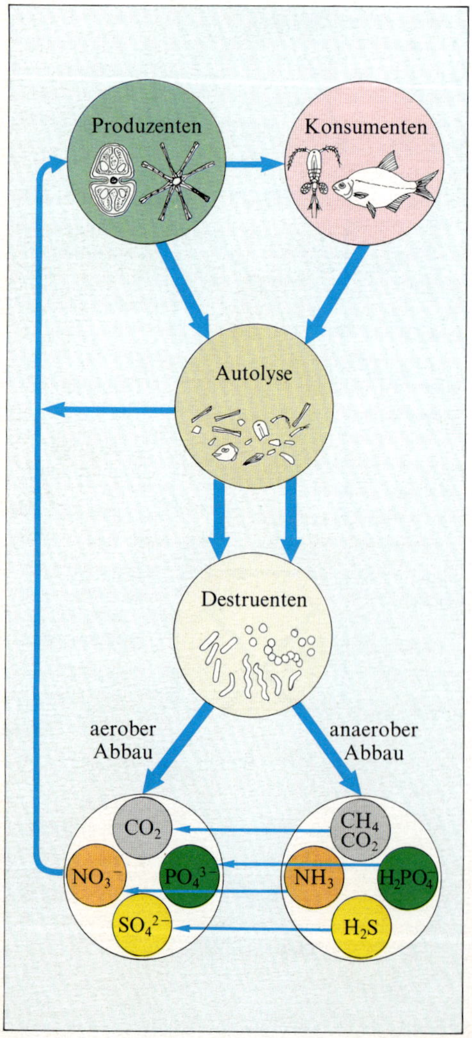

108.3. Abbau und Kreislauf der Stoffe im See

7.3.4. Kreislauf der Stoffe im See

Die von den Produzenten aufgebauten Substanzen durchlaufen die Nahrungsketten. Sie werden von jedem Glied der Nahrungskette entweder zur Energiegewinnung abgebaut oder zum Aufbau eigener Körpersubstanz um- bzw. eingebaut. Bei den bisherigen Betrachtungen blieb unberücksichtigt, daß nur etwa 68% der im Ökosystem produzierten organischen Substanz den Weg über die geschilderten Nahrungsketten nimmt. Was geschieht nun mit den übrigen 32% der Produzenten und Konsumenten, die nicht den Weg über die Nahrungsketten nehmen sondern absterben.

Die toten Organismen werden in der sogenannten **Autolyse** abgebaut. Hierbei werden in den Zellen der abgestorbenen Organismen Enzyme frei, die eine Art Selbstverdauung durchführen. Die im Autolyseprozeß aus ihrem molekularen Verband freigesetzten Stoffe diffundieren aus den abgestorbenen Organismen ins Wasser. Die verbleibenden organischen Reste werden durch Destruenten abgebaut. Die tote organische Materie dient auch ihnen zum Aufbau eigener Körpersubstanz und zur Energiegewinnung. Schlammröhrenwürmer und Zuckmückenlarven sind z. B. Detritusfresser, die sich von den Organismenresten ernähren. Die Bakterien vollenden schließlich den Abbau. Bei der **Mineralisierung** werden Kohlenhydrate, Fette und Eiweißstoffe in anorganische Verbindungen zerlegt. Welche Stoffe als Endprodukte entstehen, hängt von den abbauenden Bakterien und den oxidativen bzw. reduzierenden Verhältnissen im See ab. Ist im Wasser genügend Sauerstoff vorhanden, so oxidieren unter Energiegewinnung aerobe **Nitritbakterien** das bei der Eiweißzersetzung freiwerdende Ammonium (NH_4^+) zu Nitrit (NO_2^-) und die **Nitratbakterien** das Nitrit zu Nitrat (NO_3^-). Das freigesetzte Nitrat dient wieder den photoautotrophen Pflanzen als Nährstoffquelle. Als weitere Nährstoffe für die Produzenten können bei dieser aeroben bakteriellen Zersetzung Kohlenstoffdioxid (CO_2), Sulfat (SO_4^{2-}) und Phosphat (PO_4^{3-}) freigesetzt werden. Die Zirkulationsbewegungen im Frühjahr und Herbst transportieren die bei der Mineralisierung freigesetzten Nährstoffe wieder in die Nährschicht des Sees. Der Kreislauf ist damit geschlossen.

Bei einem zu geringen Sauerstoffangebot zersetzen **anaerobe Bakterien** die organischen Substanzen zu Kohlenstoffdioxid (CO_2), Methan (CH_4), Ammoniak (NH_3), Schwefelwasserstoff (H_2S) und Dihydrogenphosphat ($H_2PO_4^-$). Methan, Ammoniak

und Schwefelwasserstoff sind für fast alle Organismen im See giftige Substanzen.
Freigesetzte Stoffe können in den Sedimenten des Seebodens eingelagert werden. Unter sauerstoffreichen Verhältnissen reagieren z. B. Phosphat- und Eisen(III)-ionen zu unlöslichem Eisen(III)-phosphat ($FePO_4$), das von den Sedimentteilchen absorbiert wird. Ist der Sauerstoff verbraucht, so treten reduzierende Verhältnisse auf, bei denen die Eisen(III)- zu Eisen(II)-ionen reduziert werden. Die entstandenen Eisen(II)-ionen bilden nun lösliche Phosphatverbindungen.

Energietransport im See. Die Stoffkreisläufe können für eine Autarkie des Ökosystems im stofflichen Bereich sorgen. Im energetischen Bereich muß dagegen Energie laufend von außen in das Ökosystem einfließen. Eine Rückführung von Energie im Sinne eines Kreislaufes ist nicht möglich. Von der primär absorbierten Lichtenergie werden im Durchschnitt nur 1% (max. 5%) in aufgebauten Kohlenhydraten, Eiweißstoffen und Fetten chemisch von den Produzenten gespeichert. Diese von den autotrophen Organismen aufgebauten organischen Substanzen oder die von den Konsumenten aufgenommene Nahrung werden entweder veratmet, zum Aufbau neuer Körpersubstanz verwendet oder ungenutzt ausgeschieden. Dadurch ist bedingt, daß sich der Energieinhalt innerhalb der Nahrungsketten von einem Glied zum anderen auf etwa 10% der vorangehenden Stufe verringert. Es tritt also ein 90%iger Energieverlust bei jedem Übergang auf die nächste Stufe der Freßkette auf. Raubfische, die z. B. im dritten Glied einer Konsumentenkette eingeordnet sind, haben danach nur noch den 1000sten Teil der Primärproduktion zur Verfügung. Raubfische gehören daher in der Regel mehreren Nahrungsketten an, um ihren Energiebedarf zu decken.

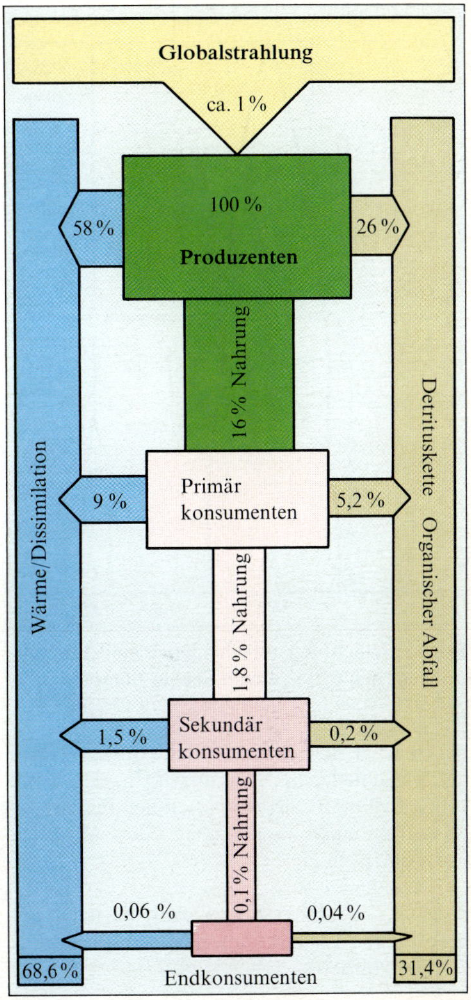

109.1. Energiedurchlauf in einem aquatischen Ökosystem

Quantitative Untersuchung des Energieflusses in Silver-Springs

In einem riesigen Quellabflußgebiet in Florida hat man den Energiedurchfluß in einem Ökosystem quantitativ bestimmt. Die Untersuchungen ergaben folgende Ergebnisse: Die eingestrahlte Gesamtenergie betrug $7{,}12 \cdot 10^6\ kJ/m^2 \cdot$ Jahr. Der Anteil der von dieser eingestrahlten Energiemenge von höheren Wasserpflanzen in organische Substanzen gespeicherten Energie (Bruttoproduktion) betrug 87131 kJ. Von dieser Energie wiederum gelangte nur 14101,8 kJ bis zu den Primärkonsumenten. Die Sekundärkonsumenten erhielten hiervon schließlich 1603,62 kJ und die Tertiärkonsumenten vom letzten Energiewert noch 87,74 kJ.

Aufgaben: 1. Berechnen Sie den Prozentanteil der eingestrahlten Energie, der von den Pflanzen in aufgebauter organischer Substanz (Bruttoproduktion) gespeichert wurde.
2. Erläutern Sie unter Hinzuziehung der Abb. 109.1. den Verbleib der übrigen Energiemengen.

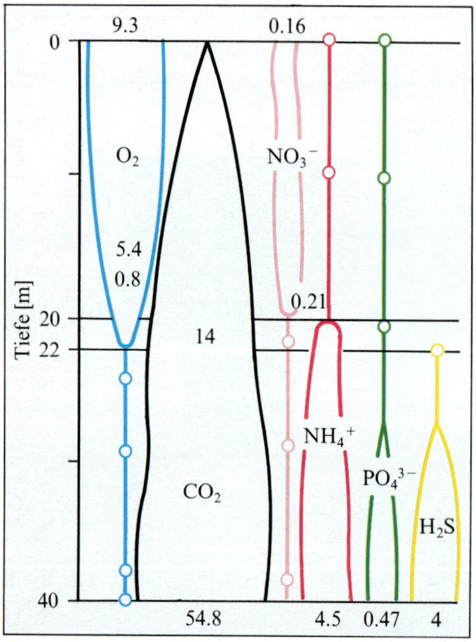

110.1. Schichtung verschiedener gelöster Substanzen (in mg/l) in einem See im Sommer

A 110.2. Erklären Sie den Schichtungsverlauf der verschiedenen Substanzen in der Abb. 110.1. Erläutern Sie, ob es sich bei diesem Gewässer um einen oligotrophen oder eutrophen See handelt.

A 110.3. Erklären Sie, warum es nach der herbstlichen Vollzirkulation in eutrophen Seen zu Fischsterben kommen kann.

V 110.4. **Phosphat als Eutrophierungsfaktor**

Materialien und Geräte: Aluminiumfolie, 6 Erlenmeyerkolben (300 ml), Natriumphosphat

Durchführung: Es werden je zwei Erlenmeyerkolben mit 250 ml Aqua dest., Leitungswasser bzw. Wasser aus einem Gewässer angesetzt. Zu einem der mit Aqua dest. bzw. mit Leitungswasser angesetzten Erlenmeyerkolben gibt man 20 ml einer Gewässerprobe (oder 10 ml Algenaufschlämmung) und 0,5 g Natriumphosphat. Zu einer Gewässerprobe werden ebenfalls 0,5 g Natriumphosphat hinzugesetzt. Die übrigen beiden Erlenmeyerkolben mit Aqua. dest. bzw. Leitungswasser werden mit 20 ml einer Gewässerprobe (oder 10 ml Algenaufschlämmung) versetzt. Alle Erlenmeyerkolben werden umgeschüttelt, mit Aluminiumfolie verschlossen und an einem hellen Fenster etwa 4 Wochen lang beobachtet.

7.4. Eutrophierung der Gewässer

Die nährstoffreichen Haushaltsabwässer verursachen eine Erhöhung des Nährstoffgehaltes von Flüssen und Seen. Diesen Vorgang nennt man **Eutrophierung**. Besonders die in häuslichen Abwässern enthaltenen Phosphor- und Stickstoffverbindungen schaffen die Grundlagen für Massenentwicklungen der Produzenten in der Nährschicht der Gewässer. Auftretende **Wasserblüten** machen auf diese Massenvermehrungen der Algen aufmerksam. Der Phosphatgehalt wird als der entscheidende Eutrophierungsfaktor angesehen. Als kritische Grenze, bei deren Überschreitung Eutrophierung droht, gelten 0,02 mg/l. Die Gewässer erhalten ihre Phosphatzufuhr nicht nur aus Haushalts- sondern auch aus Industrieabwässern und aus der Landwirtschaft.

Ein weiteres Nährsalz für die Pflanzen ist das Nitrat, das vor allem durch ausgewaschene Düngemittel und Haushaltsabwässer in die Gewässer gelangt.

Die organischen Bestandteile der Haushaltsabwässer werden durch bakterielle aerobe Abbauvorgänge zersetzt. Dies führt zu einer Erhöhung der Sauerstoffzehrung. Bei diesen **Mineralisierungs-** oder **Verwesungsvorgängen** werden die organischen Verschmutzungsstoffe zu nicht weiter oxidierbaren Verbindungen (CO_2, H_2O, NO_3^-, PO_4^{3-}, SO_4^{2-}) abgebaut. Eine weitere Konsequenz der Verunreinigungen ist die stetige Steigerung der Produktion an Biomasse. Durch die absterbenden Produzenten fällt zusätzliches organisches Material an, das die mikrobiellen Zersetzungsprozesse weiter anheizt. Mit zunehmender Tiefe wird die Sauerstoffzehrung immer größer. Die Sauerstoffbilanz kann schließlich negativ werden, man sagt, das Gewässer *„kippt um"*. An diesem Wendepunkt werden die aeroben Mineralisierungsvorgänge von anaeroben Fäulnisprozessen abgelöst. Die Abbauprozesse laufen jetzt unter reduzierenden Bedingungen ab. Hierbei werden wichtige Abbauprodukte wie Methan, Ammoniak und Schwefelwasserstoff frei. Die reduzierenden Verhältnisse zerstören weitgehend die ursprünglichen Biozönosen des Profundals. Es kommt zu einer drastischen Umschichtung der Bakterienzusammensetzung. So treten z.B. sulfatreduzierende und phototrophe Schwefelbakterien auf. Die Anzahl der Edelfische geht mit abnehmendem Sauerstoffgehalt zurück. Sie werden nach und nach durch verschiedene Weißfischarten, die auch bei niedrigerer Sauerstoffkonzentration leben können, ersetzt. Die Frühjahrs- und Herbstzirkulationen können in stehenden Gewässern wieder sauerstoffreiches Oberflächenwasser in den Tiefenbereich und sauerstoffarmes Tiefenwasser zur Oberfläche befördern. Ist die Belastung des Tiefenwassers mit giftigen Abbaustoffen zu groß, so werden auch die Lebewesen des Pelagials geschädigt. Auftretende Fischsterben können in den beschriebenen Vorgängen ihre Ursache haben. Mit jedem Zirkulationsvorgang gelangen aber auch als Pflanzennährstoffe dienende Zersetzungsprodukte in die Nährschicht des Sees. Dieser Vorgang verstärkt die Eutrophierung.

Die Umwandlung eines nährstoffarmen oder oligotrophen in einen nährstoffreichen oder eutrophen See erfolgt unter natürlichen Bedingungen in Jahrtausenden. Durch die künstliche Eutrophierung laufen die geschilderten Vorgänge im „Zeitraffertempo" ab, so daß schon in einigen Jahrzehnten die Umwandlung oligotropher Gewässer in eutrophe Seen erfolgen kann.

In belasteten Fließgewässern laufen die biologischen Abbauvorgänge in ähnlicher Weise ab. Die Belastbarkeit ist grundsätzlich größer, da die ständige Erneuerung und Umwälzung des Wassers mit einer höheren Sauerstoffzufuhr verbunden ist. Bei einer dosierten Belastung würde ein Fluß, biologisch abbaubare Abwässer vorausgesetzt, organische Abfallstoffe vollständig mineralisieren können. Man spricht in diesem Falle von der **biologischen Selbstreinigungskraft** eines Flusses. Die bei der Selbstreinigung ablaufenden Vorgänge können wie folgt dargestellt werden: Mit dem Abwasser werden organische Verschmutzungsstoffe und Salze eingeleitet. Aufgrund des guten Nahrungsangebotes kommt es zu einer Massenvermehrung der Abwasserorganismen. Der biologische Sauerstoffbedarf steigt durch die aeroben Abbauprozesse im gleichen Maße an wie der Sauerstoffgehalt sinkt. Die Bakterien bilden wiederum die Nahrungsgrundlage vieler Protozoen. Die in den Zersetzungsvorgängen entstehenden Abbauprodukte werden überwiegend in ihrer reduzierten Form freigesetzt, da die Sauerstoffverhältnisse für eine Oxidation nicht ausreichen. Mit zunehmendem Sauerstoffgehalt werden sie dann von anderen Bakteriengruppen in ihre oxidierte Form überführt. Die Ammonium- und Nitratkurve spiegelt die geschilderten Vorgänge wieder. Die freigesetzten Stickstoff- und Phosphatverbindungen stellen Düngesalze für pflanzliche Mikroorganismen dar, so daß es zu einer vermehrten Algenproduktion kommt. Mit zunehmender Entfernung vom Abwassereinlauf normalisieren sich die Verhältnisse auf den Stand vor dem Einlauf.

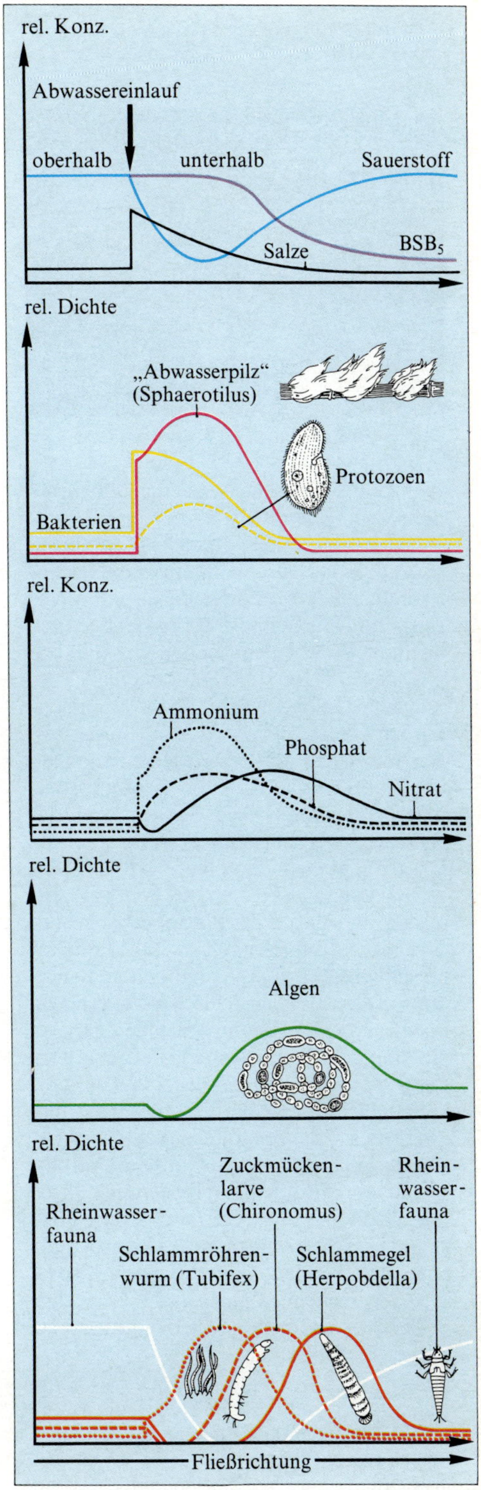

111.1. Selbstreinigungsvorgänge in einem Fließgewässer nach dem Abwassereinlauf

Tierfangende Pflanzen

112.1. Sonnentau

In Mooren herrschen extreme Lebensbedingungen. Der Abbau organischer Substanz erfolgt unter diesen Bedingungen sehr langsam und unvollkommen. Die hier lebenden Pflanzen können ihren Stickstoff- und auch Phosphorbedarf vielfach nicht mehr aus dem Boden decken. Sie müssen für diese Stoffe andere Quellen erschließen. Einige unter ihnen wie Sonnentau und Fettkraut haben Fangeinrichtungen, mit denen sie kleinere Tiere einfangen können. Die Blattspreiten des einheimischen Sonnentaus sind z.B. mit zahlreichen gestielten Drüsenhaaren besetzt. Die Drüsenköpfchen der Haare sondern ein klebriges Fangsekret ab, an dem z.B. Insekten, die sich auf der Blattoberfläche niederlassen, festkleben. Die Drüsenhaare umschließen das Insekt. Durch das Beutetier werden spezielle Drüsen aktiviert. Die produzierten Verdauungsenzyme zersetzen die eingeschlossene Beute. Die freigesetzten Stoffe werden dann anschließend von denselben Drüsen resorbiert. Auch die tierfangenden Pflanzen sind als chlorophyllhaltige Lebewesen photosynthetisch aktiv und damit autotroph. Hinsichtlich ihrer Stickstoff- und Phosphorbeschaffung über gefangene Tiere müssen sie als heterotroph angesehen werden. Führt man den Pflanzen entsprechende Mineralsalze über den Boden zu, so können sie auch ohne jede tierische Nahrung leben.

Aufgabe: Erkundigen Sie sich nach weiteren fleischfressenden Pflanzen in der heimischen oder ausländischen Flora. Setzen Sie ihre Lebensweise zum jeweiligen Standort in Beziehung.

7.5. Vom See zum Moor

Unter mitteleuropäischen Klimabedingungen kommen zwei verschiedene Seentypen vor. Sie unterscheiden sich im Nährstoffreichtum und im Volumenverhältnis von Epilimnion zu Hypolimnion. Ist dieses Volumenverhältnis gleich eins oder kleiner als eins und der Nährstoffreichtum gering, so spricht man von einem oligotrophen See. Liegt das Volumenverhältnis über eins und handelt es sich um einen nährstoffreichen See, so bezeichnet man ihn als eutroph.
Oligotrophe Seen besitzen in der Regel ein tiefes Bekken und eine schmale Uferbank mit geringem Bewuchs. Das Wasser ist arm an Pflanzennährstoffen. Die Primärproduktion ist in der Nährschicht des Sees so gering, daß sie in der größeren Zehrschicht des Sees wieder vollständig mineralisiert wird. Die Sauerstoffzehrung ist in der Tiefe während der Stagnationsphase gering, so daß auch auf dem Boden des Sees immer ein ausreichendes Sauerstoffangebot herrscht. Der Seeboden selbst besteht aus einer mineralischen Schlammschicht, die nur wenig organische Stoffe enthält.

Der **Eutrophe Seentyp** ist dagegen durch ein relativ flaches Becken und eine breite Uferbank mit einer üppigen Verlandungszone gekennzeichnet. Das Wasser ist reich an Nährstoffen. In der Zone des Litorals und des Pelagials ist die Primärproduktion so groß, daß sie in der Zehrschicht des Sees nicht vollständig abgebaut werden kann. In eutrophen Seen kann der Sauerstoffgehalt in den Stagnationsperioden mit zunehmender Tiefe fast aufgezehrt werden. Die großen Mengen organischer Substanzen, die auf den Seeboden sinken, können nicht mehr vollständig mineralisiert werden. Es kommt zur Ausbildung einer Schlammschicht die reich an organischem Material ist. Der See als Lebensraum erfährt also auf natürlichem Wege eine Art Selbstverunreinigung durch biologische Vorgänge.

Ein eutropher See macht mit zunehmendem Alter eine Reihe von Stadien, eine **Sukzession**, durch, die zu einem stabilen End- oder **Klimaxstadium** führen. Die aufeinander folgenden Stadien sind jeweils aufgrund der sich ändernden Umweltfaktoren durch bestimmte Biozönosen charakterisiert. Auf demselben Areal entstehen im Laufe von Jahrtausenden in einer bestimmten Zeitfolge sich einander ablösende Ökosysteme, die durch fließende Übergänge miteinander verbunden sind.

Verlandungsstadium. Als Primärstadium kann die Seeverlandung angesehen werden. Da aufgrund des wachsenden Nährstoffangebotes die Primärproduktion größer ist als die Verarbeitung durch die heterotrophen Organismen, bleibt ungenutztes organisches Material übrig. Dieses führt zu einer Auffüllung des Seebodens mit Faulschlamm und zur Verbreiterung der Uferbänke. Vom flachen Ufer her dringen Schilfgürtel-, Schwimmblattwasser- und Unterwasserpflanzenzone immer mehr in den See vor. Der Verlandungsbereich produziert mit zunehmender Ausdehnung immer größere Mengen absterbender Pflanzensubstanz, die nur unvollkommen zersetzt wird. Es kommt zur Ausbildung von sogenanntem *Muddetorf*.

Flachmoorstadium. Die Pflanzenbestände dringen vom Ufer her bis zur Seemitte vor und besiedeln schließlich den gesamten Seegrund. Die freie Wasserfläche wird immer kleiner und verschwindet bis auf kleine Reste fast vollständig. Das abgestorbene Pflanzenmaterial bildet, da es von den Bakterien unter Luftabschluß nur unvollkommen zersetzt werden kann, eine Torfschicht.

Bruchwaldstadium. Auf dem Flachmoortorf können sich mit der Zeit die nässevertragenden Schwarzerlen, Moorbirken und Weiden ansiedeln. Der zumeist üppige Unterwuchs besteht aus Gräsern, Kräutern und Kletterpflanzen. Besondere Anpassungserscheinungen an diesen Lebensraum weisen z. B. die Erlen auf. Sie können den Luftstickstoff mit Hilfe ihrer in den bis zu faustgroßen Wurzelknöllchen lebenden Symbionten ausnutzen. Auf diese Weise können sie ihren Stickstoffbedarf decken.

Hochmoorstadium. In niederschlagsreichen Gebieten entwickelt sich aus dem Bruchwald ein Hochmoor als Klimaxstadium. Als charakteristische Pflanzen stellen sich Torfmoose ein, die durch ihr starkes Wachstum den Bruchwald zum Absterben bringen. Die Torfmoose wachsen nur in ihren obersten Abschnitten. Ihre übrigen Zellen sind abgestorben und füllen sich leicht auf kapillarem Wege mit Wasser. Die abgestorbenen Torfmoosteile werden unter Luftabschluß nur teilweise zersetzt, so daß sie eine Torfschicht ausbilden können. Das Torfmoos wächst ständig in die Höhe und von der Mitte nach außen hin. Die jüngeren Teile am Rande eines Hochmoores sind niedriger, dadurch erhält das Moor in vielen Fällen seine uhrglasförmige Aufwölbung. Alle Pflanzen werden mit der Zeit vom Grundwasser abgeschnitten. Die Nährstoffversorgung kann dann nur noch über die in den Niederschlägen enthaltenen Stoffe erfolgen.

113.1. Verlandender See

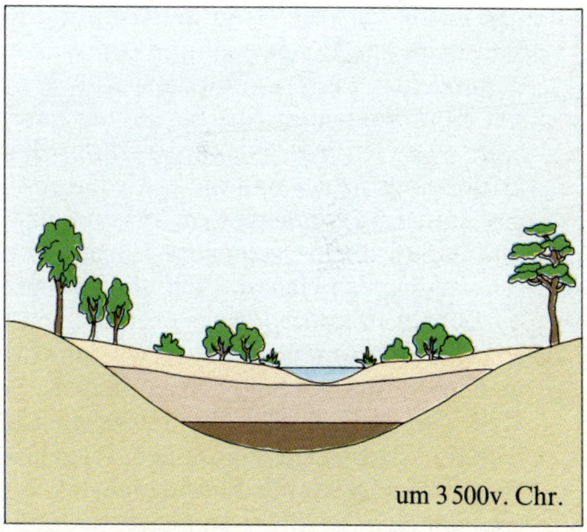

113.2. Flachmoor

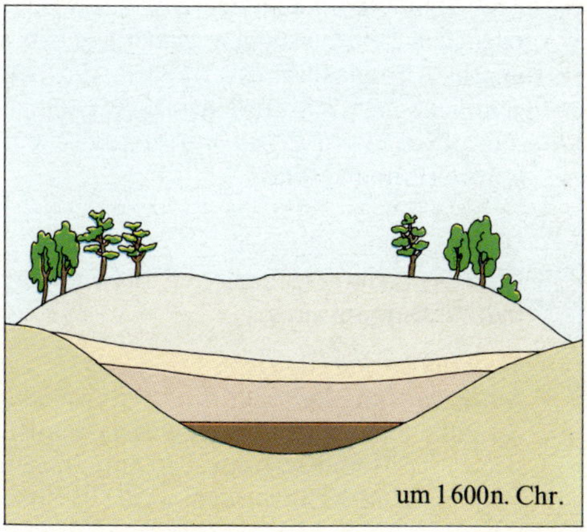

113.3. Hochmoor

Nach der Stärke der Belastung mit Verschmutzungsstoffen kann man die Wasserbeschaffenheit oder Wassergüte eines Gewässers in Klassen einteilen. Da man ursprünglich für die Einschätzung der Belastung die fäulnisfähigen, biochemisch abbaubaren, organischen Substanzen heranzog, bezeichnet man diese als **Saprobieklassen** oder *-stufen* (grch. sapros = faulend, bios = lebend). Man unterscheidet danach zwischen einer *oligosaproben, β-mesosaproben, α-mesosaproben* und *polysaproben* Stufe: Die Belastung der Gewässer mit organischen Stoffen ist also sehr gering, mäßig, stark oder übermäßig stark. Diese Abstufungen entsprechen den **Gewässergüteklassen I–IV.** Mit zunehmender Verschmutzung nimmt die Artenvielfalt der Lebewesen im Gewässer mehr und mehr ab. Der Grad der Verarmung läßt sich dann zur Kennzeichnung der Wassergüte heranziehen. Man hat nun die Organismen, deren Vorkommen an eine bestimmte Saprobiestufe oder Gewässergüteklasse gekoppelt ist, zu Gruppen geordnet und diese wiederum im sogenannten **Saprobiensystem** zusammengefaßt. Die im Saprobiensystem aufgeführten Lebewesen werden als **Leit-** oder **Indikatororganismen** bezeichnet. Um die Gewässergüte einzuschätzen, bestimmt man die im Gewässer vorkommenden Arten des Saprobiensystems. Aus der Häufigkeit und dem Indikationsgewicht (s. Berechnungsbeispiel) der einzelnen Arten läßt sich dann der sogenannte **Saprobienindex** berechnen, der einer bestimmten Gewässergüteklasse oder Saprobiestufe entspricht. Die Indikatororganismen sind ihrer Art und Zahl nach nur Folgeerscheinungen der gewesenen Qualität des Wassers. Positive und negative Veränderungen im Ökosystem des Wassers werden mit zeitlichen Verzögerungen wiedergegeben. Chemische Untersuchungsverfahren, die den augenblicklichen Zustand des Gewässers erfassen, gehen in der Praxis mit biologischen Verfahren Hand in Hand.

V 114.1. Untersuchung und Bestimmung von Indikatororganismen

Materialien und Geräte:
Aufbewahrungsbehälter für Organismen (z. B. verschließbare Marmeladengläser), Haushaltssiebe aus Metall (∅ etwa 20 cm), denen die Topfhalter entfernt wurden, weiße Plastikschalen (Photo- oder Präparierschalen), Stahlfederpinzetten, Taschenrechner, Tuschpinsel

Durchführung:
1. *Festlegung der Probeentnahmestellen:* Sofern möglich, sollten Probeentnahmestellen ausgesucht werden, die die Untersuchung von durchsiebbarem Bodengrund, von etwa faustgroßen Steinen und von Unterwasserpflanzen zulassen. Sind Abwassereinleitungsstellen vorhanden, so wird eine Untersuchungsstelle etwa 50 m vor, eine 50 m danach und eine weitere etwa 1 000 m nach dem Abwassereinfluß ausgewählt. Die Untersuchungsstellen sollten ähnliche Strömungsverhältnisse aufweisen.
2. *Protokollierung von Zusatzbeobachtungen:* Z. B. wasserbauliche Maßnahmen wie Begradigungen, Bachbettausbau, Einläufe, landwirtschaftliche Flächen im Einzugsbereich.
3. *Erfassung der Organismen:* Mit Hilfe des Haushaltssiebes wird der Bodengrund an **fünf** verschiedenen Stellen, die quer durch den Bach reichen, jeweils einmal durchsiebt. Das Sieb mit der Substratprobe wird längere Zeit im Wasser kreisend bewegt, um Schlammpartikelchen weitgehend zu entfernen. Den ausgewaschenen Rest überführt man in eine weiße Plastikschale und liest die Lebewesen mit einer Stahlfederpinzette vorsichtig aus. Alle zu einer Art gehörenden Lebewesen werden jeweils in ein und dasselbe halb mit Wasser gefüllte Marmeladenglas gegeben. Nicht eindeutig bestimmbare Organismen werden in ein Extraglas getan.

Nach den Bodenproben zieht man das Sieb drei- bis viermal durch Unterwasserpflanzen, wobei eine Beschädigung der Pflanzen möglichst vermieden werden sollte. Der Versuch wird insgesamt **fünfmal** wiederholt. Den Siebinhalt behandelt man wie oben beschrieben. Die aussortierten Organismen werden in die entsprechenden Behälter gegeben.

Zum Schluß liest man von **zehn** faustgroßen, aus verschiedenen Stellen des Bachbettes aufgenommenen Steinen die Lebewesen mit einem Tuschpinsel oder einer Pinzette ab. Auch diese Organismen gibt man in die oben verwendeten Behälter.

Sind keine Unterwasserpflanzen vorhanden, so durchfischt man statt dessen ausgeschwemmtes Laub oder Äste. Fehlen Steine, so wird das Bodensubstrat statt fünfmal zehnmal durchsiebt. **Fünfzehn** Siebzüge sollten insgesamt nicht überschritten werden.

4. *Bestimmung der gesammelten Lebewesen:*
Man bestimmt mit Hilfe der Abbildungen (s. Seite 116–119) und einschlägiger Bestimmungsliteratur die Lebewesen, zählt jeweils die Individuen einer Art und trägt sie in ein vorgefertigtes Protokollschema ein. Die bestimmten und gezählten Organismen können dann sofort wieder an der Probeentnahmestelle ausgesetzt werden.

Sollten Bestimmungen an Ort und Stelle nicht möglich sein, so reicht die Mitnahme jeweils eines Vertreters einer Art. Diese Lebewesen werden in einem halb mit Wasser und einigen Wasserpflanzen gefüllten Glas möglichst in einer Kühltasche transportiert. Auch sie sollten am gleichen Tag bestimmt und dann wieder ausgesetzt werden.

Beispiel A:
Die Auswertung der ausgezählten und bestimmten Lebewesen erfolgt nach MEYER. Dazu werden die ausgewählten Lebewesen einer Art folgenden Häufigkeitswerten zugeordnet:

Häufigkeitswert 1 = 1– 2 Tiere

Häufigkeitswert 2 = 3– 10 Tiere

Häufigkeitswert 3 = 11– 30 Tiere

Häufigkeitswert 4 = 31– 60 Tiere

Häufigkeitswert 5 = 61–100 Tiere

Häufigkeitswert 6 = 101–150 Tiere

Zusätzlich sucht man sich aus den Tabellen (s. Seite 116–119) den Saprobienindex jeder Art heraus. Die Güteklasse des Wassers läßt sich dann nach dem unten angegebenen Schema berechnen.

Organismen	Häufigkeitswert ×	Saprobienindex =	Einzelsumme
Steinfliege	1	1	1
Eintagsfliegenlarven	2	2	4
Köcherfliegenlarve	2	2	4
Flußflohkrebse	6	2,3	13,8
Rote Zuckmückenlarven	2	3,6	7,2

Gesamt häufigkeit = 13 Gesamtsumme = 30,0

Gesamtsumme : Gesamthäufigkeit = Saprobienindex
30 : 13 = 2,3

Beispiel B:
Eine zweite Auswertung lehnt sich an ZELINKA und MARVAN an. Man erstellt eine Tabelle mit der **Individuenzahl h,** dem **Saprobienindex s** und dem **Indikationsgewicht g** für jede Art. Das Indikationsgewicht ist ein Maßstab für den Eignungsgrad eines Lebewesens, als Indikator einer bestimmten Güteklasse zu dienen. Kommen Arten nur in einer Güteklasse vor, so erhalten sie das Indikationsgewicht g = 5. Treten sie dagegen in zwei oder mehreren Güteklassen auf, so ändert sich ihr Indikationsgewicht g = 4, 3, 2, 1.

Nach Berechnung des Saprobienindexes wird die Güteklasse nach Tabelle 129.1. bestimmt.

Organismen	Individuenzahl (h)	Saprobienindex (s)	Indikationsgewicht (g)
Steinfliege	1	1	2
Eintagsfliegenlarven	5	2	2
Köcherfliegenlarve	8	2	2
Flußflohkrebse	140	2,3	3
Rote Zuckmückenlarven	8	3,6	3

Die Güteklasse läßt sich dann nach folgender Formel berechnen:

$$\text{Saprobienindex } s = \frac{\sum_{i=1}^{n} h_i \cdot s_i \cdot g_i}{\sum_{i=1}^{n} h_i \cdot g_i}$$

$$s = \frac{(1 \times 1 \times 2) + (5 \times 2 \times 2) + (8 \times 2 \times 2) + (140 \times 2{,}3 \times 3) + (8 \times 3{,}6 \times 3)}{(1 \times 2) + (5 \times 2) + (8 \times 2) + (140 \times 3) + (8 \times 3)}$$

Saprobienindex s = 2,34

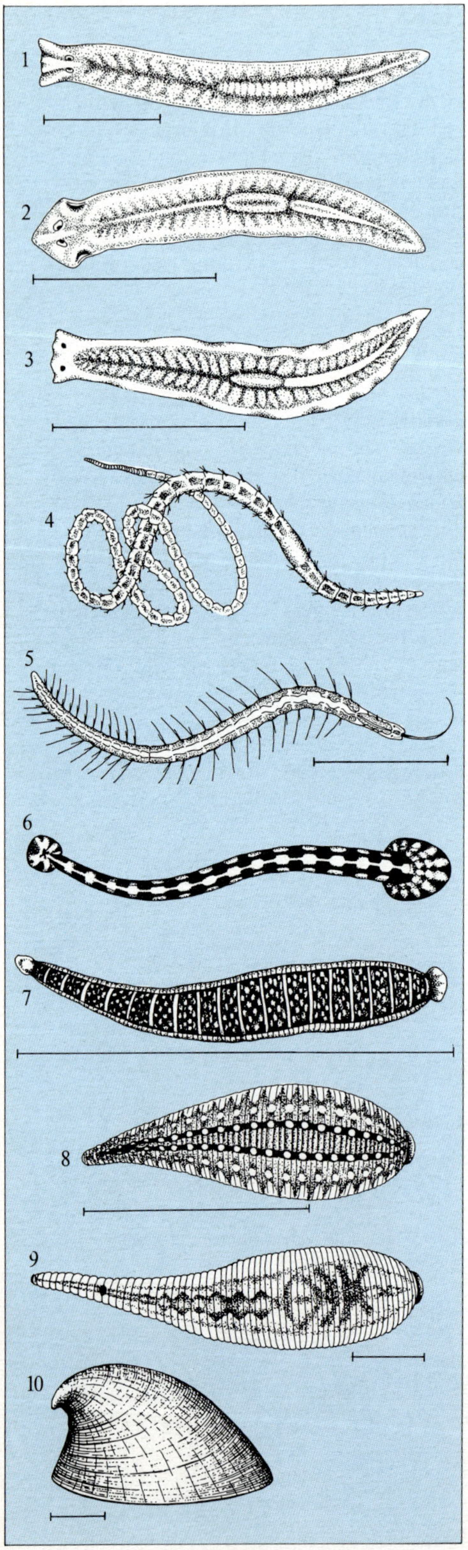

Leitorganismen für eine makroskopisch-biologische Wassergütebeurteilung (nach MEYER, Abb. nach ENGELHARDT)

		s	g
	Studelwürmer – Turbellaria		
1.	Planarien mit Tentakeln am Stirnaußenrand; z. B. *Crenobia alpina*	1	5
2.	Planarie mit Dreieckskopf: *Dugesia gonocephala*	1,3	5
3.	Milchplanarie *Dendrocoelum lacteum*	2,2	3
	Restliche Planarien je unterscheidbarer Art	2,2	3
	Wenigborster – Oligochaeta		
4.	rote bis rötlichgelbe Schlammröhrenwürmer ~ 8,5 cm l: *Tubifex sp.*	3,8	4
5.	durchsichtig, Vorderkörper gelblich-bräunlich, übriger Körper mit schwarzen Ringen: Teichschlange *(Stylaria lacustris)*	2	4
	Egel – Hirudinea		
6.	grünlich-bräunlich gescheckt ~ 10 cm l: Gemeiner Fischegel *(Piscicola geometra)*	2	2
7.	meist braun mit helleren Flecken, rollt sich zusammen: Rollegel *(Erpobdella octoculata)*	3	2
8.	Körper bunt, grün bis braun: Großer Scheckenegel *(Glossiphonia complanata)*	2,2	3
9.	durchscheinend grau oder rötlich: Zweiäugiger Plattegel *(Helobdella stagnalis)*	2,6	3
	Schnecken – Gastropoda		
10.	Flußnapfschnecke *(Ancylus fluviatilis)*	1,8	2

|—| = maximale natürliche Größe

		s	g
11.	Spitzschlammschnecke *(Lymnaea stagnalis)*	1,9	1
12.	Eiförmige Schlammschnecke *(Radix peregra)*	2,5	2
13.	horngelb bis rötlich: Langfühlerige Schnauzenschnecke *(Bithynia tentaculata)*	2,3	2
14.	glatt, glänzend, durchscheinend: Quellen-Blasenschnecke *(Physa fontinalis)*	2	2
15.	Posthornschnecke *(Planorbarius corneus)*	2	3
16.	dickwandig, weißlich mit Netzzeichnung: Flußschwimmschnecke *(Theodoxus fluviatilis)*	1,5	2

Muscheln – Bivalvia

17.	weiß bis gelblich oder braun: Erbsenmuscheln *(Pisidium sp.)*	1,8	1
18.	gelblich bis graubraun: Kugelmuscheln *(Sphaerium sp.)*	2,5	2
19.	an Steinen und Pfählen: Wandermuschel *(Dreissena polymorpha)*	2	3
	Flußmuscheln Familie: *Unionidae*	2	2

Krebstiere – Crustacea

20.	Gemeiner Flohkrebs *(Gammarus pulex)*	2	3
21.	Flohkrebse mit Rückenbedornung: Flußflohkrebs *(Gammarus roeseli)*	2,3	3
22.	Wasserassel *(Asellus aquaticus)*	3	4

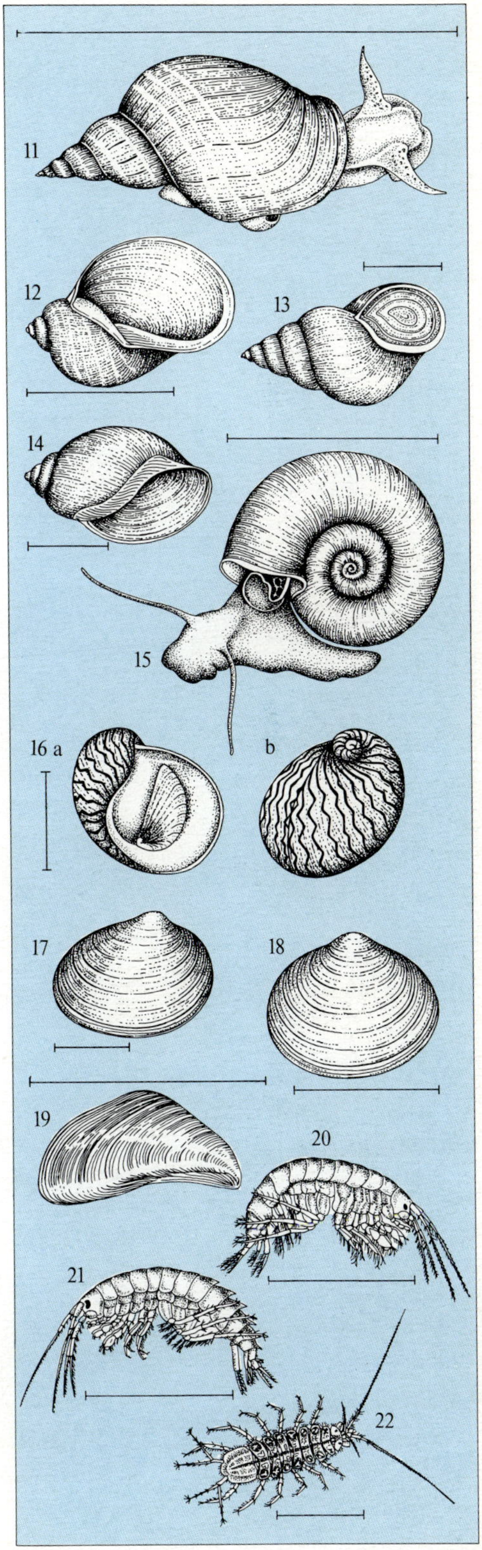

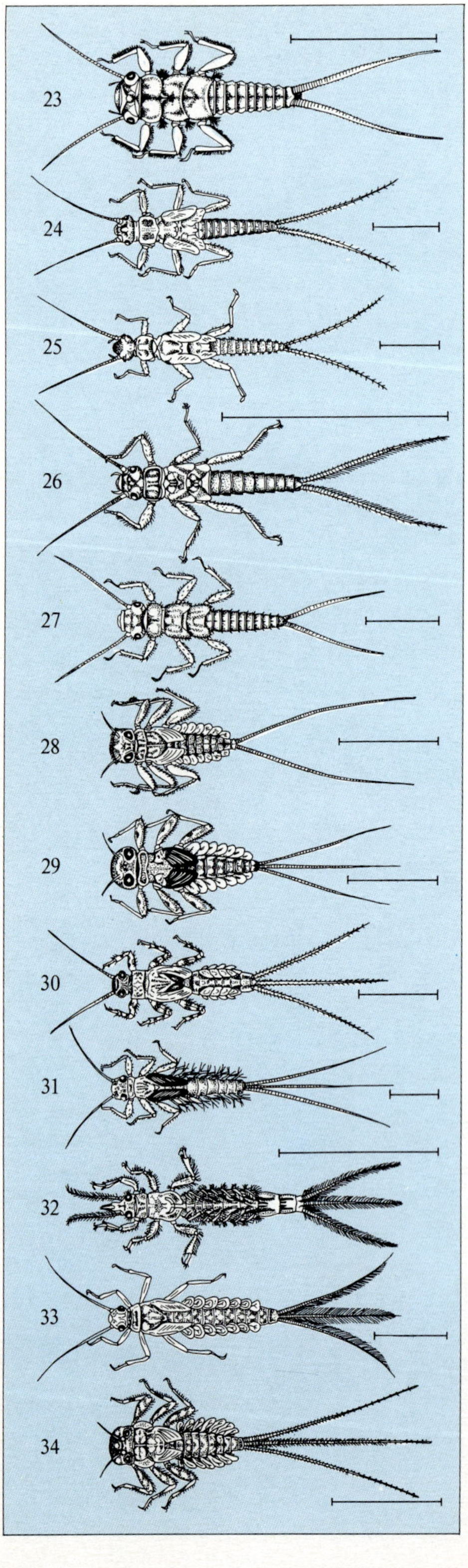

		s	g
	Steinfliegenlarven – Plecoptera (Maße ohne Schwanzanhänge)		
23.	braunrot bis dunkelbraun mit heller Zeichnung, büschelförmige Tracheenkiemen an den Beinwurzeln und zwischen den Schwanzanhängen: *Dinocras sp.*	1	2
24.	braun, Flügelscheiden stehen nach hinten schräg ab: *Nemoura sp.*	1,5	2
25.	gelb bis hellbraun, Flügelscheiden parallel nach hinten gerichtet: *Leuctra sp.*	1,5	2
26	Familie Perlodidae, Larven über 16 mm: z. B. *Perlodes sp.*	1,3	2
27.	Larven kleiner als 16 mm: z. B. *Isoperla sp.*	1,5	2
	Eintagsfliegenlarven – Ephemeroptera		
28.	gelblich mit brauner Zeichnung, 7 Paar seitliche Tracheenkiemenblättchen, nur mit zwei Schwanzanhängen: *Epeorus sp.*	1	3
29.	gelblichgrün bis graugrün, Larven mit drei Schwanzanhängen: z. B. *Rhitrogena sp.*	1	5
30.	gelbbraun, 5 Paar Tracheenkiemen am Hinterleib, Schwanzanhänge beborstet: z. B. *Ephemeralla sp.*	1,6	2
31.	bräunlich mit schwärzlichen Abzeichen, 7 Paar bäumchenartige Kiemen: z. B. *Habrophlebia sp.*	1,6	1
32.	gelblich, 7 Paar Federkiemen: *Ephemera sp.*	1,7	2
33.	grünlich mit hellen Abzeichen, 6 Kiemenblattpaare doppelt, 7. Paar einfach: z. B. *Cloëon sp.*	2	2
34.	gelbbraun bis schwarz, abgeplatteter Körper: *Ecdyonurus sp.*	1,2	2

		s	g
35.	gelbbraun mit dunkleren Abzeichen, 7 Paar Kiemenfäden: *Habroleptoides modesta*	1,4	1
	Köcherfliegenlarven – Trichoptera		
36.	Gehäuse aus Steinhäufchen: *Agapetus sp.*	1	2
37.	Gehäuse aus Sandkörnern: *Sericostoma sp.*	1,2	2
38.	Sandköcher mit seitlichen Belastungssteinen: *Silo sp.*	1,2	2
39.	Köcher mit langen Belastungsteilen: *Anabolia sp.*	2	2
	alle anderen Köcherfliegenlarven *mit Gehäuse*	2	2
40.	Larven *ohne Gehäuse*, gelblich mit dunklerer Zeichnung, Kiemen am Hinterleib: *Rhyacophila sp.*	1,4	2
41.	Larven *ohne Gehäuse*, gelblich, Kiemen am Hinterleib: *Hydropsyche sp.*	2	2
	Zweiflügler – Diptera		
42.	Lidmücken (*Liponeura sp.*)	1	4
43.	hell bis dunkelrot: Zuckmückenlarve (*Chironomus thummi*)	3,6	3
44.	graugrün: Waffenfliegenlarve (*Stratiomys sp.*)	3	2
45.	weißgrau: Rattenschwanzlarve, (*Eristalomyia sp.*)	4	4
	Käfer – Coleoptera		
46.	schwarz mit grauen Haaren: Bachtaumelkäfer (*Orectochilus villosus*)	2,5	2
47.	glänzend schwarz: Hakenkäfer und Larven (*Elmis maugei*)	1,5	4

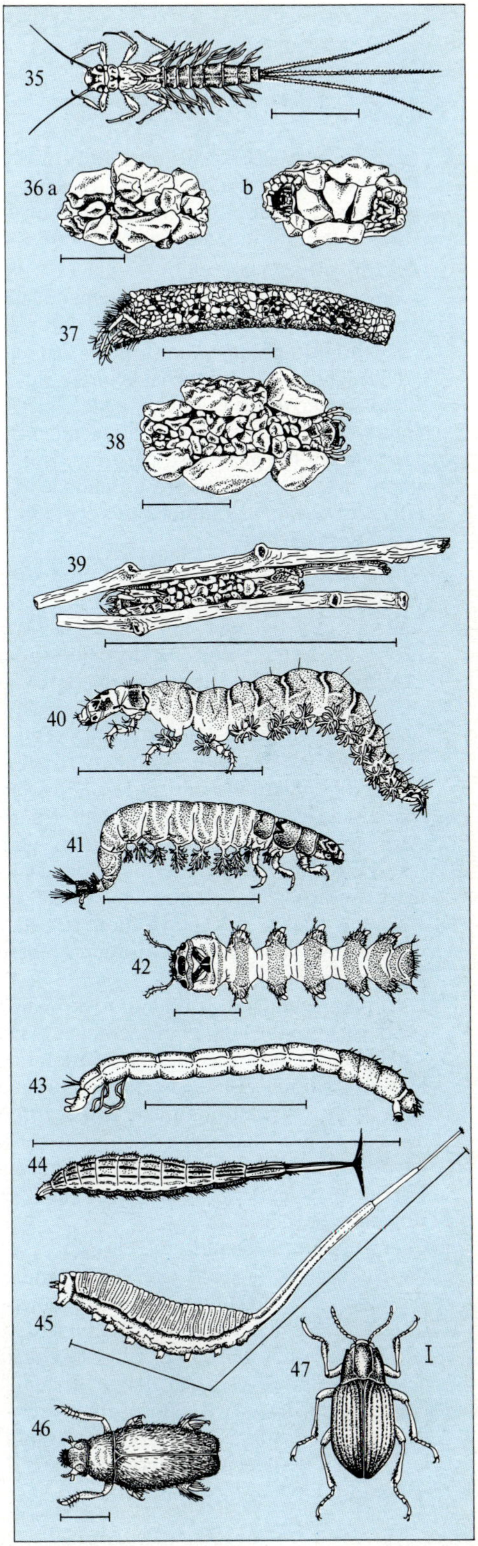

V 120.1. Bestimmung des Planktongehaltes

Materialien und Geräte: Eimer (10 l), graduierte Planktonröhrchen oder selbst geeichte Reagenzgläser, Planktonnetz (50–100 µm Maschenweite), Formalinlösung (40%ig)

Durchführung: Man schöpft je nach der Planktondichte mit einem Eimer aus einer Tiefe von ca. 50 cm 10 bis 50 Liter Wasser und gießt es vorsichtig durch das Planktonnetz. Es ist darauf zu achten, daß möglichst keine Reste an der Planktonnetzinnenwand hängenbleiben. Der Inhalt des am Planktonnetz hängenden Behälters wird in ein graduiertes Planktonröhrchen überführt. Dem Fang wird anschließend etwa ein Zehntel seines Volumens an Formalin zugesetzt (Vorsicht, Gift!).

Auswertung: Nach der Sedimentation kann an der Meßeinteilung des Planktonröhrchens der ungefähre Gehalt der entnommenen Wasserprobe an festen, schwebenden Bestandteilen abgelesen werden. Hierbei muß die entnommene Wassermenge berücksichtigt werden.
Die mikroskopische Untersuchung zeigt, daß es sich bei den Bestandteilen um tierisches und pflanzliches Plankton und andere überwiegend organische Reste (Detritus) handelt. Wenn sich Algen an der Oberfläche ansammeln, so muß ihre Menge abgeschätzt und zum Bodensatz addiert werden. Die gemessenen Werte geben Hinweise auf die ungefähre Biomasse im Gewässer und damit indirekt auf den Nährstoffreichtum eines Gewässers.
Das fixierte Material sollte mikroskopiert und die darin enthaltenen Lebewesen nach Art und Anzahl mit Hilfe einschlägiger Bestimmungsliteratur bestimmt werden. Wenn möglich, sollte man auch frisch entnommene Wasserproben, die man an Ort und Stelle oder spätestens am nächsten Tag (Transport und Aufbewahrung in Thermosflaschen) mikroskopiert, zur Ergänzung heranziehen.
Ebenso könnten die mit der Schöpfflasche aus verschiedenen Wassertiefen entnommenen Wasserproben auf ihren arten- und zahlenmäßigen Organismengehalt untersucht werden.
Die Planktonten kann man zur Einschätzung der Wassergüte heranziehen. Kennt man die Planktonten, die vorwiegend an eine bestimmte Wassergüte gekoppelt sind, so kann man sie umgekehrt wieder als Indikatoren zur Einschätzung von Gewässern benutzen.

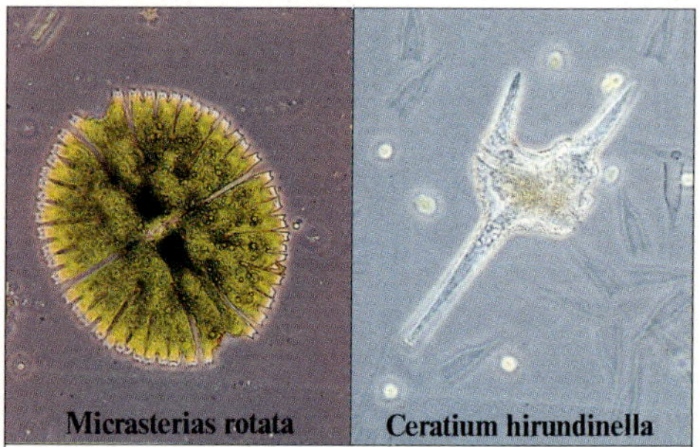

Wassergüteklasse I

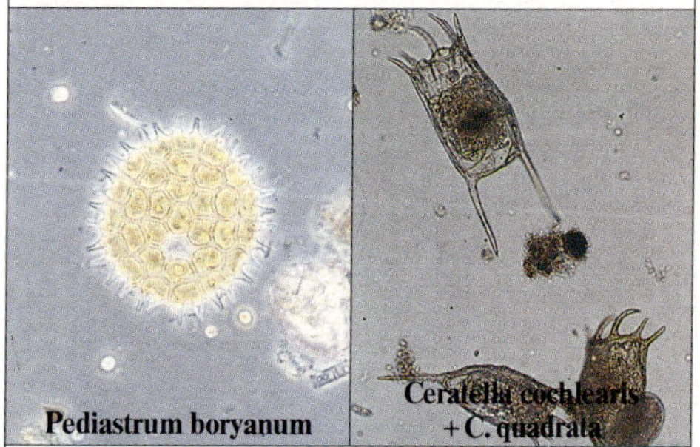

Wassergüteklasse II

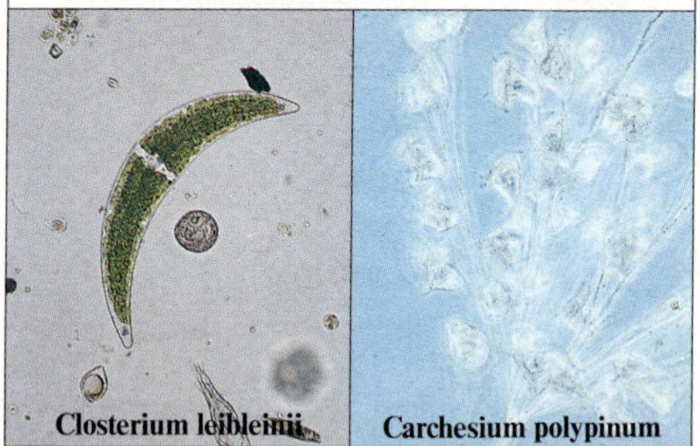

Wassergüteklasse III

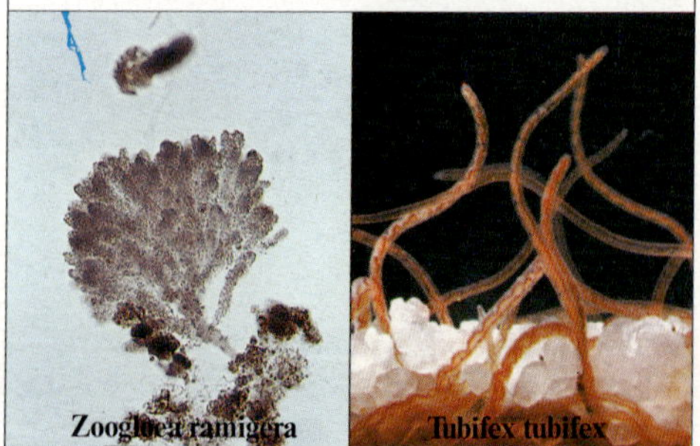

Wassergüteklasse IV

V 121.1. Bestimmung der Gesamtkoloniezahl und der coliformen Keime

Materialien und Geräte: Millipore Eintauchtester (Mauer GmbH, 6238 Hofheim) zum Nachweis der Gesamtkoloniezahl (Kat.Nr. MT 0000025) und der coliformen Keime (Kat.Nr. MC 0000025) oder Standard I – Nähragar- und Endo-Agarböden, steriles Aqua dest., sterile Pipetten (2 ml und 10 ml) und weithalsige Erlenmeyerkolben.

Versuchsvorbereitung: Die Pipetten werden in Haushaltsaluminiumfolie eingeschlagen, die Erlenmeyerkolben mit Aluminiumkappen versehen und in einem Wärmeschrank etwa 2 bis 3 Stunden auf ca. 180 °C erwärmt. Sollte kein Wärmeschrank vorhanden sein, so werden die Pipetten und Erlenmeyerkolben mit Alkohol behandelt und mit sterilem Wasser nachgespült.
Um steriles Wasser herzustellen, füllt man eine mit einem Schraubverschluß versehene Glasflasche mit Aqua dest. und stellt sie offen in ein Gefäß mit Wasser, das zum Kochen gebracht wird. Schraubverschluß und offene Flasche verbleiben etwa eine halbe Stunde in dem kochenden Wasser. Danach wird die Flasche verschlossen.

Durchführung: Die Millipore-Eintauchtester bestehen aus einem Kunststoffhalter, auf dem sich ein Membranfilter mit einem unterlegten Nährboden befindet. Die Tester stecken jeweils in durchsichtigen, sterilen Plastikgehäusen. Zur Bestimmung der Gesamtkoloniezahl oder der coliformen Keime gibt man mit Hilfe einer sterilen Pipette jeweils 1,8 ml der mit dem sterilen Erlenmeyerkolben entnommenen Wasserprobe in die verschiedenen Plastikgehäuse. Mit sterilem Verdünnungswasser wird anschließend bis zur oberen im Plastikgehäuse angebrachten Markierung aufgefüllt. Die Wasserproben werden mit der Pipette gut umgerührt. Mit weiteren sterilen Pipetten werden diesen 1 : 10 verdünnten Lösungen jeweils 1,8 ml entnommen, in je ein zweites Plastikgehäuse der Tester pipettiert und mit sterilem Verdünnungswasser auf 18 ml aufgefüllt. Auf gleiche Art und Weise können weitere Verdünnungen hergestellt werden. In die in den Plastikgehäusen befindlichen Wasserproben werden nun die Tester eingetaucht. Nach etwa 30 Sekunden werden sie herausgenommen, von überschüssigem Wasser durch schütteln befreit, die Plastikgehäuse entleert, die Tester in die leeren Gehäuse eingesteckt und bebrütet. Die Tester zur Bestimmung der Gesamtkoloniezahl werden bei plus 35 °C 24 Stunden und die zur Bestimmung der coliformen Keime bei plus 42 °C 18–24 Stunden lang bebrütet.
Die Gesamtkoloniezahl läßt sich ebenfalls mit Standard I-Nähragarböden und die coliformen Keime mit Endo-Agarböden bestimmen. Die Böden können entweder aus den Rohmaterialien selbst hergestellt oder als fertige sterilisierte Nährböden über den Handel bezogen werden.
Auswertung: Jeder einzelne Keim (Bakterium) wächst während der Bebrütungsdauer zu einer Kolonie heran und wird dadurch für das Auge sichtbar. Aus der Anzahl der Kolonien, die man auf der mit einem Raster versehenen Membran gut auszählen kann, ergibt sich die Anzahl der Keime. Da während der Eintauchphase vom Tester nur 1 ml Wasser aufgenommen wird, beziehen sich die Ergebnisse auf 1 ml der untersuchten Wasserprobe. Der Tester zur Bestimmung der Gesamtkoloniezahl erfaßt fast alle im Wasser befindlichen Bakterien. Mit dem Tester für coliforme Keime werden *Escherichia coli* und Keime der *coliformen* Bakteriengruppe bestimmt. Besonders E. coli ist ein obligater Bewohner des menschlichen und tierischen Darms. In der Praxis wird der sogenannte *Colititer* angegeben. Er gibt die kleinste Wassermenge an, in der E. coli noch nachweisbar ist. Sind E.coli-Keime im Wasser nachweisbar, so kann angenommen werden, daß auch pathogene Darmbakterien vorhanden sein können.
Auch mit Hilfe der Gesamtkoloniezahl läßt sich eine grobe Einschätzung der Gewässergüte vornehmen.

121.2. Millipore-Eintauchtester

V 122.1. Entnahme von Tiefenwasserproben

Materialien und Geräte: Korkstopfen, Perlonnetz, Perlonschnur (ungefähr 20 m), Sektflasche, Ringschraube, farbiges Tesaband

1. Herstellung einer Schöpfflasche: Man legt zur Beschwerung einige Steine in ein Perlonnetz und bindet das Netz oberhalb der Steine ab. Anschließend stellt man die Sektflasche in den oberen Teil des Netzes und bindet es am Flaschenhals zusammen. Unterhalb des Flaschenwulstes befestigt man eine etwa 20 m lange dehnungsfeste Leine, an der alle 50 cm durch einen Knoten oder durch farbiges Tesaband Markierungen angebracht werden. In den Korken der Flasche dreht man eine Ringschraube ein. Etwa 20 cm vom Flaschenhals entfernt verknotet man eine 10 cm lange Reißleine, die mit der Ringschraube im Korken fest verbunden wird.

2. Probenwasserentnahme: Die mit dem Korken verschlossene Flasche läßt man an der Leine langsam bis zur vorgesehenen Tiefe herab. Anschließend entfernt man mit einem kurzen Ruck an der Leine den Korkstopfen aus der Flasche. Nachdem die Flasche gefüllt ist, wird sie mit Hilfe der Leine nach oben befördert.

V 122.2. Bestimmung der Sichttiefe

Materialien und Geräte: Secchi-Scheibe oder weiße Sichtscheibe aus Porzellan (z. B. durchbohrter Porzellanteller oder Exsikkatoreinsatz ∅ 20–25 cm) mit einer markierten Schnur (10-cm-Markierungen).

122.3. Schöpfflasche offen und geschlossen

Durchführung: a) Die Sichtscheibe wird langsam senkrecht in die Tiefe gelassen, bis ihre Umrisse gerade verschwinden. Die Scheibe wird an der Sichtgrenze mehrfach hoch- bzw. runterbewegt und an der markierten Schnur (10-cm-Markierungen) die Sichttiefe abgelesen. Bei einem Vergleich verschiedener Meßstellen müssen möglichst ähnliche Lichtverhältnisse bei der Messung herrschen. Treten Strömungen auf, so wird die Sichtscheibe mit einem angehängten Stein beschwert.

b) Mit Hilfe der Schöpfflasche werden Wasserproben aus verschiedenen Tiefen heraufgeholt und durch ein Planktonnetz gegossen. Die mit einer Zentrifuge angereicherten Planktonproben werden mikroskopiert und qualitativ und quantitativ bestimmt. Man vergleicht die Planktonproben aus dem Tiefenwasser an der gemessenen Sichttiefengrenze mit den Planktonproben aus dem Oberflächenwasser.

V 122.4. Bestimmung der Luft- und Wassertemperatur

Materialien und Geräte: 1/10 °C-Thermometer, Minimum-Maximum-Thermometer oder digitales Temperaturmeßgerät mit Temperaturfühler und Verlängerungskabel

1. Messung der Lufttemperatur: Mit einem trockenen 1/10 °C-Thermometer wird die Lufttemperatur im Schatten gemessen.

2. Messung der Oberflächentemperatur: Sie wird in 30 cm Tiefe mit dem 1/10 °C-Thermometer oder mit dem Temperaturfühler gemessen.

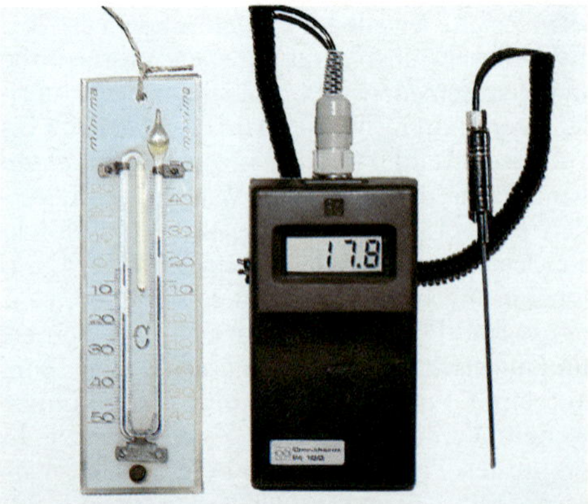

122.5. Minimum-Maximum-Thermometer und Digitales Temperaturmeßgerät

3. Messung der Tiefenwassertemperatur: Die Wassertemperatur in verschiedenen Wassertiefen läßt sich in den mit der Schöpfflasche heraufgeholten Wasserproben mit einem Thermometer bestimmen. Ebenso kann die Temperatur in verschiedenen Tiefen mit einem an einer markierten Leine hängenden Min.-Max.-Thermometer oder einem digitalen Temperaturmeßgerät, dessen Sonde an einem Verlängerungskabel hängt, bestimmt werden.

A 123.1. Erläutern Sie das Zustandekommen und die biologische Bedeutung der gemessenen Sichttiefen im untersuchten Gewässer. Ziehen Sie zum Vergleich die in der folgenden Tabelle angegebenen Monatsmittelwerte der in Metern gemessenen Sichttiefen im Bodensee (1962/63) heran.

J	F	M	A	M	J	J	A	S	O	N	D
11,8	10,9	10,3	8,5	4,9	5,2	5,3	4,8	4,8	6,0	8,1	10,0

A 123.2. Stellen Sie die gemessenen Oberflächen- und Tiefenwasserwerte grafisch dar. Ziehen Sie die in der Tabelle angegebenen Wassertemperaturen vom Großen Heiligen Meer bei Hopsten aus dem Jahre 1964 (nach EHLERS) zum Vergleich heran. Erläutern Sie das erstellte Temperaturprofil des untersuchten Gewässers, und vergleichen Sie es mit den Verhältnissen im Großen Heiligen Meer. Stellen Sie Beziehungen zur Wasserschichtung und den auf Seite 105 dargestellten Zirkulationsvorgängen her. Berücksichtigen Sie bei Ihren Erklärungen die Dichteanomalie und die hohe Wärmekapazität des Wassers. Erklären Sie die biologische Funktion der ablaufenden Vorgänge.

Tiefe	26. 3.	19. 4.	2. 6.	31. 8.	31. 10.	6. 12.
0 m	5,0	14,8	19,0	18,2	8,3	4,2
2 m	4,2	11,0	18,8	18,0	8,2	4,2
3 m	4,0	7,4	14,5	18,0	8,2	4,2
4 m	4,0	5,7	9,6	16,5	8,2	4,2
5 m	4,0	5,3	8,0	13,0	8,1	4,2
6 m	4,0	5,1	6,6	9,2	8,0	4,2
7 m	4,0	5,0	5,8	7,2	8,0	4,2
8 m	4,0	5,0	5,6	6,7	7,0	4,2
	Wassertemperatur in °C					

A 123.3. Vergleichen Sie die in Abb. 123.4. dargestellten Kurven. Erklären Sie deren Verlauf.

Lichtverhältnisse im Gewässer:

Die Licht- und Temperaturverhältnisse im Gewässer werden in erster Linie durch die Sonneneinstrahlung bestimmt. Wasser absorbiert über den gesamten Wellenbereich die einfallende Strahlung stärker als Luft. Nur der grün-gelbe Anteil (500–600 nm) des Sonnenlichtes gelangt in tiefere Schichten. Bei klarem Wasser beträgt in einer Tiefe von 5 Metern die Intensität der gelb-grünen Strahlung nur ca. 15% des Wertes an der Wasseroberfläche. Die Strahlung mit den Wellenlängen 450 nm (blau) bzw. 650 nm (rot) geht sogar auf etwa 3 bis 6% zurück.
Welche Lichtqualitäten und -quantitäten jeweils in verschiedene Wasserschichten durchgelassen werden, hängt von der Strahlungsintensität, der Wellenlänge des eingestrahlten Lichtes und von den im Wasser gelösten und ungelösten Stoffen ab. Ungelöste Stoffe sind Schwebstoffe, die aus tierischem und pflanzlichem Plankton, mineralischen und organischen Teilchen bestehen können. Sie verursachen die Trübung des Wassers. Die Sichttiefenmessungen werden als Maßstab für den Trübungsgrad des Wassers herangezogen.

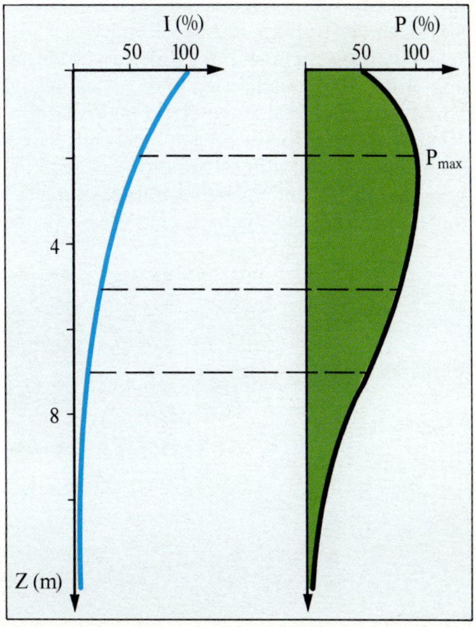

123.4. Beziehungen zwischen Lichtintensität (I) und der Tiefe (z) sowie zwischen Primärproduktion (P) und Tiefe nach RODHE 1965)

V 124.1. Sauerstoffbestimmung nach Winkler

Materialien und Geräte: Kaliumiodid, Mangan(II)-chloridlösung (40 g $MnCl_2 \cdot 4\,H_2O$ in 100 ml Aqua dest. gelöst). Natronlauge (44 g NaOH in 100 ml Aqua dest. gelöst), 0,01 M Natriumthiosulfatlösung (aus Titrisol), Phosphorsäure (85%ig), Salzsäure (25%ig), Amyloselösung (1%ig) Testkit zur Sauerstoffbestimmung, Büretten, Pipetten (5 ml) genormte Sauerstoffflaschen (ca. 110 ml) oder Glasstöpselflaschen bekannten Inhalts

1. Entnahme der Wasserproben: Man bestimmt die Wassertemperatur an der Probeentnahmestelle. Anschließend hält man eine Sauerstoffflasche schräg in das Oberflächenwasser, so daß das Wasser ohne Luftblasenbildung langsam in die Flasche einfließen kann. Tiefenwasser wird aus der Schöpfflasche mit einem Kolbenprober entnommen und langsam ohne Luftblasenbildung in die Sauerstoffflasche überführt. Steht Stickstoff aus einer Druckdose zur Verfügung, so kann die Luft in den Glasflaschen mit Stickstoff vor der Füllung verdrängt werden.

2. Orientierende Sauerstoffbestimmung: Die luftblasenfrei gefüllten Glasflaschen werden sofort nach der Füllung mit den Reagenzien versehen. Aus jeweils einer 5 ml-Pipette werden zuerst 1 ml Manganchlorid und anschließend 2 ml Natronlauge hinzugesetzt. Die Probenflaschen werden sofort wieder luftblasenfrei verschlossen und gut umgeschüttelt. Aus der Färbung des entstehenden Niederschlages kann der ungefähre Sauerstoffgehalt der Wasserprobe abgeschätzt werden. Ein weißer Niederschlag spricht für Sauerstofffreiheit, ein elfenbeinfarbiger für Sauerstoffarmut (2–3 mg O_2/l) und ein bräunlicher Niederschlag für einen höheren Sauerstoffgehalt.

3. Quantitative Sauerstoffbestimmung: Im ersten Teil verfährt man wie unter 2. beschrieben. Anschließend saugt man ca. ein Drittel der über dem Niederschlag befindlichen klaren Flüssigkeit mit einer Pipette (Felduntersuchung) oder mit einer Wasserstrahlpumpe (Laboruntersuchung) ab. Man gibt 1 g Kaliumiodid und 5 ml 25%ige Salzsäure oder 85%ige Phosphorsäure hinzu. Die Probenflaschen läßt man dann etwa 10 Minuten lang verschlossen stehen. Danach titriert man mit einer möglichst frisch hergestellten 0,01 M Natriumthiosulfatlösung so lange, bis eine Gelbfärbung auftritt. Jetzt fügt man einige Tropfen der Amyloselösung hinzu (Blaufärbung) und titriert dann weiter bis zur Farblosigkeit. Der Sauerstoffgehalt läßt sich dann nach folgender Formel berechnen:

$$\frac{a \cdot 0{,}08 \cdot 1000}{b - c} = \text{mg } O_2/l$$

a = Verbrauch an 0,01 M $Na_2S_2O_3$ Lsg. in ml
b = Flascheninhalt der Sauerstoffflaschen in ml
c = zugesetzte Reagenzienmenge in ml

Die Sauerstoffbestimmung kann durch Eisen(II)-ionen, hohe Nitritgehalte und durch einen hohen Gehalt an organischen Verschmutzungsstoffen gestört werden.

124.2. Sauerstoffbestimmung durch Farbvergleich

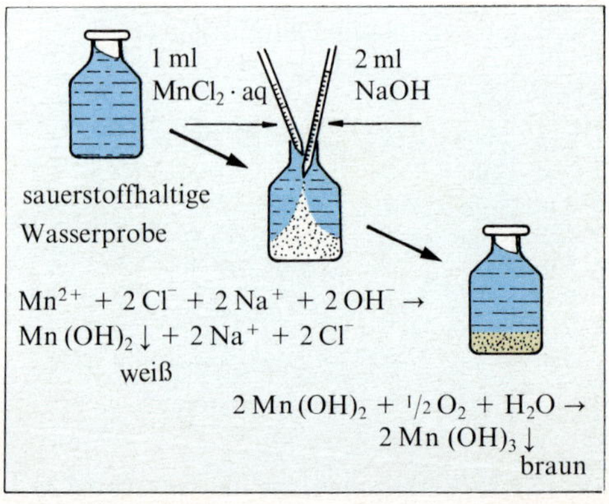

124.3. Qualitative Sauerstoffbestimmung

4. Quantitative Sauerstoffbestimmung mit Testkit (z. B. Aquamerck, Visocolor): Die unter 3. beschriebene Titration wird bei den Testkits mit einer geeichten Tropfspritze vorgenommen. Man gibt mit ihr die Titrationslösung (Natriumthiosulfat) so lange hinzu, bis der Indikator Amyloselösung (1%) nach farblos umschlägt. Der aktuelle Sauerstoffgehalt (mg/l) läßt sich dann sofort an der geeichten Spritze ablesen.

5. Sauerstoffzehrung (BSB_2): Es werden am Untersuchungsort zwei Sauerstoffflaschen luftblasenfrei mit Wasser gefüllt. Eine Wasserprobe wird sofort mit den Fällungsreagenzien (siehe 2.) versetzt. Die zweite Sauerstoffflasche bleibt unbehandelt. Beide Proben hebt man 48 Stunden bei etwa 20 °C unter Lichtabschluß auf. Danach werden auch der unbehandelten Probe die Fällungschemikalien zugesetzt. Die Farben der Niederschläge beider Proben werden miteinander verglichen und die Sauerstoffabnahme abgeschätzt. Bei einer quantitativen Sauerstoffbestimmung (siehe 3. und 4.) kann die Sauerstoffzehrung in Prozenten des ursprünglichen Sauerstoffgehaltes angegeben werden.

Auswertung: Der gemessene **aktuelle Sauerstoffgehalt** (C_{O_2}-Wert) wird mit dem theoretischen, bei der gemessenen Wassertemperatur möglichen, **Sauerstoffsättigungswert** (C_s-Wert siehe Tabelle 125.2.) verglichen. Aus dem Vergleich ergibt sich das **Sauerstoffdefizit.** Es gibt Hinweise auf aerobe Abbauprozesse der Mikroorganismen im Wasser. Je höher der Gehalt eines Gewässers an durch Mikroorganismen zersetzbaren Verschmutzungsstoffen ist, um so größer wird das Sauerstoffdefizit ausfallen. Die für eine bestimmte Wassertemperatur geltende **Sauerstoffsättigung in Prozent** (S%) läßt sich nach folgender Formel berechnen:

$$S_{\%} = \frac{C_{O_2}\text{-Wert mg/l} \times 100}{C_s\text{-Wert mg/l}}$$

Die Sauerstoffsättigung in Prozent läßt Aussagen darüber zu, wie stark das Wasser mit Sauerstoff angereichert ist und welches Defizit zur 100%igen Sauerstoffsättigung bei der gemessenen Temperatur besteht.

Der **Zehrungswert,** bedingt durch den biologischen Sauerstoffbedarf (BSB) der Mikroorganismen, wird als Differenz der Sauerstoffgehalte der frischen und der gezehrten Probe in mg/l O_2 angegeben.

Wassertemperatur °C	Sättigungswert für Sauerstoff mg im Liter	Wassertemperatur °C	Sättigungswert für Sauerstoff mg im Liter
0	14,57	15	10,07
1	14,17	16	9,85
2	13,79	17	9,65
3	13,43	18	9,45
4	13,07	19	9,27
5	12,74	20	9,10
6	12,41	21	8,91
7	12,11	22	8,74
8	11,81	23	8,58
9	11,53	24	8,42
10	11,25	25	8,27
11	11,00	26	8,11
12	10,75	27	7,95
13	10,51	28	7,81
14	10,28	29	7,67

125.2. Sauerstoffsättigungswerte (C_s-Werte) in Abhängigkeit von der Temperatur

125.1. Sauerstoffbestimmung mit Testkit

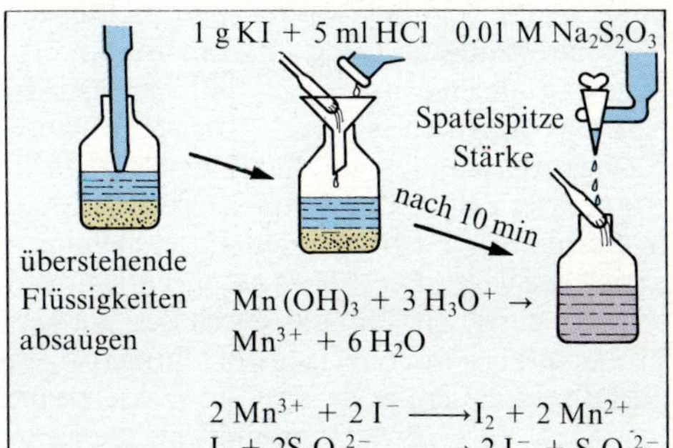

125.3. Quantitative Sauerstoffbestimmung

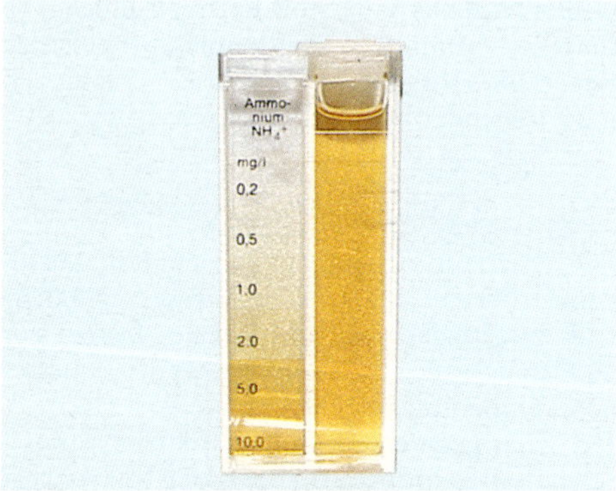

126.1. Bestimmung von Ammoniumionen

V 126.2. Kolorimetrische Bestimmung von Wasserinhaltsstoffen

Materialien und Geräte: Fertige Untersuchungssätze (Testsätze, Testkits) zur Bestimmung des Ammonium-, Nitrat-, Phosphatgehaltes und des pH-Wertes

Durchführung: Bestimmen Sie in Oberflächen- und Tiefenwasserproben des zu untersuchenden Gewässers die angegebenen Faktoren.

Erklärung: Um im Wasser gelöste Substanzen auf einfache Art und Weise nebeneinander nachzuweisen, bedient man sich **kolorimetrischer Meßverfahren**. Hierbei wird die Eigenschaft vieler Substanzen verwendet, spezifisch mit bestimmten chemischen Reagenzien farbige Verbindungen zu bilden, deren Farbintensität mit der Konzentration der nachzuweisenden Substanz zunimmt.
Verschiedene Firmen bieten fertige Untersuchungssätze für die Analyse der wichtigsten Verschmutzungsfaktoren an. Ein bestimmtes Wasservolumen wird jeweils mit den spezifischen Reagenzien versetzt. Die auftretende Farbe vergleicht man mit **Farbstandards**, die in Form einer eingefärten Vergleichsküvette oder in Form einer Farbskala den Untersuchungssätzen beiliegt. Bei hohen Konzentrationen kann es passieren, daß die Farbe der Wasserprobe stärker als der höchste Farbstandardwert ausfällt. In diesem Falle wird die Wasserprobe mit Aqua. dest. soweit verdünnt, bis die Konzentration wieder im Meßbereich der Farbstandards liegt. Würde man z. B. die Wassermenge der ursprünglichen Probe mit der gleichen Menge destilliertem Wasser verdünnen, so müßte das Meßergebnis mit dem Faktor 2 multipliziert werden.

V 126.3. Orientierende Bestimmung des Sulfatgehaltes

Materialien und Geräte: Pipetten (2 und 10 ml), Pipettierhilfen, Reagenzgläser, Bariumchlorid (2%ig), Salzsäure (ca. 5%ig)

Durchführung: 10 ml der zu untersuchenden Gewässerprobe werden in einem Reagenzglas mit 0,5 ml Salzsäure versetzt und gut umgeschüttelt. Anschließend werden 2 ml Bariumchloridlösung hinzugegeben.
Beträgt der Sulfatgehalt ca. 500 mg/l, so tritt fast eine augenblickliche Trübung auf, die nach einer halben Minute undurchsichtig wird.
Beträgt der Sulfatgehalt etwa 200 mg/l, so tritt eine baldige Trübung auf, die nach 2 bis 3 Minuten undurchsichtig wird. Beim Erhitzen tritt eine wolkige, undurchsichtige Trübung auf.
Beträgt der Sulfatgehalt etwa 100 mg/l, so tritt allmählich eine Trübung auf, die bei Erhitzung wolkig wird, aber durchsichtig bleibt.
Beträgt der Sulfatgehalt etwa 50 mg/l, so tritt nach etwa 3 Minuten eine deutliche Trübung auf, die sich beim Erhitzen etwas verstärkt.
Beträgt der Sulfatgehalt etwa 30 mg/l, so tritt in einer Minute keine Veränderung auf. Nach einigen Minuten wird eine schwache Trübung sichtbar, die beim Erhitzen deutlicher wird.

V 126.4. Orientierende Bestimmung des Schwefelwasserstoffgehaltes

Materialien und Geräte: Erlenmeyerkolben (200 ml), passende Stopfen, Bleiacetatpapier (Filterpapier wird in frisch bereitete gesättigte Bleiacetatlösung getaucht))

Durchführung: Ein Erlenmeyerkolben wird mit 100 bis 150 ml Probenwasser gefüllt. Mit Hilfe eines lose aufgesetzten Stopfens wird ein feuchter Bleiacetatpapierstreifen in den Gasraum gehängt. Die Wasserprobe wird anschließend vorsichtig erwärmt. Bei Anwesenheit von Schwefelwasserstoff färbt sich das Bleiacetatpapier mit Zunahme der Schwefelwasserstoffkonzentration von gelb über braun bis schwarz.

127.1. Bestimmung des Kaliumpermanganatverbrauches

V 127.2. Kaliumpermanganatverbrauch

Materialien und Geräte: Kaliumpermanganatlösung 0,002 mol/l, Oxalsäure 0,005 mol/l, Schwefelsäure (ϱ = 1,25; konz. 1:3 verdünnt), Siedesteinchen, Büretten, Erlenmeyerkolen (300 ml), Kühlbirnen oder Porzellanschalen, Meßkolben (1 l)

Vorbereitung: Die Kaliumpermanganat- bzw. Oxalsäurelösung läßt sich aus Tritrisolampullen herstellen. Stehen diese nicht zur Verfügung, so werden 0,316 g Kaliumpermanganat bzw. 0,698 g Natriumoxalat in Meßkolben mit Aqua dest. auf jeweils 1 Liter aufgefüllt. Die Erlenmeyerkolben und die Siedesteinchen sollten vor dem Gebrauch mit verdünnter Kaliumpermanganatlösung, die mit etwas Schwefelsäure angesäuert ist, ausgekocht werden.

Durchführung: 100 ml der filtrierten Wasserprobe werden mit einigen Siedesteinchen und 5 ml Schwefelsäure versetzt und zum Sieden erhitzt. Anschließend gibt man 15 ml 0,002 molare Kaliumpermanganatlösung hinzu und hält die Lösung mit aufgesetzter Kühlbirne 10 Minuten lang im gleichmäßigen schwachen Sieden. Die Kühlbirne kann auch durch einen wassergefüllten kleinen Rundkolben, wassergefüllte Porzellanschale oder auch durch einen umgestülpten Glastrichter ersetzt werden. Verfärbt sich während der Siedezeit die Wasserprobe bräunlich oder entfärbt sie sich, so muß die Bestimmung mit einer mit Aqua dest. verdünnten Probe wiederholt werden. Nach der 10minütigen Siedezeit gibt man 15 ml der 0,005 molaren Oxalsäure hinzu, kocht kurz auf und titriert mit der 0,002 molaren Kaliumpermanganatlösung in der Hitze bis zur schwachen, etwa 30 Sekunden lang beständigen Rosafärbung.

Verwendet man selber eingewogene oder ältere Lösungen, so muß man, um höhere Genauigkeiten zu erzielen, den sogenannten Faktor der Kaliumpermanganatlösung bestimmen. Hierzu gibt man nach Beendigung der Titration nochmals 15 ml 0,005 molare Oxalsäure hinzu und titriert mit der 0,002 molaren Kaliumpermanganatlösung bis zur schwachen Rosafärbung. Den Faktor (f) bestimmt man dann, indem man die 15 ml Oxalsäure durch die verbrauchte Kaliumpermanganatlösungsmenge dividiert (z. B. 15 : 15,2 = 0,986). Der Kaliumpermanganatverbrauch (K) in mg/l läßt sich dann nach folgender Formel berechnen:

$$K = \frac{a \cdot f \cdot 0{,}316 \cdot 1000}{b}$$

a = Verbrauch an 0,002 molarer Kaliumpermanganatlösung in ml
f = Faktor der Kaliumpermanganatlösung
b = Wasserprobevolumen in ml

Erklärung: Viele organische Stoffe werden durch das Oxidationsmittel Kaliumpermanganat in saurer Lösung oxidiert. Nicht reduziertes Kaliumpermanganat wird durch die zugegebene Oxalsäure reduziert. Setzt man eine der Kaliumpermanganatlösung äquivalente Oxalsäurelösung hinzu, so entspricht die verbleibende Menge nicht oxidierter Oxalsäure der Menge organischer Substanz, die am Anfang durch die Kaliumpermanganatlösung oxidiert wurde. Durch Rücktitration mit Kaliumpermanganatlösung kann diese Menge bestimmt werden.

Wird von einer unfiltrierten Probe ausgegangen, so erhält man höhere Werte, da die in der Wasserprobe enthaltenen Organismen ebenfalls oxidiert werden. Mit der Kaliumpermanganatmethode werden aber nur etwa 25% aller oxidierbaren Stoffe im Gewässer erfaßt. Der Kaliumpermanganatverbrauch wird um so höher liegen, je mehr Sauerstoff für die Oxidation der organischen Substanzen in der Gewässerprobe nötig ist. Deshalb spricht man auch von einem **chemischen Sauerstoffbedarf (CBS)**. In der Praxis wird in einem aufwendigen Verfahren mit Kaliumdichromat als Oxidationsmittel gearbeitet, mit dem fast alle oxidierbaren Substanzen erfaßt werden können.

Einschätzung der Gewässergüte

Zur Analyse der Belastung eines Gewässers lassen sich biotische und abiotische Faktoren heranziehen. Geht man von der Verschmutzung eines Gewässers mit Haushaltsabwässern aus, so kann die Stärke der Belastung u.a. am Bakteriengehalt, am biochemischen Sauerstoff- (BSB) und am chemischen Sauerstoffbedarf (CBS) abgelesen werden.

Mit der Zunahme der in den Haushaltsabwässern oxidierbaren organischen Substanzen verbessert sich das Nahrungsangebot für die Bakterien, so daß sie sich stark vermehren können. Die **Gesamtkoloniezahl** und die Anzahl der **coliformen Keime** (s. Seite 121) werden deshalb in Abhängigkeit von der Belastungsstärke mit bakteriell abbaubaren Substanzen ansteigen.

Da die aeroben Bakterien zum Abbau der organischen Substanzen Sauerstoff benötigen, muß sich auch der biochemische Sauerstoffbedarf, meßbar durch die **Sauerstoffzehrung** (s. Seite 125), erhöhen. Ebenso wird sich die organische Belastung im chemischen Sauerstoffbedarf, also in einem vermehrten **Kaliumpermanganatverbrauch** (s. Seite 127), widerspiegeln. Unter oxidierenden Bedingungen liegen sowohl die in einem Gewässer eingespülten als auch die bei der bakteriellen Zersetzung entstehenden Stickstoff- und Schwefelverbindungen in oxidierter Form, also als Nitrat bzw. Sulfat, vor.

Hohe Nitrat- und Phosphatwerte, bedingt durch Auswaschungsvorgänge gedüngter landwirtschaftlicher Flächen oder durch Haushaltsabwässer, sprechen immer für ein nährstoffreiches (eutrophes) Gewässer. Beide Pflanzennährstoffe führen, entsprechende Wassertemperaturen vorausgesetzt, zu einer verstärkten Biomassenproduktion. Wasserblüten sind meist das äußere Kennzeichen solcher Gewässer mit hohen **Planktongehalten** (s. Seite 120) und relativ geringen **Sichttiefen** (s. Seite 122). An sonnigen Tagen kann man in solchen stark belasteten Gewässern Sauerstoffsättigungswerte erhalten, die weit über 100% liegen. Stirbt das Plankton ab, dann wird für die bakterielle Zersetzung der Organismen so viel Sauerstoff verbraucht, daß das Gewässer umkippt. Im Gewässer entstehen dann reduzierende Verhältnisse. Unter diesen Bedingungen werden, unter bakterieller Beteiligung, Nitrat über Nitrit zu Ammonium und Sulfat zu Schwefelwasserstoff reduziert. Ab pH 9 setzt sich zusätzlich das Ammonium mehr und mehr in Ammoniak um. Ammoniak und Schwefelwasserstoff sind toxische Substanzen für die meisten Gewässerorganismen.

Bei der Einschätzung der Gewässergüte haben Einzelwerte eine untergeordnete Bedeutung. Erst wenn man die physikalisch-chemischen Meßwerte untereinander in Beziehung setzt, unter Berücksichtigung der jahreszeitlichen Schwankungen, kann man zur Beurteilung eines Gewässers gelangen. Eine Gewässeruntersuchung, die sich ausschließlich auf physikalisch-chemische Parameter bezieht, erfaßt nur den momentanen Zustand des Gewässers. Erst die Einbeziehung der Wasserorganismen läßt eine Einschätzung zurückliegender Belastungen zu.

Die vier Gewässergüteklassen weisen, ohne Berücksichtigung der verschiedenen Abstufungen, folgende Merkmale auf.

Oligosaprobe Stufe = Wassergüteklasse I
(unbelastet bis gering belastet)
Dieser Reinheitsgrad kommt praktisch nur noch in stickstoff- und phosphorarmen Klarwasserseen (oligotrophe Seen), Talsperren und sauberen Gebirgsbächen vor. Bestimmte Grün- und Kieselalgen und höhere Wasserpflanzen wie Wasserfarn und Tausendblatt bilden pflanzliche Vertreter dieser Zone. Strudelwürmer, Rädertierchen und bestimmte Insektenlarven treten als tierische Vertreter in den Reinwasserbiozönosen auf. Chemisch gesehen laufen oxidative Mineralisierungsvorgänge ab. Auf- und Abbauvorgänge stehen im Gleichgewicht.

β-mesosaprobe Stufe = Wassergüteklasse II
(mäßig belastet)
Die Stufe stellt in unseren einheimischen eutrophen, also nährstoffreichen Gewässern einen gewissen Dauerzustand dar. Die Lebensbedingungen sind für die meisten Lebewesen optimal. Die planktischen Leitgesellschaften sind besonders charakteristisch. In stehenden Gewässern treten höhere Wasserpflanzen (Schilfrohr, Seerosen, Laichkraut, Wasserpest), Schnecken, Muscheln, Rädertierchen, Kleinkrebse und Insektenlarven auf. Der Sauerstoffhaushalt ist weitgehend ausgeglichen, so daß Oxidationsvorgänge überwiegen. Da aufgrund der stärkeren Produktion nicht alles, was produziert wird, auch mineralisiert werden kann, treten erste Schlammablagerungen auf.

α-mesosaprobe Stufe = Wassergüteklasse III
(stark verschmutzt)
In dieser Stufe beherrschen Blau-, Kiesel- und Grünalgen sowie einige höhere Wasserpflanzen die Biozönose. Besonders charakteristisch für diese Zone sind auftretende Wasserblüten, die durch Massenentwicklungen der Algen entstehen. Schnecken, Muscheln, Krebse und Insektenlarven sind nur in wenigen Arten vertreten. Der echte Abwasserpilz (Leptomitus lacteus) überzieht als weißlich-graue Masse Steine. Ebenso werden von dem Pilz im Wasser flutende Büschel ausgebildet. Unter Steinen und z. T. im Boden treten schwarze, faulschlammartige Ablagerungen auf.

Polysaprobe Stufe = Wassergüteklasse IV
(übermäßig verschmutzt)
Die Anzahl der Arten ist gering. Die vorkommenden Arten sind aber in hohen Individuenzahlen anzutreffen. Die Massenentwicklung der Bakterien ist besonders charakteristisch, ebenso das Auftreten von bakterienfressenden Einzellern. Ganze Organismengruppen wie Kieselalgen, Muscheln und Fische treten nur noch vereinzelt auf. Die Uferränder und Steine werden von Sphaerotilus natans, einer koloniebildenden Bakterienart, überzogen. Die zottigen Überzüge sind schleimig und strömen einen süßlichen Geruch aus. Zuckmückenlarven, Schlammwürmer und Rattenschwanzlarven können in Massen vorkommen. Der Gewässerrand ist grauschwarz und besteht aus eisensulfidhaltigem Faulschlamm. Schwefelbakterienkolonien (Beggiatoa spec., Thiothrix nivea) können den Schlamm mit einem weißen Filz überziehen. Chemisch laufen in dem Gewässer überwiegend Reduktionsprozesse ab.

Güteklasse	Saprobienindex	O_2-Minimum in mg/l	BSB_2 in mg/l	$KMnO_4$-Verbrauch in mg/l	Ammoniumgehalt in mg/l (NH_4^+)	Nitritgehalt in mg/l (NO_2^-)	Nitratgehalt in mg/l (NO_3^-)	Phosphatgehalt in mg/l (PO_4^{3-})	Gesamtkoloniezahl pro cm^3 (coliforme Keime)
I	1,0–1,5	8	0,5	<20	<0,1	<0,02	<1,0	<0,03	um 10^2 (50)
I–II	1,5–1,8	8	0,5–1,0	bis 30	um 0,1	um 0,1	bis 1,0	um 0,03	um 10^3 (>50)
II	1,8–2,3	6	1,0–2,5	bis 40	0,1–0,4	um 0,2	<5,0	bis 0,5	um 10^4 (10^2)
II–III	2,3–2,7	4	2,5–4,0	bis 60	um 1,0	um 0,5	um 5,0	>0,5	>10^4 (>100)
III	2,7–3,2	2	4,0–7,0	bis 80	>2,0	um 4,0	>5,0	>0,5	um 10^5 (10^3)
III–IV	3,2–3,5	2	7,0–10,0	>80	>4,0	um 6,0	>5,0	>0,5	um 10^6 (>10^3)
IV	3,5–4,0	2	>10,0	>80	um 10	um 8,0	>5,0	>0,5	>10^6 (2 × 10^4)

129.1. Richtwerte für eine Gütebestimmung eines Gewässers im Sommerhalbjahr

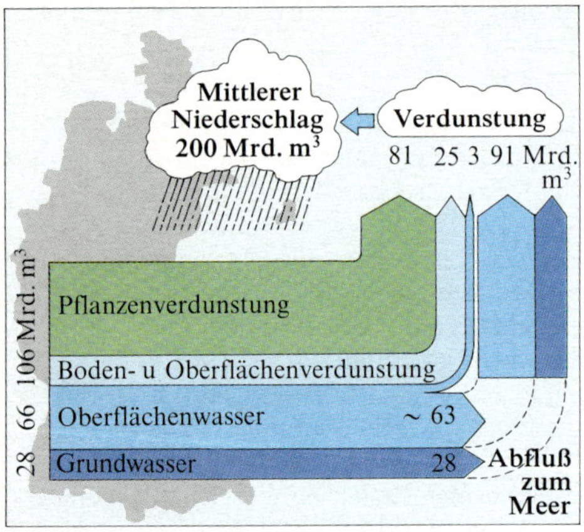

130.1. Wasserkreislauf in der Bundesrepublik Deutschland (Angaben in Mrd. m^3)

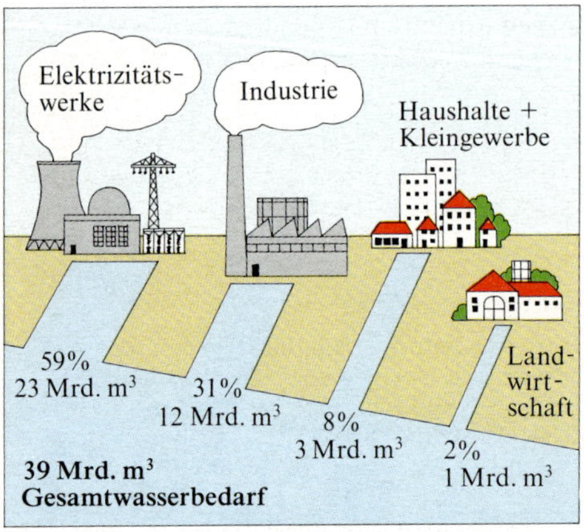

130.2. Wasserverbraucher und Wasserbedarf in der Bundesrepublik Deutschland

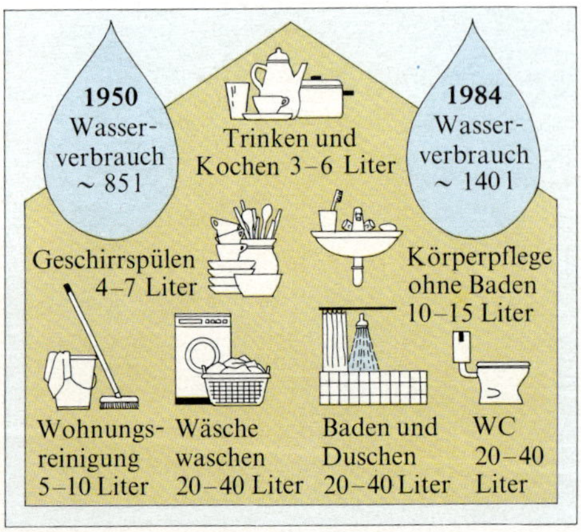

130.3. Durchschnittlicher häuslicher Wasserverbrauch pro Kopf und Tag

7.6. Wassernutzung

Wasser ist nicht nur der Lebensraum vieler Pflanzen und Tierarten, sondern das Wasser wird auch vom Menschen vielfältig genutzt. So dient es in Wasserkraftwerken der Erzeugung von Elektrizität, bei Kohle-, Öl- und Kernkraftwerken zum Antrieb der Dampfturbinen und als Kühlwasser. Bei der Herstellung von 1 t Papier aus Zellstoff werden bis zu 300 m^3, aus Altpapier etwa 40 m^3 Wasser benötigt. Die Gewässer sind auch wichtige Transportwege. Ebenso müssen sie beträchtliche Abwassermengen der Haushalte und Industrie aufnehmen.
Im Haushalt stellt Wasser das bevorzugte Reinigungsmittel dar. Gleichzeitig ist es auch ein wichtiges Lebensmittel des Menschen. Jeder Mensch muß täglich etwa 3 l Wasser mit der Nahrung aufnehmen. Besonders unser **Trinkwasser** muß hohen Qualitätsanforderungen entsprechen. Es sollte nicht nur klar, farblos, geruchlos und geschmacklich einwandfrei, sondern auch frei von Krankheitserregern und gesundheitsgefährdenden Substanzen sein.
Das **Grundwasser** als Haupttrinkwasserquelle wird mehr und mehr durch Verunreinigungen mit zahlreichen Schadstoffen gefährdet. Nach Schätzungen sickern jährlich mindestens 300000 t Salze, vor allem aus Mülldeponien, Abraumhalden und durch Streusalze ins Grundwasser. Hinzu kommen etwa 30000 t Öl, die ebenfalls das Grundwasser verschmutzen. Immer häufiger müssen Trinkwasserbrunnen abgeschaltet werden. So wurden z. B. an mehreren Stellen in der BR Deutschland gesundheitsgefährdende Konzentrationen an halogenierten Kohlenwasserstoffen im Grundwasser nachgewiesen. Diese Stoffe werden von der Industrie u. a. als Lösungs-, Reinigungs- und Entfettungsmittel eingesetzt. Unter ihnen gibt es Verbindungen, die beim Menschen Krebs auslösen.

Unsere Grundwasserreserven sind aber nicht nur durch Schadstoffe, sondern auch durch großflächig vorgenommene Grundwasserabsenkungen, Flußregulierungen und Flächenversiegelungen gefährdet. Die Versickerungsflächen werden immer weiter eingeengt, so daß das Niederschlagswasser rasch dem Meer zugeführt wird. Dadurch wird der Grundwasserhaushalt empfindlich gestört und die für die Trinkwassergewinnung zur Verfügung stehenden Grundwassermengen eingeschränkt. Man muß deshalb auf das verschmutzte Oberflächenwasser zurückgreifen.

Wie gewinnt man Trinkwasser?

Trinkwasser wird gegenwärtig zu 62% aus dem Grundwasser, zu 28% aus dem Oberflächenwasser und zu 10% aus Quellwasser gewonnen. Das Grund- und besonders das Oberflächenwasser muß heute in mehreren Stufen aufbereitet werden.
Oberflächenwasser kann z. B. auf Versickerungsbecken gepumpt werden. Durch die Filterwirkung des Sandes und des anschließenden Bodens werden Inhaltsstoffe weitgehend zurückgehalten. Das versickerte Wasser füllt den Grundwasserhorizont auf. Die Förderung und Aufbereitung des natürlich oder künstlich angereicherten Grundwassers erfolgt in folgenden Stufen:

1. Das Grundwasser wird über **Tiefbrunnen** gefördert.
2. Das sauerstoffreie Rohwasser gelangt anschließend in eine **Belüftungsanlage**, wo es über Düsen versprüht wird, so daß es sich mit Sauerstoff anreichern kann.
3. Die im Rohwasser gelösten Eisen- und Manganverbindungen werden im **Reaktionsbekken** nach Reaktion mit Sauerstoff zusammen mit anderen Stoffen ausgeflockt. Würde man die Eisen- bzw. Manganverbindungen nicht entfernen, so würden sie sich in den Rohrleitungen absetzen und sie mit der Zeit verstopfen.
4. Aus dem Reaktionsbecken gelangt das Wasser in der Regel sofort in die **Schnellfilteranlagen**, die aus sehr dicken Kiesschichten bestehen. In ihnen werden die ausgeflockten Stoffe zurückgehalten. Die Kiesschichten werden in bestimmten Abständen mit Wasser und Luft zur Reinigung gespült.
5. Das entstandene Reinwasser kann in **Reinwasserbehältern** gespeichert werden. Bei Bedarf wird das Trinkwasser mit Hilfe von Pumpen durch Rohrleitungen zum Verbraucher befördert.

Ist die Qualität des Rohwassers besonders schlecht, befinden sich z. B. organische Verschmutzungsstoffe in ihm, so wird eine Ozonbehandlung durchgeführt. Hierbei werden die oxidierten organischen Stoffe ausgefällt. Die anschließende Filterung über Aktivkohle stellt die wirksamste aber auch teuerste Möglichkeit dar, um Schadstoffe aus dem Rohwasser zu entfernen.

V 131.2. Trinkwasserreinigung durch Aktivkohle

Materialien und Geräte: Aktivkohle, Benzin, Meßpipette (1 ml), Pipettierhilfe, Meßkolben (1000 ml), länglicher Schütteltrichter

Durchführung: 1. 1 ml Benzin wird in einem Meßkolben mit Trinkwasser auf 1 l aufgefüllt und kräftig geschüttelt. Anschließend gibt man 10 ml der Lösung in ein Becherglas und überprüft den Geruch.
2. Die hergestellte Benzin-Wasserlösung wird in einen mit Aktivkohle gefüllten Schütteltrichter gegossen. Das durchgelaufene Wasser wird ebenfalls geruchlich überprüft.

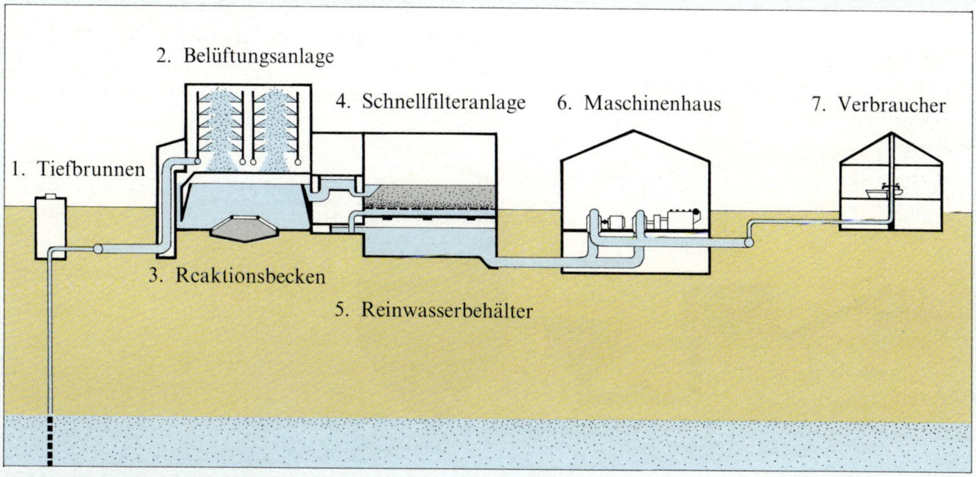

131.1. Trinkwassergewinnung

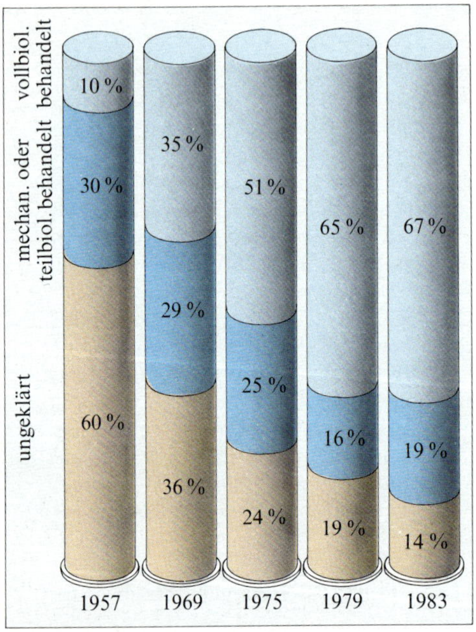

132.1. Öffentliche Abwasserreinigung in der Bundesrepublik Deutschland

7.7. Abwasserreinigung

Die in industriellen und häuslichen Abwässern enthaltenen Inhaltsstoffe können durch Abwasserreinigungsverfahren, die auf die Verschmutzungsstoffe abgestimmt sind, zum größten Teil entfernt werden. *Häusliche Abwässer* enthalten vor allem oxidativ abbaubare organische Verschmutzungsstoffe. Sie können in einer dreistufigen Kläranlage weitgehend gereinigt werden.

Mechanische Reinigungsstufe. Das Abwasser durchläuft zunächst eine *Rechenanlage* mit anschließendem *Sandfang* zur Entfernung größerer fester Stoffe. Danach passiert das Wasser langsam ein *Vorklärbecken*, in dem Schwebstoffe sedimentieren können. 20% bis 30% der Schmutzstoffe, es handelt sich vor allen Dingen um unlösliche Feststoffe, werden auf diese Art und Weise aus dem Abwasser entfernt.

Biologische Reinigungsstufe. Das mechanisch vorgeklärte Abwasser enthält noch die gelösten Verschmutzungsstoffe. Es wird in ein sogenanntes Be-

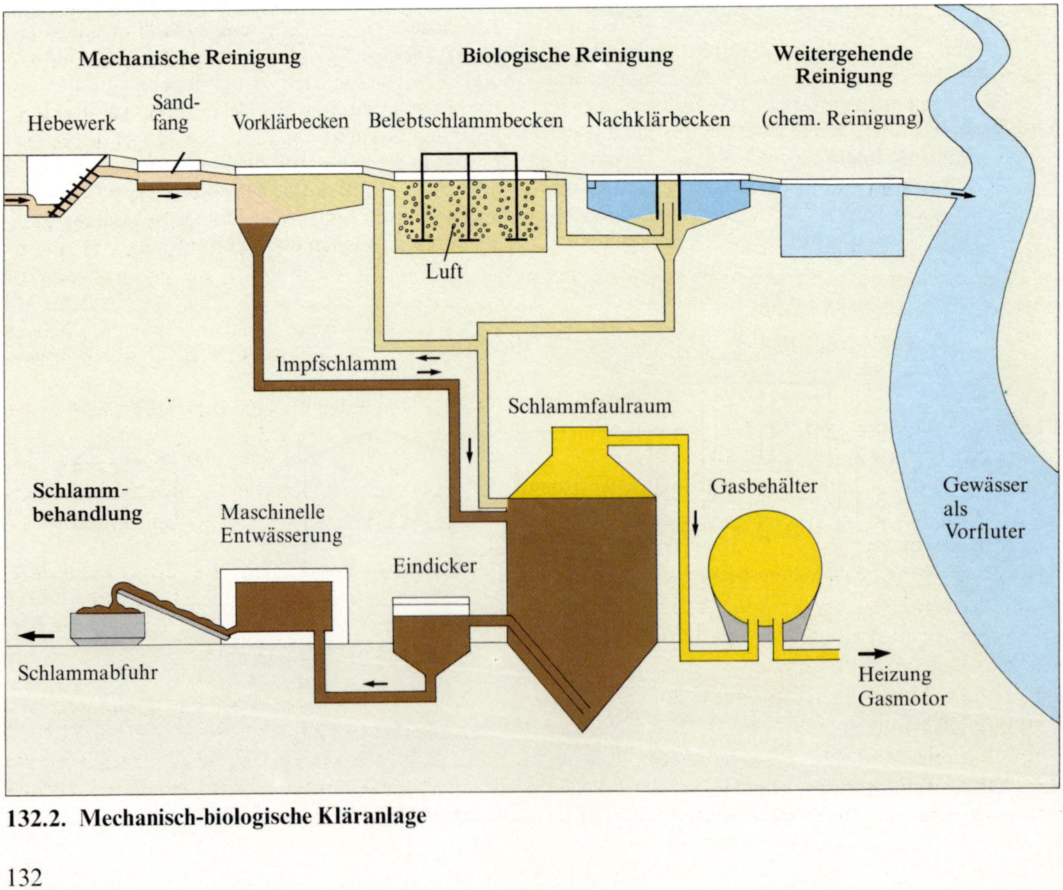

132.2. Mechanisch-biologische Kläranlage

lebtschlammbecken mit zusätzlichen Belüftungseinrichtungen gepumpt. Der *Belebtschlamm* besteht aus einer Organismengesellschaft (aerobe Bakterien und Protozoen), die die gelösten organischen Stoffe zum größten Teil im Abwasser oxidativ abbaut. Durch die einsetzende Massenvermehrung der Bakterien und der übrigen Organismen bilden sich schließlich Belebtschlammflocken, die zusätzlich kolloidal gelöste Stoffe binden. Die biologischen Abbauvorgänge können auch in einem sogenannten *Tropfkörper* ablaufen. Das mit Sauerstoff angereicherte Abwasser durchrieselt hierbei eine Schlackenschicht, die von Mikroorganismen übersät ist. In einem nachfolgenden *Nachklärbecken* müssen die abgesetzten Stoffe und der überschüssige Belebtschlamm entfernt werden. Ein Teil des Belebtschlammes wird zur Neuimpfung weiterer Abwassermengen in das Belebtschlammbecken zurückgeführt. Der Rest wird zusammen mit dem Schlamm aus dem Vorklärbecken in *Faultürme* gepumpt, in denen anaerobe Bakterien den Schlamm in einem Ausfaulungsprozeß weiter verarbeiten. Bei diesem Prozeß werden Methangas, Wärme und ausgefaulter Schlamm erzeugt. Das Methangas kann als Energiequelle und der ausgefaulte Schlamm als Dünger verwendet werden, wenn sein Gehalt an Schadstoffen (z.B. Schwermetalle) nicht zu hoch ist.

Das geklärte Abwasser wird in Gewässer eingeleitet. Diese werden als *Vorfluter* bezeichnet. Die biologisch abbaufähigen organischen Abfallstoffe sind nach den beiden Reinigungsstufen zu etwa 90% aus dem Abwasser entfernt worden. Das geklärte Abwasser enthält aber noch gelöste Salze wie Phosphate und Nitrate. Es stellt also eine „Düngemittellösung" für die Algen im Gewässer dar. Ein Teil dieser Stoffe kann in einer dritten Reinigungsstufe entfernt werden.

Chemische Reinigungsstufe. Die Phosphate lassen sich durch Fällungsmittel ausflocken. Bis zu 90% der Phosphate können durch diese Fällungen im Abwasser beseitigt werden. Die Methoden zur Entfernung der Nitrate aus dem Abwasser stecken noch in den Anfängen. So werden in Denitrifikationsanlagen ohne oder nur mit geringer Sauerstoffzufuhr denitrifizierende Bakterien zum Abbau von Nitrat zu molekularem Stickstoff erprobt.
Industrielle Abwässer bedürfen vielfach zusätzlicher Reinigungsverfahren. Die z.B. in der galvanischen Industrie anfallenden hochgiftigen Cyanide können durch Behandlung mit Wasserstoffperoxid zu Kohlenstoffdioxid und Stickstoff abgebaut werden.

V 133.1. **Modellversuch zur chemischen Reinigungsstufe**

Materialien und Geräte: Aqua dest., Aluminiumsulfat, Eisen(III)-chlorid, Natriumphosphat, Meßzylinder (100 ml oder größer), Schmutzwasser, fertiger Testsatz zum Nachweis von Phosphaten (s. Seite 126)

Vorbereitung der Lösungen: 3 g Aluminiumsulfat oder 3 g Eisen(III)-chlorid werden in 500 ml Aqua dest. gelöst. Man löst 0,1 g Natriumphosphat in 1 l Aqua dest.

Durchführung: Mit dem fertigen Testsatz wird der Phosphatgehalt (s. Seite 126) im Schmutzwasser und in der angesetzten Phosphatlösung bestimmt. Anschließend gibt man 75 ml des Schmutzwassers bzw. 75 ml der Phosphatlösung in verschiedene Meßzylinder und füllt sie mit 25 ml Aluminiumsulfat- oder Eisen(III)-chloridlösung auf. Die Lösungen werden gut umgerührt und bleiben abgedeckt bis zum nächsten Tag stehen. Dann wird nochmals in der klaren Lösung der Phosphatgehalt gemessen.

Auswertung: Vergleichen Sie die gemessenen Phosphatwerte miteinander. Stellen Sie die Werte mit den aufgetretenen Fällungen in Beziehungen. Erstellen Sie Reaktionsgleichungen.

A 133.2. In der Bundesrepublik Deutschland wurden 1984 etwa 700000 t Waschmittel verbraucht. Dadurch gelangten etwa 140000 t Phosphate in das Abwasser. Ungefähr 10 g Phosphat führen zur Produktion von etwa 10 kg Algen. Sterben diese Algen ab, so benötigen die Bakterien für ihre Zersetzung etwa 1 kg Sauerstoff.
a) Erklären Sie anhand der Zahlen die Bedeutung der Phosphate für ein Gewässerökosystem.
b) Erkundigen Sie sich nach den Aufgaben der Phosphate in den Waschmitteln.
c) Vergleichen Sie die Inhaltsangaben verschiedener Waschmittel. Achten Sie besonders auf Angaben über Phosphatersatzstoffe.

A 133.3. Vergleichen Sie die biologischen Selbstreinigungsvorgänge im Gewässer mit den Vorgängen im Belebtschlamm der biologischen Reinigungsstufe.

A 133.4. 1957 fielen bei der öffentlichen Abwasserbeseitigung 9923 Mio. m^3/Tg. und 1979 20860 Mio. m^3/Tg. an. Berechnen Sie jeweils die gereinigten und die ungereinigten Abwassermengen (s. Abb. 132.1.).

8. Wechselwirkungen zwischen Mensch und Umwelt

A 134.1. Werten Sie die Abb. 134.3. aus, indem Sie

a) die Entwicklung der Luftverschmutzung anhand der angegebenen Schadstoffe von 1966 bis 1982 erläutern,

b) mögliche Gründe nennen, die für die festgestellten Veränderungen verantwortlich sein könnten.

c) die Frage diskutieren, ob die Luftverschmutzung in der BR Deutschland ab- oder zugenommen hat.

A 134.2. Ein 100-Megawatt-Kraftwerk verbraucht bei Vollast 32000 kg Steinkohle (Schwefelgehalt 1%) pro Stunde. 1 kg Steinkohle ergibt bei der Verbrennung 10 m^3 Rauchgas mit 20 g Schwefeldioxid. Berechnen Sie den jährlichen Schwefeldioxidaustausch bei 4000 Betriebsstunden pro Jahr ohne und mit einer Rauchgasentschwefelungsanlage (Wirkungsgrad 95%).

8.1. Belastung der Luft

Die Lufthülle gehört neben Boden und Wasser zu den großen Lebensräumen der Erde. Darüber hinaus steht jedes Lebewesen über den Stoffwechsel mit Luftinhaltsstoffen in Verbindung. Durch Eingriffe des Menschen ist die Luft, wie auch Boden und Wasser durch Schadstoffe belastet. In den Ballungsräumen kommen heute schon bestimmte Schadstoffe in gesundheitsgefährdenden Konzentrationen vor. Nach einer Definition der Weltgesundheitsorganisation (WHO) liegen Luftverunreinigungen vor, wenn *„sich ein luftverunreinigender Stoff oder mehrere luftverunreinigende Stoffe in solchen Mengen und solange in der Außenluft befinden, daß sie für Menschen, Tiere, Pflanzen und Eigentum schädlich sind, zur Schädigung beitragen oder das Wohlbefinden oder die Besitzausübung unangemessen stören."*

Verursacher	Beteiligung der Verursacher an der jeweiligen Emission in Mio. Tonnen bzw. in %											
	Schwefeldioxid			Stickstoffdioxid			Kohlenstoffmonoxid			Staub		
	1966	1978	1982	1966	1978	1982	1966	1978	1982	1966	1978	1982
Summe der jeweiligen Emission in Mio. Tonnen	3,2	3,4	3,0	2,0	3,1	3,1	12,5	9,1	8,2	1,8	0,75	0,70
Wärmekraftwerke	1,32 41,3%	1,87 55,1%	1,86 62,1%	0,47 23,6%	0,86 27,8%	0,86 27,7%	0,03 0,2%	0,03 0,3%	0,03 0,4%	0,45 25,2%	0,17 22,7%	0,15 21,7%
Industrie	1,14 35,7%	0,95 27,8%	0,76 25,2%	0,61 30,6%	0,52 16,7%	0,43 14,0%	1,73 13,8%	1,36 14,9%	1,12 13,6%	1,05 58,5%	0,46 61,4%	0,42 59,7%
Haushalte + Kleinverbraucher	0,64 19,9%	0,46 13,4%	0,28 9,3%	0,12 5,8%	0,14 4,5%	0,12 3,7%	6,5 52,0%	1,71 18,8%	1,72 21,0%	0,25 13,7%	0,06 8,0%	0,06 9,2%
Verkehr	0,1 3,1%	0,12 3,7%	0,1 3,4%	0,8 40,0%	1,58 51,0%	1,69 54,6%	4,25 34,0%	6,00 66,0%	5,33 65,0%	0,05 2,6%	0,06 7,9%	0,07 9,4%

134.3. Emissionen in der Bundesrepublik Deuschland

8.1.1. Emission – Immission

Bei den Luftverunreinigungen wird zwischen Emissionen und Immissionen unterschieden. **Emissionen** sind die von einer Anlage ausgehenden und **Immissionen** sind die auf Menschen, Tiere, Pflanzen und andere Sachen einwirkenden Luftverunreinigungen. In der „*Technischen Anleitung zur Reinhaltung der Luft (TA-Luft)*", einer Verordnung des Bundesimmissionsschutzgesetzes, wurden **Emissions-** und **Immissionsgrenzwerte** festgelegt. Sie sollen die Umwelt vor Schäden schützen. Bei den Immissionsgrenzwerten wurden für die Langzeitwirkung **Jahresmittelwerte** (IW-1) und für die Kurzzeitwirkung **Halbstundenwerte** (IW-2) festgelegt.

Als Verursacher der Luftverschmutzung kommen Verkehr, Industrie, einschließlich der Energiegewinnungsbetriebe und der Hausbrand in Frage.

Hinzu kommen noch Stoffe, die bei natürlichen Prozessen gebildet werden. Hierzu gehören anaerobe und aerobe Zersetzungsvorgänge, bei denen Gase wie Ammoniak, Distickstoffoxid, Kohlenstoffmonoxid, Kohlenstoffdioxid und Methan freigesetzt werden. Durch Vorgänge in der Atmosphäre können weitere Stoffe wie Ozon und Stickstoffdioxid entstehen. Die von der Industrie erzeugten Abgase sind so vielfältig wie die von ihr erzeugten Produkte. Man rechnet mit über 2000 festen, flüssigen oder gasförmigen Fremdstoffen. Mindestens 300 von ihnen haben lufthygienische Bedeutung. Die Kraftwerke erzeugen vor allen Dingen Staub, Stickoxide und Schwefeldioxid, die Stahlwerke Schwefeldioxid, Fluor und Staub, die chemische Industrie unter anderem Staub und zahlreiche geruchsintensive Gase und Müllverbrennungsanlagen Staub, Schwefeldioxid und Chlorverbindungen.

Gebiet	Schwefeldioxid in mg/m^3		Stickstoffdioxid in mg/m^3		Ozon in mg/m^3	
	Jahresmittel	Max.	Jahresmittel	Max.	Jahresmittel	Max.
Bodennahe Luftschicht	0,0005	–	0,001	0,1	–	–
Reinluftgebiete	0,005	0,1	0,005	0,03	0,08	0,18
Ballungsräume	0,07	1,0	0,04	0,4	0,03	0,3
hochbelastete Innenstadtbereiche	0,140	1,5	0,08	0,8	0,03	0,4

135.1. Immissionswerte für einige Luftverunreinigungen in verschieden belasteten Gebieten (Allgemeine Forstzeitschrift, Juli 1984)

Schadstoff	IW 1-Wert in mg/m^3	IW 2-Wert in mg/m^3
Schwebstaub	0,15	0,30
Kohlenstoffmonoxid	10,0	30,0
Schwefeldioxid	0,14	0,40
Stickstoffdioxid	0,08	0,30

135.2. Immissionsgrenzwerte als Jahresmittelwerte (IW-1) und als Halbstundenwerte (IW-2-Wert)

A 135.3. Schadstoffkonzentrationen werden auch in der Einheit ppm (parts per million) angegeben. 1,16 mg CO/m^3, 2,73 mg SO_2/m^3 und 1,91 mg NO_2/m^3 entsprechen jeweils 1ppm. Rechnen Sie die in Tabelle 135.2. angegebenen Werte in ppm um.

A 135.4. Vergleichen Sie die in der Abb. 135.1. angegebenen Werte. Setzen Sie dabei die angegebenen Maximalwerte mit den IW-2-Werten gleich. Für Ozon wird ein IW-2-Wert von 0,075 mg/m^3 diskutiert.

a) In welchen Gebieten können die Grenzwerte überschritten werden? Berechnen Sie den Überschreitungsgrad jeweils in Prozent.

b) Diskutieren Sie, wie man die angegebenen Werte je nach Interessenlage einerseits als Argumentationshilfe zur Darstellung der Luftbelastung und andererseits der Luftgüte in der Bundesrepublik Deutschland benutzen kann.

A 135.5. Der Tagesmittelwert für Schwefeldioxid betrug im Monat Januar 1982 in Berlin 0,125 mg/m^3. Beschreiben Sie anhand der Abb. 135.6. die besondere Situation bei Smogwetterlagen in Ballungsräumen.

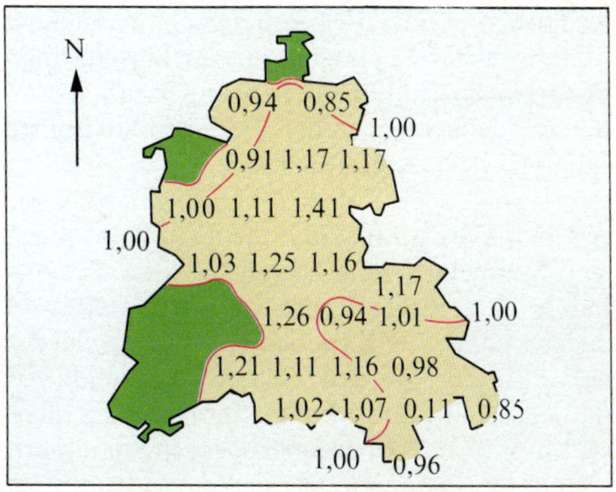

135.6. Maximale Halbstundenwerte für Schwefeldioxid (in mg/m^3) in Berlin-West am 11. 1. 1982 (Senator für Stadtentwicklung und Umweltschutz)

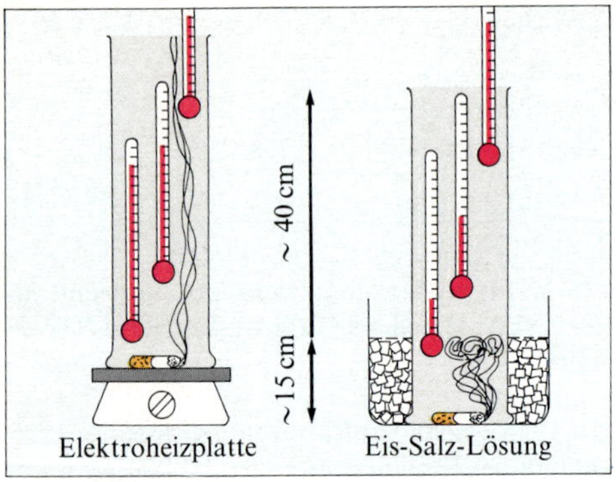

136.1. Modellversuche zur normalen und zur Inversionswetterlage

V 136.2. Wie entsteht Smog?

Materialien und Geräte: Glaswanne (Ø etwa 20 cm), Kältegemisch (Eis + Kochsalz, 3 : 1), Kochplatte, Thermometer, Zigarettenstummel, 2 Zylinder (Mindesthöhe 40 cm, Ø etwa 8 cm)

Durchführung: Ein Zylinder wird auf eine schwach erwärmte Kochplatte und der zweite Zylinder in das Eis-Salzgemisch gestellt. Nach etwa 5 Minuten mißt man in den drei angegebenen Bereichen (s. Abb. 136.1.) in jedem Standzylinder die Temperatur. Anschließend läßt man auf den Boden jedes Zylinders eine brennende Zigarettenkippe fallen.

Auswertung: Tragen Sie die gemessenen Temperaturen in ein Koordinatensystem ein, und setzen Sie die Temperaturkurven zu den gemachten Beobachtungen in Beziehung.

A 136.3. Am 19. 1. 1985 betrug in Berlin die Bodentemperatur −2,4° C, in 230 Meter Höhe betrug die Temperatur −6,1° C und in 400 Meter Höhe +4,6° C. Begründen Sie, warum diese Temperaturbedingungen zu austauscharmen Wetterlagen führen. Stellen Sie Parallelen zu den Modellversuchen her. Beziehen Sie in Ihre Überlegungen Abb. 135.6. ein.

A 136.4. Für austauscharme Wetterlagen sind Smogalarmpläne erstellt worden. Sie enthalten in der Regel eine Vorwarn- und zwei Alarmstufen. Als Kriterien für die verschiedenen Stufen werden u.a. Schwefeldioxid (0,6–0,8), Stickstoffdioxid (0,6) und Kohlenstoffmonoxid (30) herangezogen. In Klammern sind die Werte in mg/m^3 für die Ausrufung der Vorwarnstufe angegeben. Diskutieren Sie die Frage, ob Smogalarmpläne als Umweltschutzmaßnahme eingestuft werden können.

8.1.2. Auswirkungen der Luftverschmutzung

Die Auswirkungen der Luftverschmutzung machen sich in Ballungsgebieten besonders bei **Inversionswetterlagen** bemerkbar, die vorwiegend in den Wintermonaten auftreten. Hierbei liegt eine wärmere über einer kälteren Luftschicht und blockiert so die Austauschvorgänge in der Atmosphäre. Die Schadstoffe der verschiedenen Emittenten sammeln sich unter der entstandenen Glocke an. Dies kann zum **Smog** führen. Staubpartikelchen bleiben hierbei in der Luft fein verteilt. Sie dienen als Kondensationskerne und als Katalysatoren für eine Reihe von Reaktionen. Schwefeldioxid kann z. B. zu Schwefeltrioxid oxidiert werden und mit der Luftfeuchtigkeit Schwefelsäure bilden.
In den Sommermonaten können bei austauscharmen Wetterlagen unter Einfluß des Lichtes weitere Schadstoffe gebildet werden. So setzt sich das Stickstoffdioxid der Autoabgase unter Lichteinfluß in bodennahen Luftschichten zu Stickstoffmonoxid und atomarem Sauerstoff um, der mit einem Sauerstoffmolekül zu Ozon weiter reagiert. Mit der Zeit kann sich ein Gleichgewicht einstellen, in dem Ozon mit dem Stickstoffmonoxid wieder zu Stickstoffdioxid und Sauerstoff reagiert.
Unter den geschilderten Bedingungen können neben Ozon auch Salpetersäure und Peroxiacetylnitrat (PAN) entstehen. Diese Substanzen faßt man unter dem Begriff **Photooxidantien** zusammen. Sie werden nicht nur für das Waldsterben mit verantwortlich gemacht, sondern sie erzeugen auch bei Smogwetterlagen beim Menschen Augenbrennen, Kopfschmerzen, Atemnot und Husten. Es sind vor allem Menschen mit Erkrankungen der Atmungsorgane gefährdet. Neben alten Menschen gehören auch Kleinkinder zu den Risikogruppen. So tritt in den letzten Jahren bei den Kleinkindern vermehrt eine als **Pseudokrupp** bezeichnete Krankheit auf, die durch krampfartige Hustenanfälle und Atemnot gekennzeichnet ist.
Die zunehmende Luftverschmutzung wird in einen statistischen Zusammenhang mit einer ganzen Reihe von Erkrankungen gebracht. *Lungenkrebs* z. B. tritt, wie Erhebungen in Großstädten des Ruhrgebiets ergeben haben, bei der Stadtbevölkerung häufiger auf als bei der Landbevölkerung. Das aus den Autoabgasen freigesetzte *Benzpyren* und das im Benzin enthaltene *Benzol* (bis zu 5%) spielen hierbei als krebsauslösende Substanzen wahrscheinlich eine Rolle. Die Beweiskraft der statistischen Methoden ist dadurch eingeschränkt, daß eine Reihe anderer Fakto-

ren, wie z. B. das Rauchen, an den Erkrankungen beteiligt sind.
Die Luftverschmutzung gefährdet nicht nur die Gesundheit des Menschen, sondern sie verursacht auch weitere Schäden. So betragen die durch die Luftverschmutzung bedingten Schäden in der Bundesrepublik Deutschland etwa 3 bis 4 Mrd. DM jährlich. Diese Kosten entstehen allein durch Reinigungs- und Konservierungsmaßnahmen sowie der Behebung von Korrosionsschäden an Brücken und Gebäuden. Allein die Restaurierung, Reinigung und Konservierung der Fassade des Kölner Doms verursacht seit 1977 jährliche Kosten von 3 Mio. DM. Man geht davon aus, daß Kosten in gleicher Höhe bis 1997 anfallen werden.

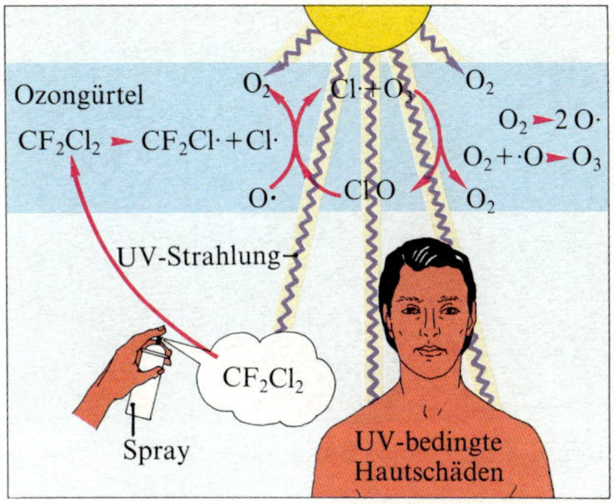

137.1. Mögliche Beziehungen zwischen Ozonabbau und Hautkrebs

Ozongürtel der Erde gefährdet

Würde die UV-Strahlung der Sonne ungehindert die Erdoberfläche erreichen, wäre Leben auf der Erde nicht möglich. Die gefährliche UV-Strahlung wird durch einen Ozongürtel zurückgehalten, der sich in 10–40 km Höhe befindet. Ozon entsteht, indem Sauerstoffmoleküle durch die UV-Strahlung in zwei Sauerstoffatome zerlegt werden, die mit anderen Sauerstoffmolekülen zu Ozon reagieren. Ebenso kann sich Ozon mit einem Sauerstoffatom zu zwei Sauerstoffmolekülen umsetzen. Auf- und Abbau des Ozons befinden sich im Gleichgewicht.
Satellitenmessungen haben nun ergeben, daß in den letzten 10 Jahren die Ozonkonzentration in 40 km Höhe jährlich um ein halbes Prozent abgenommen hat. Man befürchtet, daß sich diese Entwicklung fortsetzt. Für den Abbau werden u. a. Fluorchlorkohlenwasserstoffe verantwortlich gemacht. Sie finden als Treibgas in Spraydosen und als Kühlmittel Verwendung. Gelangen diese Verbindungen in die Atmosphäre, so wird aus ihnen atomares Chlor freigesetzt, das Ozon zu Chlormonoxid (ClO) und Sauerstoff umsetzt. Das Chlormonoxid reagiert wiederum mit einem Sauerstoffatom zu atomarem Chlor und einem Sauerstoffmolekül. Das Chloratom setzt sich erneut mit Ozon um. Auf diese Art und Weise kann ein Chloratom mehrere tausend Ozonmoleküle zerstören, bevor es durch Reaktion mit einem wasserstoffhaltigen Molekül in Chlorwasserstoffgas überführt wird.

V 137.2. **UV-Strahlen töten Mikroorganismen**

Materialien und Geräte: Alufolie, Fertigstandardnährbodenplatten (z. B. Merck Nr. 10416), Drygalski-Spatel, 1 ml Meßpipette mit Pipettierhilfe, Trichter, Papierfilter, UV-Quelle (z. B. Höhensonne)

Durchführung: Etwa 10 ml Erde werden mit 10 ml Wasser geschüttelt und anschließend filtriert. Je 0,2 ml des Filtrats werden auf 2 Nährbodenplatten gegeben und mit dem Drygalski-Spatel gleichmäßig verstrichen. Eine Platte wird verschlossen. Auf die Oberfläche der zweiten Platte gibt man eine Aluminiumschablone z. B. mit den Buchstaben UV und bestrahlt sie ca. 20 Minuten mit UV-Licht.
Nach der Entfernung der Schablone wird die Platte verschlossen. Die bestrahlte und die unbestrahlte Blindprobe werden bei Zimmertemperatur 2 bis 3 Tage abgedunkelt aufbewahrt. Nach der Auswertung werden die Kolonien mit vergälltem Alkohol vernichtet.

Auswertung: UV-Strahlung kann beim Menschen zu DNA-Schäden in den Hautzellen führen. Werden die zelleigenen Reparaturmechanismen durch wiederholte UV-Strahlung überfordert, so kann Hautkrebs entstehen.
Erläutern Sie mögliche Konsequenzen des Ozonabbaus.

138.1. Flechten als Bioindikatoren

138.2. Pflanze zur Luftüberwachung

138.3. Abgasversuche in Gewächshäusern

V 138.4. Untersuchen Sie Regenwasser (Schnee) auf den Sulfat-, Nitrat- und Säuregehalt (pH-Wert) nach Versuchsanweisungen aus V 126.2. und V 126.3.

V 138.5. Zerkleinern Sie gleich große und gleich dicke Baumrindenstücke (etwa 1 cm^2) von der Wetterseite verschiedener Bäume und laugen Sie diese mit frisch destilliertem Wasser 24 Stunden lang aus. Untersuchen Sie das Wasser auf seinen Sulfat-, Nitrat- und Säuregehalt nach Versuchsanweisung V 126.2./3.

8.1.3. Pflanzen als Bioindikatoren

Verschiedene Ballungsräume der BR Deutschland sind mit einem Netz von Meßstationen zur Überwachung der Luftqualität überzogen. Die vollautomatisch arbeitenden Meßgeräte bestimmen die Konzentrationen verschiedener Schadstoffe und ihre räumliche Verteilung. Die gemessenen Werte erhalten aber erst dann Bedeutung, wenn man sie mit beobachtbaren Schädigungen in Beziehung setzen kann. Deshalb hat man Pflanzen als **Bioindikatoren** zur Überprüfung der Luftqualität herangezogen.

Flechten haben sich als Bioindikatoren besonders bewährt. Sie reagieren empfindlich auf Schwefeldioxid und Fluorwasserstoff. Die meisten Flechtenarten sterben ab, wenn der mittlere Schwefeldioxidgehalt der Luft über 0,1 mg/m^3 liegt. Durch eine Kartierung der Flechtenvegetation in einem zu überprüfenden Gebiet lassen sich aus der Artzusammensetzung, der Häufigkeit und dem Bedeckungsgrad der Bäume mit Flechten Rückschlüsse auf die Belastung eines Gebietes mit Luftverschmutzungsstoffen ziehen. Umgekehrt kann man aber auch aus dem Wiederauftauchen von Flechten auf eine Verbesserung der Luftqualität schließen. Zusätzlich werden lebende Flechten in belasteten Gebieten ausgehängt. Nach einer bestimmten Einwirkungszeit bestimmt man die Fläche der abgestorbenen Flechten und schließt so auf die Luftqualität.

Beim Einsatz von Pflanzen als Bioindikatoren für Luftverunreinigungen unterscheidet man zwischen einer **passiven** und einer **aktiven Überwachung**. Im ersten Fall beobachtet und analysiert man die im Überwachungsgebiet vorhandenen Pflanzen. Im zweiten Fall setzt man unter standardisierten Bedingungen aufgezogene Pflanzen im Überwachungsgebiet aus. Diese Pflanzen werden nach einer bestimmten Einwirkungszeit auf Schädigungen untersucht. Bei der Bewertung werden morphologische Veränderungen ebenso berücksichtigt wie chemische Analysen.

Um Schäden, die durch bestimmte Luftverunreinigungen verursacht werden, besser zu erkennen, setzt man die Pflanzen unter standardisierten Bedingungen in Gewächshäusern oder Klimakammern einzelnen oder Gemischen von Luftverschmutzungsstoffen aus. Neben morphologischen Veränderungen wie Vergilbung der Blätter (Chlorosen), Absterben von Geweben (Nekrosen) sowie Wachstumsanomalien werden die Photosyntheseaktivität, der Chlorophyllgehalt, die Enzymaktivitäten und der Wasserhaushalt gemessen.

8.1.4. Maßnahmen zur Luftreinhaltung

Seit Anfang der siebziger Jahre hat die Bundesregierung eine Reihe von Gesetzen und Verordnungen zur Luftreinhaltung erlassen. Das umfassendste Gesetzeswerk stellt das **Bundes-Immissionsschutzgesetz** mit seinen Verwaltungsvorschriften dar.
In der „*Großfeuerungsanlagenverordnung*“ sind z. B. Emissionsgrenzwerte für Schwefeldioxid, Stickstoffoxide, Kohlenstoffmonoxid, Staub und Schwermetalle festgelegt. Danach müssen z. B. ab 1983 neu erstellte Kohle- und Heizölkraftwerke ihren Schwefeldioxidausstoß von über 2000 mg/m^3 auf 800 mg/m^3 bei 100 MW-Kraftwerken und auf 400 mg/m^3 bei noch größeren Kraftwerken vermindern. Dies kann nur durch neue Techniken wie Rauchgasentschwefelung und Wirbelschichtfeuerung erreicht werden. Altanlagen wird für die Umrüstung eine zehnjährige Übergangszeit eingeräumt.
In der „*Technischen Anleitung zur Reinhaltung der Luft*“ (*TA-Luft*) wird den Benutzern von 50000 alten Industrieanlagen vorgeschrieben, ab 1986 ihre Anlagen innerhalb von 8 bis 10 Jahren mit umweltfreundlicher Technik auszustatten. Nach Schätzungen wird hierfür eine Investition von mindestens 10 Mrd. DM notwendig sein.
Die TA-Luft soll zusammen mit der Großfeuerungsanlagenverordnung eine Reduzierung der Schwefeldioxidemissionen von über 70% und der Stickstoffemissionen von über 60% bringen. Kritiker wenden ein, daß die Gesetze erst ab 1990 zu den geschilderten Verbesserungen führen werden. Sie gehen davon aus, daß eine noch stärkere Herabsetzung der Emissionen technisch möglich wäre.
Eine **Rauchgasentschwefelungsanlage** arbeitet nach folgendem Grundprinzip. Die Abgase werden nach der Staubabscheidung durch Wäscher mit Calciumlauge geleitet. Das Schwefeldioxid reagiert zu Calciumsulfit ($CaSO_3$), das durch Oxidation zu Calciumsulfat ($CaSO_4$ = Gips) oxidiert wird. Der Schwefeldioxidgehalt kann durch dieses Verfahren aus den Abgasen bis zu 95% entfernt werden.
Andere Maßnahmen setzen im Feuerungsraum der Kraftwerke an. So wird bei der **Wirbelschichtfeuerung** die fein verteilte Kohle mit Kalkteilchen in den Feuerungsraum mit Luft eingeblasen. Bei diesem Verfahren werden nicht nur Schwefeldioxid sondern auch Stickoxide entfernt. Bei der geringeren Verbrennungstemperatur (800 bis 900° C) entstehen bis zu 50% weniger Stickoxide. Inzwischen gibt es Anlagen, die Stickoxide mit Hilfe von Katalysatoren entfernen.

Katalysatoren verringern die Abgase

Bei der Verbrennung von Benzin im Motor entstehen eine Reihe von Schadstoffen wie Kohlenmonoxid, Kohlenwasserstoffe und Stickstoffmonoxid. Um den Schadstoffausstoß zu verringern, hat man Katalysatoren entwickelt. Sie bestehen aus einem Metallgehäuse mit einem wabenförmigen Keramikkörper, der mit katalytisch aktiven Substanzen wie z. B. Platin und Rhodium beschichtet ist. Diese Metalle setzen Oxidations- und Reduktionsvorgänge in Gang, durch die der größte Teil der giftigen Abgase in harmlose Verbindungen umgewandelt wird. Der Grad der Entgiftung im Katalysator hängt vom richtigen Kraftstoff-Luft-Gemisch ab. Bei einem zu hohen Sauerstoffgehalt des Gemisches wird z. B. Kohlenstoffmonoxid vollständig zu Kohlenstoffdioxid umgewandelt. In diesem Falle bliebe nicht genügend Kohlenstoffmonoxid zur Reduktion des Stickstoffmonoxids übrig. Im geregelten Katalysator mißt eine Lambda-Sonde den Sauerstoffgehalt im Abgasstrom vor dem Katalysator. Über ein verbundenes Steuergerät wird das Kraftstoff-Luft-Gemisch so reguliert, daß der Katalysator optimal arbeitet. Ein Katalysatorauto benötigt bleifreies Benzin, da Blei den Katalysator unbrauchbar machen würde.

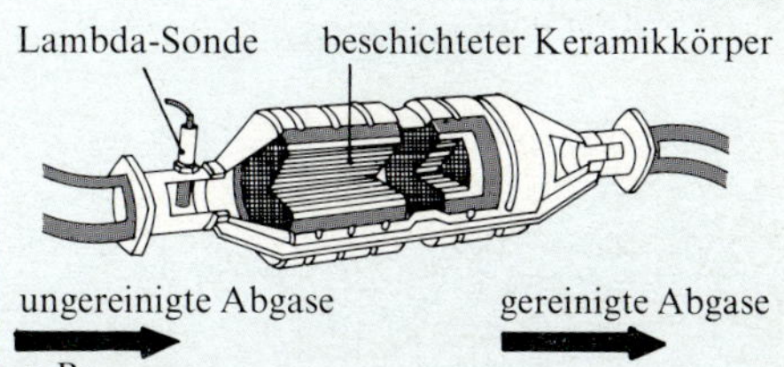

z. B.

C_8H_{18}	$C_8H_{18} + 12\frac{1}{2}\,O_2 \rightarrow$	$8CO_2 + 9H_2O$
CO	$CO + \frac{1}{2}\,O_2 \rightarrow$	CO_2
NO	$CO + NO \rightarrow$	$CO_2 + \frac{1}{2}\,N_2$

139.1. Aufbau und Funktion eines geregelten Katalysators

V 140.1. Mineralische Bestandteile und Humusgehalt des Bodens

Materialien und Geräte: Bodenproben, die 2 bis 3 Tage an der Luft getrocknet wurden, klare Glasflaschen (möglichst abgeflacht, ca. 100 ml), Lineal, Mörser, Porzellan- oder Metalltiegel, Waage

Durchführung: 1. Jeweils 50 g der Bodenprobe werden in einen Mörser gegeben und die größeren Klumpen zerkleinert. Die Probe gibt man anschließend in eine Glasflasche und füllt mit Wasser auf. Die Flasche wird verschlossen und 30 Sekunden lang kräftig geschüttelt. Anschließend wird die Flasche auf dem Tisch stehend 1 Minute lang hin und her gekippelt. Zum endgültigen Absetzen der Schichten bleibt die Flasche 10 Minuten lang ruhig stehen. Mit einem Lineal mißt man die Dicke der verschiedenen Schichten. Die Dicke und die Abfolge der Schichten (z. B. Humus, Ton, feiner Sand, grober Sand) werden protokolliert.
2, Humus ist ein organischer Bestandteil des Bodens und kann deshalb verbrannt werden. 50 g der Bodenprobe werden in einem offenen Porzellan- oder Metalltiegel mit einer Bunsenbrennerflamme 15 Minuten lang stark erhitzt. Die Bodenprobe rührt man hin und wieder mit einem Metallstab um. Nach dem Abkühlen wird die Probe gewogen und der Humusgehalt berechnet.

A 140.2. Erstellen Sie die abgebildete Apparatur, und bestimmen Sie damit die Wasserkapazität und Wasserdurchlässigkeit von Bodenproben.

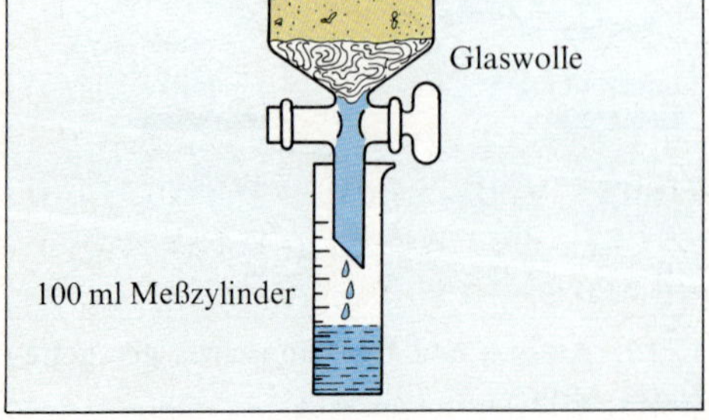

8.2. Belastung des Bodens

8.2.1. Aufbau des Bodens

Der Boden ist ein Teil der festen Erdkruste. Er ist Lebensraum für viele Organismen, ebenso Nährsalz- und Wasserspeicher für die im Boden wurzelnden Pflanzen. Er entsteht durch Verwitterungsvorgänge aus Gesteinen und durch Abbau toter biologischer Substanz. Diese Bodenkomponenten bilden zusammen mit dem Bodenwasser, der Bodenluft und den Bodenorganismen das **Ökosystem Boden.**

Der Boden stellt ein *Recyclingsystem* dar; Abgestorbenes pflanzliches und tierisches Material wird zu Nährsalzen für die Pflanzen abgebaut. Diese Zersetzung erfolgt durch die Bodenlebewesen, die ihren Energie- und Nährstoffbedarf aus abgestorbenem Material decken. **Erstzersetzer** wie *Tausendfüßler, Asseln, Regenwürmer, Fliegenlarven* und *Schnecken* beginnen den Abbau. Das zerkleinerte Material und die Kotballen der Erstzersetzer werden von **Folgezersetzern** wie *Hornmilben* und *Springschwänzen* weiter verarbeitet. Es entstehen feinkrümelige Substanzen, die durch Bakterien und Pilze zu Kohlenstoffdioxid, Nitrat, Phosphat, Sulfat und anderen Nährsalzionen abgebaut werden. Diesen Vorgang bezeichnet man als **Mineralisierung**.

Organische Abfallprodukte und mineralische Bestandteile werden z. T. im Darm der Zersetzer und durch Bakterien, Pilze und Algen zu stabilen Krümeln verkittet. Diese Krümel enthalten **Humusstoffe**, die nur verzögert mineralisiert werden können. Der Humusgehalt bildet die Grundlage für die Fruchtbarkeit eines Bodens. Zwischen den Bodenkrümeln eines humosen Bodens sind viele kleine Zwischenräume. Ein besonders großes Porenvolumen bewirkt zum einen eine gute Durchlüftung und zum anderen ein gutes Wasserspeicherungsvermögen eines Bodens. Beide Eigenschaften fördern in optimaler Weise das Wachstum der Pflanzen. Je belebter der Boden, um so stärker wird der organische Abfall zu neuen Nährstoffen abgebaut und die Struktur des Bodens durch Lockerung und Umschichtung verbessert.
Vom Menschen werden besonders die fruchtbaren, humosen Böden landwirtschaftlich genutzt. Sie bilden die Produktionsgrundlage zur Erzeugung von wichtigen Rohstoffen und von Nahrungs- bzw. Viehfuttermitteln.

Bodenpraktikum

V 141.1. Untersuchung der Bodenlebewesen

Materialien und Geräte: Erlenmeyerkolben (200 ml), frische Erdproben, Fixierflüssigkeit (9 Teile vergällter Alkohol + 1 Teil Glycerin), Küchensieb (Maschenweite 2 mm), Karton, Lampe (60 W-Birne), Trichter

Durchführung: Erstellen Sie nach Abb. 141.2. die sogenannte BERLESE-Apparatur. In das Sieb gibt man vorsichtig 100 ml frische Erde, aus der alle größeren Lebewesen, die nicht die Maschenweite des Siebes passieren können, entfernt wurden. Nachdem man das Sieb in den Trichter eingehängt hat, wird die Lampe angeschaltet. Die Apparatur bleibt anschließend 3 bis 5 Tage stehen.

Aufgaben: a) Untersuchen Sie mit der Apparatur verschiedene Bodenproben (Acker-, Gartenerde, Erde und Straßenbäumen)
b) Ordnen Sie die Organismen größeren systematischen Gruppen (z. B. Faden-, Ringelwürmer, Tausendfüßler, Milben, Spinnen, Krebstiere, Insekten) zu.
c) Vergleichen Sie die zahlenmäßige und artmäßige Zusammensetzung der Lebewesen in den verschiedenen Erdproben.

V 141.3. Mikroorganismen als Destruenten

Materialien und Geräte: Erlenmeyerkolben (100 ml), Fertigstandardnährbodenplatten (Merck Nr. 10416), Petrischalen, Rundfilterpapier (Cellulosefilter), abgekochtes Wasser, Wärmeschrank

Durchführung: 1. Man legt ein Rundfilterpapier in eine Petrischale und beschichtet es mit gut durchfeuchteter Gartenerde. Zum Vergleich überschichtet man in einer zweiten Petrischale ein Rundfilterpapier mit Erde, die man im Wärmeschrank bei 150–180° C zwei bis drei Stunden lang erhitzt hat. Anschließend wird die Erde mit abgekochtem Wasser gut durchfeuchtet. Die Schalen werden verschlossen und mindestens für 4 Wochen abgedunkelt aufbewahrt. Danach werden die Filterpapiere vergleichend untersucht.
2. 10 ml frische Gartenerde werden mit 20 ml abgekochtem Wasser in einem Erlenmeyerkolben geschüttelt. Man gibt ein wenig dieser Flüssigkeit auf einen Fertigstandardnährboden. Die verschlossene Platte bewahrt man 2 Tage abgedunkelt auf. Man wiederholt den Versuch mit einer im Wärmeschrank erhitzten Erdprobe (s. oben).

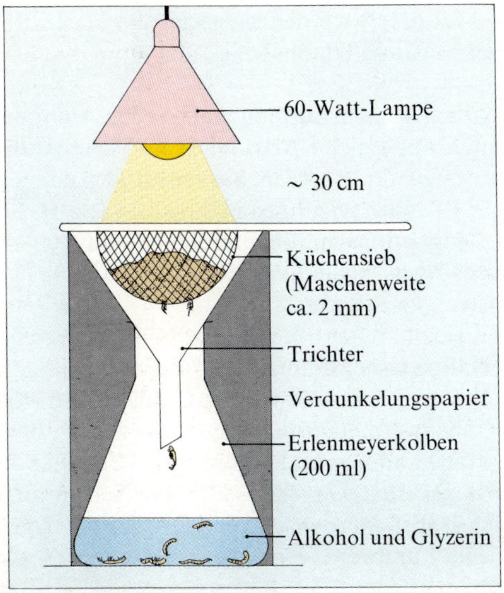

141.2. BERLESE-Apparatur

	Anzahl je g	Lebendgewicht (kg/ha)
Bakterien Pilze Algen	600 000 000 400 000 100 000	10 000 10 000 140
	Anzahl je 100 cm^3	
Einzeller (Protozoen)	1 500 000 000	370
Vielzeller	Anzahl je 1000 cm^3	
Fadenwürmer Springschwänze Milben Tausendfüßler Insekten, Spinnen usw. Schnecken Regenwürmer	50 000 200 150 14 6 5 2	50 6 4 50 17 40 4000

141.4. Lebewesen in der obersten 15 cm mächtigen Schicht eines landwirtschaftlich genutzten Bodens

V 142.1. Wirkung von Schwermetallen

Materialien und Geräte: 0,01%ige Lösungen von Bleinitrat, Cadmiumchlorid, Quecksilber-(II)-chlorid, Petrischalen, Pipetten (10 ml) mit Pipettierhilfen, Rundfilterpapier (Cellulosefilter)

Durchführung: 1. Man legt in 4 Petrischalen jeweils 1 Celluloserundfilter. Auf diese pipettiert man 10 ml einer der drei Schwermetallösungen. Ein vierter Ansatz wird mit 10 ml Aqua dest. angesetzt. Die Filterpapiere bedeckt man anschließend mit frischer Gartenerde. Die Cellulosefilter in den verschlossenen Petrischalen werden mindestens 4 Wochen lang beobachtet.
2. Mit den Schwermetallösungen werden Filterpapiere, die sich in Petrischalen befinden, gut durchfeuchtet. Anschließend gibt man jeweils 30 Kressesamen auf die Filterpapiere. Die Schalen werden verschlossen und am hellen Fenster aufbewahrt. Eine Blindprobe wird entsprechend angesetzt. Nach etwa 5 Tagen bestimmt man die Keimungsrate, die Länge der Keimwurzeln und die Größe der Pflanzen. Ebenso werden beobachtbare Wachstumsanomalien protokolliert. Die Werte werden graphisch dargestellt und mit der Blindprobe verglichen. Die Versuche können mit verdünnten Metallsalzlösungen wiederholt werden.

Ort	Gelände	Blei	Nickel	Zink
Nordenham	Private Grünfläche der Zinkhütte,	12608	28	4629
	öffentliche Grünanlagen westlich der Hütte	2295	23	2590
Offleben bei Helmstedt	Acker 0,8 und	12	12	138
	1,3 km vom Braunkohlekraftwerk	18	8	44
Oker b. Goslar	Brachland 0,5 km südlich	366	16	926
	Acker 0,8 km östlich	1260	17	4154
	Brachland 3 km südöstlich der Buntmetallhütte	2101	51	1424
Nievenheim b. Neuss	Wald	1561	21	6600
	Weide	114	15	603
	Acker bei der alten Zinkhütte	66	15	245
Altenstadt a. d. Waldnaab	Flußaue	632	35	93
	Wiese	51	30	835
bei Paderborn	Acker konventionell	43	27	120
	Acker biologisch bestellt	36	27	95
bei Stuttgart	Acker konventionell	21	31	51
	Gartenbau biologisch	42	34	164

142.2. Schwermetalle im Boden (mg/kg trockener Boden)

8.2.2. Schadstoffe im Boden

Die Belastung des Bodens hat z. B. durch Überbauung, Rohstoffgewinnung, Agrarfabriken, Erosion, Chemikalieneinsatz und Schadstoffablagerungen gefährliche Ausmaße angenommen.
Ein besonders Problem stellen die im Boden über Jahrzehnte angereicherten **Schwermetalle** dar. Es ist zu befürchten, daß durch die zunehmende Versauerung der Niederschläge die im Boden festgelegten Schwermetalle allmählich freigesetzt werden. Unter natürlichen Bedingungen sind die Niederschläge durch das gelöste Kohlenstoffdioxid mit einem pH-Wert von 5,6 schwach sauer. Heute werden in den Niederschlägen pH-Werte bis pH 3 erreicht. Das entspricht einer Zunahme des Säuregehaltes um mehr als das Hundertfache. Ob nun dieser vermehrte Säureeintrag die im Boden angereicherten Metalle mobilisieren kann oder nicht, hängt vom jeweiligen **Pufferungsvermögen** des Bodens ab. Unter Pufferung versteht man das Abfangen von Wasserstoff- bzw. Hydroxidionen durch Puffersubstanzen, so daß der pH-Wert im Boden konstant gehalten wird. Zu solchen Pufferungssubstanzen des Bodens gehören z. B. die Carbonate. Übersteigt der Säureeintrag das Pufferungsvermögen, so versauert der Boden. Solange die pH-Werte des Bodens zwischen 8 und 6 liegen, bleiben die im Boden vorhandenen Schwermetalle an Bodenbestandteile gebunden. Im versauerten Boden (pH 5 bis pH 3) werden sie gegen Wasserstoffionen ausgetauscht und damit freigesetzt.

Zusätzlich können aus bodenbildenden Aluminiumsilikaten auf gleiche Art und Weise freie Aluminiumionen gebildet werden. Sie verdrängen zum einen die für Pflanzen wichtigen Nährsalze wie z. B. Calcium-, Magnesium- und Kaliumionen und zum anderen schädigen sie die Bodenlebewesen und das Wurzelsystem der Pflanzen.
Das Wachstum der Pflanzen wird durch die schlechtere Nährsalzversorgung und durch die Schädigung der Wurzeln mehr und mehr behindert. Die mobilisierten Schwermetallionen werden von den Pflanzen z. T. aufgenommen und finden damit Eingang in die Nahrungskette. Daneben können Schwermetalle ausgewaschen werden und ins Grundwasser gelangen. Die Landwirte versuchen, dieser Entwicklung entgegenzusteuern. Sie führen dem Boden puffernde Substanzen wie Kalk zu, um die Mobilisierung der Schwermetalle zu verhindern. Die weitere Anreicherung von Metallen im Boden kann durch solche Maßnahmen dagegen nicht eingedämmt werden.

Zu den geschilderten Schwermetallbelastungen kommen eine ganze Reihe „hausgemachter“ Probleme der Landwirtschaft hinzu. Auf landwirtschaftlich genutzten Böden werden die angebauten Pflanzen bis auf Reste abgeerntet, so daß der natürliche Stoffkreislauf unterbrochen wird. Die dem Boden entzogenen Nährstoffe müssen ihm daher immer wieder in Form von **Düngemitteln** zugeführt werden. Bei der Verwendung von phosphathaltigen Mineraldüngern gelangen aber auch Schwermetalle wie Cadmium in den Boden, die als Verunreinigung im Dünger enthalten sind. Durch die Mineraldüngung werden über Jahrzehnte erhebliche Schwermetallmengen dem Boden zugeführt. Schätzungen gehen davon aus, daß 35 bis 50% der Cadmiumbelastung der Böden auf Mineraldüngung zurückzuführen ist.

Der Zwang, möglichst wirtschaftlich zu produzieren, hat zu **Flurbereinigungsmaßnahmen** geführt. Dadurch wurden große zusammenhängende Flächen geschaffen, die rationell mit Maschinen bearbeitet werden können. Auf diesen Flächen werden z.T. zu schwere Maschinen eingesetzt, so daß es zu Bodenverdichtungen kommt. In solchen verdichteten Böden verändert sich die Bodenstruktur und die Bodenorganismen werden beeinträchtigt. Die Böden sind besonders erosionsgefährdet. Bei Regen verschlämmen sie sehr leicht an der Oberfläche. Die fruchtbare Bodenkrume wird dann durch den oberflächlichen Abfluß abtransportiert.

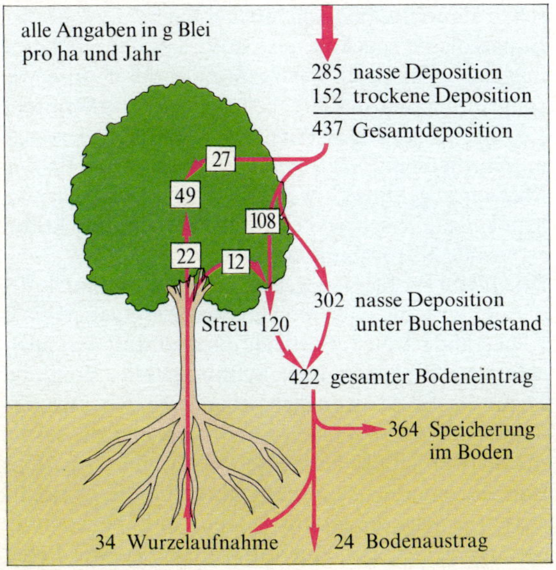

143.1. Jährliche Bleideposition und Bleiverbleib in einem Buchenwald (Solling)

A 143.2. 1982 wurden von Hamburger Behörden 99 Getreidefelder untersucht. Auf 45 Feldern wurde der von der Gesundheitsbehörde empfohlene Höchstwert für Cadmium von 0,1 mg/kg Getreide deutlich überschritten. Der Cadmiumgehalt erreichte in einigen Fällen sogar Konzentrationen, die bei 0,87 mg/kg Getreide lagen. Das Getreide wurde für den menschlichen Verzehr gesperrt. Es durfte aber für Futtermittelzwecke verbraucht werden. Weitere Untersuchungen ergaben, daß ein Teil der Felder mit Elbschlick oder Klärschlamm gedüngt worden sind.

1. Erläutern Sie, wie es zur Verseuchung der Böden und des Getreides kommen konnte.
2. Erläutern Sie mögliche Risiken, die sich aus der Futtermittelverwertung auch für den Menschen ergeben könnten.
3. Überlegen Sie sich Maßnahmen, durch die mögliche Risiken des Menschen weitgehend vermieden werden können.

A 143.3. **a)** Berechnen Sie mit Hilfe der Zahlenangaben in Abb. 143.1. die Bleimengen in Prozent der Gesamtdepositionsmenge, die vom Boden gespeichert, durchgelassen oder von der Pflanze aufgenommen werden.
b) Erläutern Sie mögliche Gefahren, die sich für die Umwelt aus Schwermetalldeposition und Schwermetallverbleib ergeben.
c) Vergleichen Sie die in Tabelle 142.2. angegebenen Werte. Erläutern Sie die Entstehung der verschiedenen Werte.

A 143.4. Erläutern Sie die Gefahren, die dem Boden aus dem Düngemittel bzw. Pestizideinsatz und aus Flurbereinigungsmaßnahmen erwachsen können.

A 143.5. Vergleichen Sie Methoden der ökologischen mit denen der konventionellen Landwirtschaft.

Jährliche Depositionsrate in g/ha	in Niederschlägen	Gesamtdeposition Boden unter Buche	Boden unter Fichte
Kupfer	70–240	150–470	330–660
Zink	800–1400	1400–1600	1330–1700
Cadmium	8–16	16	20
Blei	285	440	730

143.6. Jährliche Depositionsrate verschiedener Schwermetalle im Solling

Nitrat – Nitrit – Nitrosamine

Die Nährstoffverluste auf landwirtschaftlich genutzten Flächen werden durch Düngung ausgeglichen. Um möglichst hohe Erträge zu erzielen, werden die Felder oft so stark gedüngt, daß die Gefahr der Überdüngung besteht. Als besonders problematisch hat sich das Ausbringen von **Gülle**, einem Abfallprodukt der Massentierhaltung, herausgestellt. Pflanzen wie Kopfsalat und Spinat nehmen auf solch stark gedüngten Böden z. B. mehr Nitrat auf, als sie benötigen. Durch mikrobielle Umsetzungen kann das in den Pflanzen gespeicherte Nitrat zu giftigem Nitrit umgewandelt werden. Nitrit kann bei Säuglingen die sogenannte **Blausucht** erzeugen, bei der der Sauerstofftransport im Blut gestört ist. Beim Erwachsenen können sich im sauren Milieu des Magens aus Nitrit und Aminen aus der Nahrung krebserregende **Nitrosamine** bilden. Überschüssiges Nitrat wird aber auch aus überdüngten Flächen ausgewaschen. Gelangt es in die Gewässer, so trägt es zu deren Eutrophierung bei. Ebenso kann das Nitrat ins Grundwasser sickern und von dort ins Trinkwasser gelangen. Das trifft insbesondere zu, wenn Gülle im Herbst auf die Felder ausgebracht wird, da zu diesem Zeitpunkt kein Pflanzenwachstum stattfindet.

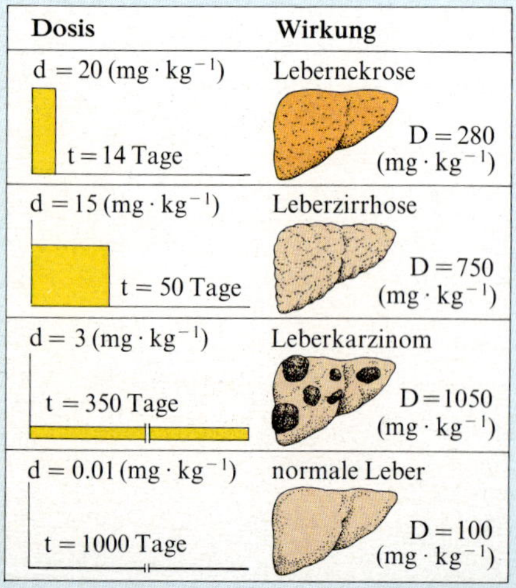

A 144.1. Erläutern Sie die Dosis-Wirkungs-Beziehung am Beispiel des Diethylnitrosamins (Versuchstier Ratte, t = Versuchsdauer, d = tägliche Dosis, D = Gesamtdosis).

8.2.3. Schadstoffe in der Nahrung

Berichte über vergiftete Nahrungsmittel machen immer wieder Schlagzeilen in den Medien. „Synthetische Östrogene im Kalbfleisch, giftiges Diethylenglykol oder Methanol im Wein, Pestizidrückstände in der Muttermilch, steigende Schwermetallkonzentrationen in Lebensmitteln" sind einige dieser Schlagzeilen.

Schadstoffe gelangen ohne oder mit Hilfe des Menschen in die Lebensmittel. Nahrungsmittel können z. B. von Schimmelpilzen befallen werden, die hochgiftige Stoffe produzieren. Diese sogenannten **Aflatoxine** gehören zu den stärksten krebsauslösenden Verbindungen, die wir kennen.

Botulinusbakterien erzeugen in befallenen Lebensmitteln das **Botulinusgift**, das schon bei einer Dosis von 0,000002 mg durch Lähmung des Atemzentrums beim Menschen zum Tode führt.

Lebensmittel, die nicht frisch verzehrt werden können, müssen deshalb in vielen Fällen mit Konservierungsstoffen behandelt werden. Sie hemmen oder verhindern das Wachstum von Bakterien und Pilzen in den Lebensmitteln.

Bei der Herstellung der Lebensmittel gelangen weitere Zusätze in die Nahrungsmittel. Solche im Lebensmittelgesetz nach Art und Menge festgelegten Stoffe sind z. B. *Konservierungs-, Aroma-, Geschmacks-, Farb-, Gelier-* und *Antioxidationsmittel.* Diese Zusätze werden von den Behörden kontrolliert und gelten bei normaler Ernährung für den Menschen als gesundheitlich unbedenklich.

Einige dieser zugelassenen Stoffe können aber, wie der gelbe Farbstoff **Tartrazin** oder das Konservierungsmittel **Benzoesäure**, beim Menschen allergische Reaktionen auslösen. Auch das als Konservierungsmittel eingesetzte *nitrithaltige Pökelsalz* kann für den Menschen gefährlich werden. Grillt oder brät man gepökeltes Fleisch, so besteht die Gefahr, daß krebserregende **Nitrosamine** entstehen.

Besondere Probleme ergeben sich durch Schadstoffe, die aus der Umwelt in die Lebensmittel gelangen. Als Rückstände treten **Pestizide** ebenso auf wie **polychlorierte Biphenyle** oder **Schwermetalle**. Während es für Pestizide gesetzlich festgelegte Rückstandshöchstmengen in Lebensmitteln gibt, liegen solche für Schwermetalle bis heute (1986) nicht vor. Das Bundesgesundheitsamt hat nichtverbindliche Richtwerte für Schwermetallrückstände in Lebensmitteln herausgegeben. Bei Milch und Innereien wie Leber und Niere werden diese Richtwerte häufiger überschritten.

Wie werden Höchstmengen von Schadstoffen in Nahrungsmitteln festgelegt?

Die 1982 in Kraft getretene „*Verordnung über Höchstmengen an Pflanzenschutz- und sonstigen Mitteln sowie anderen Schädlingsbekämpfungsmitteln in oder auf Lebensmitteln*“ soll den Verbraucher vor zu hohen Schadstoffrückständen in der Nahrung schützen. In dieser Verordnung, die man verkürzt auch „*Pflanzenschutzmittel-Höchstmengenverordnung (PHmV)*“ nennt, werden über 2700 Wirkstoffe einschließlich ihrer Abbauprodukte (Metabolite) erfaßt. Die aufgeführten Höchstmengen werden nach folgendem Schema bestimmt.

1. Bestimmung des „NEL“-Wertes

Mit Hilfe von Fütterungsversuchen an Tieren (z. B. Ratten) wird diejenige Menge einer Chemikalie in 1 kg Futter bestimmt, bei der die Versuchstiere noch keine Gesundheitsschäden zeigen. Dieser Wert, nehmen wir einmal an, er beträgt 2 mg, gibt dann die **höchste unwirksame Dosis** bzw. den **„no effect level“ (NEL)** an. Berücksichtigt man das Gewicht der Ratte (z. B. 200 g) und ihren Tagesverzehr (z. B. 50 g/Tag), so erhält man die höchste duldsame Tagesdosis für die Ratte pro Kilogramm Körpergewicht:

$$\frac{\text{NEL} \times \text{Futtermenge (in mg) (in kg/Tg)}}{\text{Rattengewicht (in kg)}} = \frac{2\text{ mg} \times 0{,}05\text{ kg}}{0{,}2\text{ kg}} = 0{,}5\text{ mg}$$

2. Bestimmung des „ADI“-Wertes

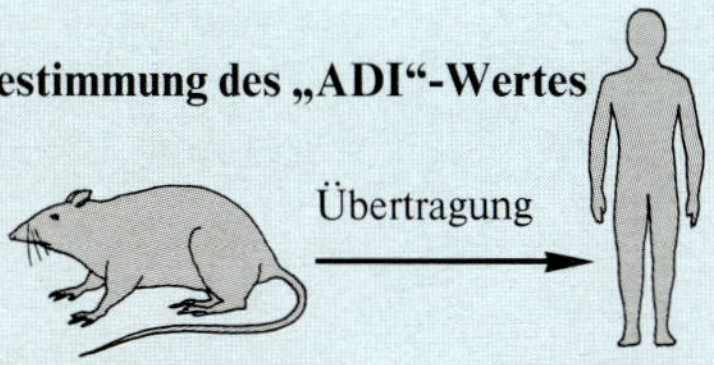

Eine Übertragung des im Tierversuch bestimmten Wertes erfolgt, indem man willkürlich den obigen Wert durch den Sicherheitsfaktor 100 teilt. Das Ergebnis (0,005 mg) ist die **höchste duldsame Tagesdosis** für den Menschen pro Kilogramm Körpergewicht. Man spricht auch vom **„ADI“-Wert** (acceptable daily intake), also von der zulässigen täglichen Aufnahme.

3. Bestimmung der geduldeten Rückstandsmenge

Man multipliziert den „ADI“-Wert mit dem durchschnittlichen Körpergewicht eines Menschen (70 kg) und teilt den Wert durch den Tagesverzehr des Lebensmittels (0,4 kg). Das Ergebnis (0,875 mg) gibt die duldbare Rückstandsmenge der Chemikalie in Milligramm pro Kilogramm Nahrungsmittel an. Dieser Wert wird nun mit der bei sachgerechter landwirtschaftlicher Praxis *technisch unvermeidbaren Rückstandsmenge* im jeweiligen Lebensmittel (z. B. 0,5 mg/kg Nahrungsmittel) verglichen. Der kleinere der beiden Werte ist schließlich die *geduldete Rückstandsmenge*. Sie ist mit der *zugelassenen Höchstmenge*, in unserem Falle 0,5 mg pro kg Nahrungsmittel, identisch. Die technisch unvermeidbare Rückstandsmenge darf die duldbare Rückstandsmenge nicht überschreiten.

Aufgabe: Setzen Sie sich mit den folgenden Argumenten auseinander, die Kritiker gegen die Pflanzenschutzmittel-Höchstmengenverordnung vorbringen.

a) Der erzielte Wert für jede getestete Chemikalie hat nur unter Laborbedingungen Gültigkeit. Wechselbeziehungen mit anderen Stoffen, wie sie unter realen Umweltbedingungen existieren, bleiben unberücksichtigt.

b) Die im Tierversuch erzielten Ergebnisse können nur bedingt auf den Menschen übertragen werden. Der Mensch kann ganz anders oder sogar entgegengesetzt auf die gleiche Chemikalie reagieren.

c) Bei der Übertragung der Werte auf den Menschen geht man vom Einheitsmenschen mit Einheitsverzehr und Einheitsgewicht aus. Es bleiben Säuglinge, Schwangere, Übergewichtige, alte und kranke Menschen unberücksichtigt.

d) Lebensmittel mit zu hohen Rückstandsmengen können nach dieser Verordnung so mit anderen gemischt werden, daß die gesetzlichen Höchstmengen insgesamt eingehalten werden.

V 146.1. Giftige Stoffe im Abfall

Materialien und Geräte: Ammoniak (konz.), Glasstab, Kupferdrahtnetzrolle, Motoröl (aufbereitetes), Fleckenwasser, Insektizid, Kunststoffolien (z. B. PVC u. a.), pH-Universalindikatorpapier

Durchführung: 1. Die Kupferdrahtnetzrolle wird in der Bunsenbrennerflamme solange geglüht, bis keine Flammenfärbung mehr auftritt. Nach dem Abkühlen gibt man kleinere Mengen der jeweiligen Probe auf das Kupferdrahtnetz und glüht es erneut. Wird dabei die Flamme grün gefärbt, so spricht das für die Anwesenheit von Halogenen in der betreffenden Probe. Fällt sie z. B. beim aufgearbeiteten Motoröl positiv aus, so kann man annehmen, daß das Öl mit polychlorierten Biphenylen (PCB) verunreinigt ist. Tritt Grünfärbung bei den übrigen Proben auf, so kann daraus geschlossen werden, daß sie halogenierte Kohlenwasserstoffe enthalten.

2. Ein Stück Kunststoff (PVC) wird in einem Reagenzglas langsam erhitzt. In die entweichenden Dämpfe wird angefeuchtetes pH-Universalindikatorpapier gehalten. Zusätzlich bringt man einen am Glasstab hängenden Tropfen aus konz. Ammoniak in den Gasraum. Die Umfärbung des pH-Papiers und die Rauchbildung (Ammoniumchlorid) sprechen für entstandenen Chlorwasserstoff.

8.2.4. Probleme der Abfallbeseitigung

Die technische und wirtschaftliche Entwickung und die daraus resultierende Produktion von immer mehr Gütern mit kürzerer Lebensdauer haben eine Mülllawine ins Rollen gebracht. Für das stetige Anwachsen des Hausmülls können u. a. folgende Gründe angegeben werden: Der Verpackungsluxus hat das Hausmüllvolumen drastisch erhöht. Viele Produkte sind als Wegwerfartikel konzipiert (z. B Einwegflaschen). Durch Modewechsel und Werbung wird den Verbrauchern höherer Konsum suggeriert. Hinzu kommt, daß viele Konsumgüter in zunehmendem Maße aus unverrottbarem Kunststoff hergestellt werden.

Neben den etwa 32 Mio. t *Haus-* und *Sperrmüll* sowie hausmüllähnlichen Gewerbeabfällen fielen 1980 weitere 51 Mio. t aus *Bauschutt, Schlämmen* und *Schlakken* bestehende Abfälle an. In der Industrie entstanden weitere Abfälle in der Größenordnung von 203 Mio. t. Sie bestehen zu 70% aus *Bodenaushub* und *Bauschutt*. Eine besondere Stellung nehmen die etwa 5 Mio. t *Sonderabfälle* ein. Zu ihnen gehören z. B. Cyanide, Schwermetalle, halogenierte Kohlenwasserstoffe, Altöle und radioaktive Abfälle.

1980 standen als öffentliche Abfallbeseitigungsanlagen etwa 3000 geordnete Deponien, 44 Verbrennungsanlagen und 16 Kompostierungsanlagen zur Verfügung. Der besonders gefährliche Sondermüll, als Beispiel seien die radioaktiven Abfälle genannt, wird in Salzbergwerken gelagert.

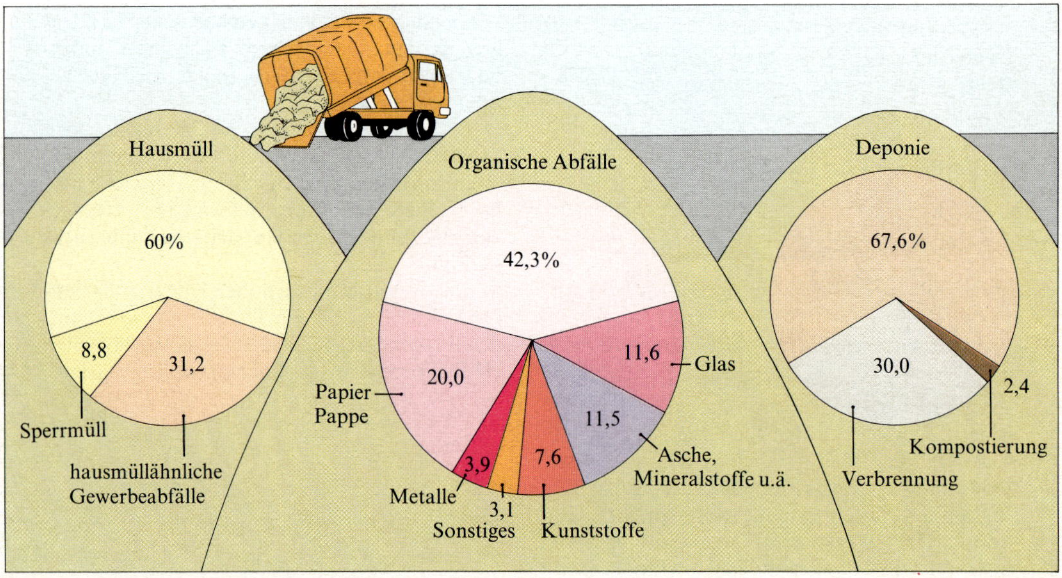

146.2. Jährlicher Müllanfall und Müllbeseitigung

In der Vergangenheit wurde die Abfallbeseitigung vielfach recht sorglos gehandhabt. Gefährlicher Chemiemüll wurde unkontrolliert auf Deponien vergraben, deren Untergrund gar nicht oder nur unzureichend gegen Auswaschungsvorgänge abgesichert war. Etwa 50000 solcher Deponien, man bezeichnet sie heute als **Altlasten**, sind über die ganze BR-Deutschland verteilt. Das in ihnen steckende Gefahrenpotential ist schwer einzuschätzen, da die z. T. in wilden Deponien abgelagerten Stoffe unbekannt sind. Das Umweltbundesamt schätzt, daß die notwendige Sanierung dieser Altlasten in den nächsten fünf Jahren 15 bis 20 Mrd. DM kosten wird.

Müll stellt aber auch ein wertvolles Rohstoffpotential dar. Seit Jahren werden z. B Schrott, Altöle, Altpapier und Flaschen gesammelt und einer Wiederverwendung zugeführt. Die Rückführung und Wiederverwendung von Stoffen aus Abfällen wird als **Recycling** bezeichnet. So wurden 1985 für die Produktion von 9,15 Mio. t Papier, Pappe und Karton 4 Mio. t Altpapier verwendet. 600000 t stammten davon aus dem Hausmüll. Von den etwa 500000 t Altöl werden ca. 300000 t eingesammelt und wieder aufbereitet.

Um die Müllmenge zu verringern, sollte der übertriebene Verpackungsaufwand einer abfallarmen Verpackung weichen. Das verwendete Material sollte gekennzeichnet werden, damit der Verbraucher recyclingfähige Stoffe erkennen kann. Auf die Verwendung von Schadstoffen sollte verzichtet werden.

A 147.1. Beantworten Sie auf der Grundlage der Abb. 146.2. folgende Fragen:

a) Welche Stoffe können in welcher Menge einer Wiederverwertung zugeführt werden? Gehen Sie von einer Hausmüllmenge von 32 Mio. t aus.

b) Stellen Sie die Probleme zusammen, die sich aus der Abfallbeseitigung für die Umwelt ergeben können.

c) Überlegen Sie, in welcher Form Sie als Verbraucher Einfluß auf die Entstehung und die Entsorgung von Abfällen nehmen können.

A 147.2. Informieren Sie sich, welche Sonderabfälle im Haushalt anfallen und wie Sie diese umweltgerecht entsorgen können.

A 147.3. Setzen Sie sich mit Hilfe folgender Angaben mit der Problematik von Einwegpackungen auseinander. Berücksichtigen Sie sowohl Argumente der Produzenten als auch die der Konsumenten. Bei der Verpackung des gleichen Volumens eines Getränkes mit Hilfe einer Einwegpackung entsteht eine zwölfmal so große Abfallmenge, ein zweiunddreißigmal so großes Abfallvolumen, und man benötigt zusätzlich sechsmal mehr Energie, als bei der Verwendung von Mehrwegflaschen.

A 147.4. Erkundigen Sie sich nach Altlasten in Ihrem Bundesland. Erläutern Sie, warum die Sanierung von Altlasten immer dringlicher wird.

Dioxine bedrohen die Umwelt

Als 1976 bei einem Unglück in einem Chemiewerk in Seveso (Italien) sogenannte „*Dioxine*" in die Umwelt gelangten, wurde eine ganze Region verseucht und unbewohnbar gemacht. Das Seveso-Gift, das *2, 3, 7, 8-Tetrachlordibenzo-p-Dioxin (2, 3, 7, 8-TCDD)*, ist eines von 75 möglichen *Polychlordibenzo-p-dioxinen* (PCDD), die man abgekürzt auch als Dioxine bezeichnet.

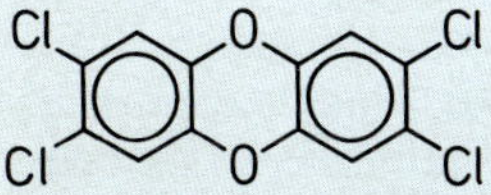

„Seveso-Gift"
2, 3, 7, 8-TCDD

Dioxine fallen, wie z. B das Seveso-Gift, bei der Herstellung des Unkrautvernichtungsmittels *2, 4, 5-Trichlorphenoxyessigsäure* als Nebenprodukte an. Ebenso können sie bei der Produktion des Desinfektionsmittels *Hexachlorophen*, des Holzschutzmittels *Pentachlorphenol* oder der *polychlorierten Biphenyle (PCB)* in geringen Mengen anfallen. Je nach der aufgenommenen Menge und Dauer der Einwirkung, erzeugt das Seveso-Gift u. a. *Chlorakne, Stoffwechselstörungen* und *Leberschädigungen*. Die Beseitigung der Dioxine erfolgte durch Lagerung in Deponien oder durch Verbrennung. Werden die Stoffe, bei deren Herstellung die Dioxine als Nebenprodukte anfallen, verbrannt, so entstehen erneut Dioxine, die in die Abluft und in die Flugasche gelangen. Erst bei Verbrennungstemperaturen, die über 1200° C liegen, werden die Dioxine vernichtet.

Argumente für einen Pestizideinsatz

Jedes Jahr verhungern auf der Erde etwa 10 Mio. Menschen, und ungefähr 1 Mrd. Menschen werden nicht ausreichend ernährt. Ungefähr ein Drittel der Welternte geht noch immer durch Schädlinge verloren.

1. Pestizide sind die wirksamsten Waffen gegen Schädlinge, die Kulturpflanzen und Haustiere befallen.

2. Pestizide haben Millionen von Menschen vor Malaria, Gelbfieber, Schlafkrankheit oder anderen durch Insekten übertragene Krankheiten bewahrt.

3. Nur mit Hilfe von Pestiziden lassen sich die vom Gesetzgeber geforderten Qualitätsnormen im Obst- und Gemüsebau erzielen.

4. Ohne den Pestizideinsatz würden sich die Lebensmittelpreise erhöhen. Schätzungen gehen von 50–70% Preiserhöhungen aus.

5. Biologische Schädlingsbekämpfungsverfahren liegen erst für wenige Schädlinge praxisreif vor, so daß sie den Pestizideinsatz nicht ersetzen können.

	L_{D50}-Wert	ADI-Wert
Dichlordiphenyltrichlorethan (DDT)	250 mg/kg	0,005 mg/kg
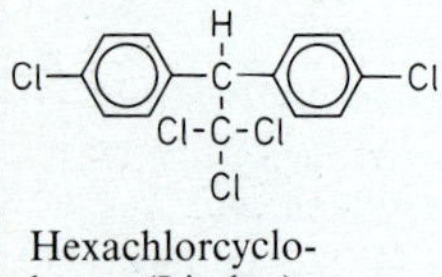	Insektizid	
Hexachlorcyclohexan (Lindan)	125 mg/kg	0,01 mg/kg
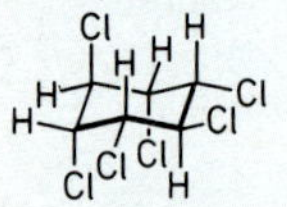	Insektizid	
Hexachlorbenzol (HCB)	2,6 – 4 g/kg	0,0006 mg/kg
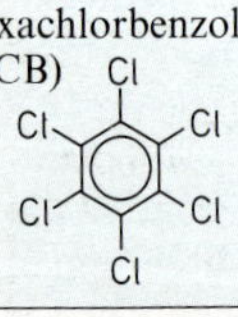	Fungizid	

148.1. Formel L_{D50}-Wert und ADI-Wert einiger Pestizide L_{D50}-Wert (**L**etale **D**osis) ist die Dosis, angegeben in mg/kg Körpergewicht, bei der 50% der Versuchsratten nach einmaliger Behandlung starben.

8.3. Schädlingsbekämpfung

8.3.1. Chemische Schädlingsbekämpfung

Durch den Anbau der meisten Kulturpflanzen in Monokulturen wurde für einige Tier- und Pflanzenarten ein optimales Nahrungsangebot geschaffen. Sie konnten sich in Massen entwickeln, zumal natürliche Feinde in den meisten Fällen fehlten. Starke Ernteeinbußen waren die Folge. Der Mensch mußte sich gegen alle diejenigen **Schädlinge** zur Wehr setzen, die pflanzliche, tierische oder auch andere Materialien, die für den Menschen von Wert sind, beschädigen oder zerstören. Schädlinge stehen in Nahrungskonkurrenz zum Menschen oder spielen als Überträger von Krankheitserregern eine Rolle.

DDT (**D**ichlor**d**iphenyl**t**richlorethan) wurde im Jahre 1939 entdeckt und wird seit 1942 eingesetzt. Mit dem DDT hatte man ein Mittel in die Hand bekommen, mit dem man Schädlinge erfolgreich bekämpfen konnte. In den folgenden Jahren wurden immer mehr chemische Bekämpfungsmittel, die man zusammenfassend auch als **Pestizide** oder **Biozide** bezeichnet, entwickelt. Je nach den Zielorganismen, gegen die die chemischen Mittel eingesetzt wurden, unterscheidet man zwischen **Insektiziden** (gegen Insekten), **Akariziden** (gegen Milben), **Rodentiziden** (gegen Nagetiere), **Fungiziden** (gegen Pilze) und **Herbiziden** (gegen Wildkräuter).

Die gegen tierische Schädlinge eingesetzten Pestizide wirken als **Fraß-, Kontakt-** oder **Atemgifte.** Einige sogenannte **systemische Insektizide** dringen in die Leitungsbahnen der Pflanzen ein und werden von saugenden Insekten über die Pflanzensäfte aufgenommen. Im Körper der Tiere stören die meisten Pestizide die Erregungsübertragung an den Synapsen. Sie können z. B. die Acetylcholinesterase blockieren, so daß die Transmittersubstanz Acetylcholin in den Rezeptoren nur sehr langsam oder gar nicht abgebaut werden kann. Es kommt zu fortwährender Reizung, also zu einer Übererregung des Nervensystems. Es treten Krampfzustände auf, die zum Tode führen. Gegen die als Unkräuter bezeichneten Wildkräuter werden **Herbizide** eingesetzt. Einige dieser Mittel fördern das Wachstum der Wildkräuter so stark, daß sie sich buchstäblich „zu Tode wachsen". Diese Herbizide wirken fast ausschließlich auf das Wachstum der zweikeimblättrigen Wildkräuter und kaum auf die zu schützenden einkeimblättrigen Getreidepflanzen ein. Insgesamt wurden 1983 fast 30000 t Pestizide in der BR Deutschland verkauft.

8.3.2. Schädlingsbekämpfungsprobleme

Die chemischen Bekämpfungsmittel haben sich in vieler Hinsicht als problematisch für Mensch und Umwelt erwiesen. Bei der Herstellung des Herbizides **2,4,5-T** (Trichlorphenoxyessigsäure) entsteht als Verunreinigung **2,3,7,8-TCDD** (vergl. S. 146) eine tausendmal giftiger als Zyankali wirkende Substanz. Als 1976 in *Seveso* etwa 2000 g dieses Giftes aus einem Chemiewerk entwichen, mußten 700 Menschen evakuiert und 50000 Tiere getötet werden. 1984 wurden über 3000 Menschen getötet und über 200000 Menschen verletzt, als im indischen *Bhopal* **Methylisocyanat** aus einem Chemiewerk in die Umwelt entwich. Methylisocyanat ist Ausgangssubstanz zur Herstellung von Schädlingsbekämpfungsmitteln.

Nach Schätzungen der Weltgesundheitsorganisation (WHO) werden jährlich über eine halbe Million Menschen, überwiegend in den Entwicklungsländern, durch Pestizide vergiftet. Mehr als 5000 Menschen sterben jährlich an den Folgen der Vergiftung. Falsche Anwendung und mit Pestiziden vergiftete Nahrungsmittel werden als Ursachen genannt. Eigenschaften wie lange Abbauzeiten, Anreicherung in den Nahrungsketten und Speicherung im Fettgewebe der Lebewesen haben dazu geführt, daß sich auch im menschlichen Körper Schädlingsbekämpfungsmittel anreichern. Etwa 25% dieser Pestizide nehmen wir mit pflanzlichen und 75% mit tierischen Lebensmitteln auf. Auch die Weitergabe von Pestizidrückständen über die Muttermilch an Säuglinge ist nachgewiesen worden.

Die Rückstandsproblematik hat dazu geführt, daß z. B. die WHO Grenzwerte für die zulässige tägliche Aufnahmemenge an Rückständen, **ADI-Wert** (= acceptable daily intake) genannt, festgesetzt hat. Bei der Untersuchung von 132 Muttermilchproben in der Bundesrepublik hat man u. a. festgestellt, daß die durchschnittliche tägliche Aufnahmemenge, jeweils in µg/kg Körpergewicht, an Hexachlorbenzol 3,48 (0,6) und an Gesamt-DDT 6,28 (5,0) betrug. Die entsprechenden ADI-Werte sind in Klammern gesetzt worden. Die Zahlen stimmen deshalb so bedenklich, weil einmal die von der WHO festgelegten Grenzwerte überschritten werden und zum anderen, weil die Anwendung beider Substanzen seit vielen Jahren in der BR Deutschland verboten ist. Ein mögliches Gesundheitsrisiko für die Säuglinge oder auch für die Erwachsenen, in deren Körper Rückstände gespeichert sind, läßt sich bis heute nicht einschätzen. Cancerogene und mutagene Langzeitwirkungen werden vermutet.

Argumente gegen einen Pestizideinsatz

Pestizide führen zu einer langsamen Vergiftung unserer Umwelt. Sie haben inzwischen, unabhängig von ihren Anwendungsgebieten, zum Teil eine weltweite Verbreitung erfahren.

1. Eine Reihe von Pestiziden wird in der Natur nur sehr langsam abgebaut. Für DDT wird eine mittlere Abbauzeit von zehn und für Lindan eine von sechs Jahren angegeben.

2. Bedingt durch lange Abbauzeiten können sich Pestizide über die Nahrungsketten anreichern.

3. Pestizide werden z. T. im Fettgewebe gespeichert. Die Langzeitwirkung und das Zusammenwirken der verschiedenen Rückstände im Körper des Menschen sind weitgehend unbekannt.

4. Pestizide vernichten nicht nur Schädlinge, sondern vielfach auch Nützlinge, so daß der Bestand einer ganzen Reihe von Tier- und Pflanzenarten durch den Einsatz chemischer Mittel bedroht ist.

5. Pestizide vernichten z. T. auch die Bodenlebewesen, die für Bodendurchlüftung, Bodendurchmischung und Humusbildung notwendig sind, so daß die Bodenfruchtbarkeit beeinträchtigt wird.

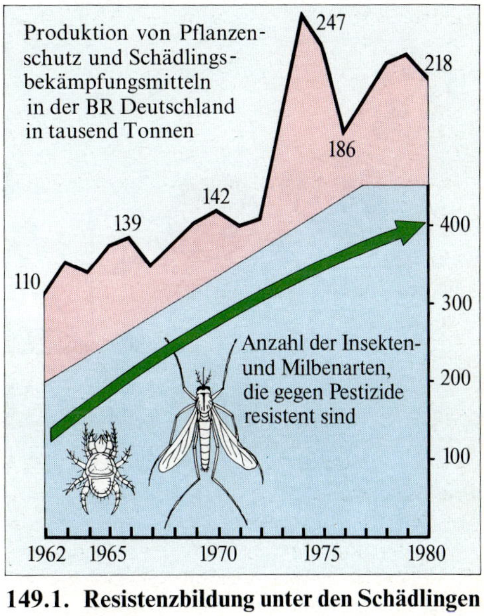

149.1. Resistenzbildung unter den Schädlingen

150.1. **Pheromonfalle gegen Borkenkäfer**

A 150.2. Erstellen Sie eine Liste der im Handel angebotenen chemischen Schädlingsbekämpfungsmittel, die im Haus, Hof und Garten eingesetzt werden können.

A 150.3. Überprüfen Sie die Gebrauchsanweisungen der festgestellten Pestizide kritisch nach folgenden Kriterien: Zielorganismen, Zusammensetzung, Abbauzeiten und Nebenwirkungen.

A 150.4. Erstellen Sie eine Liste mit im Handel angebotenen biologischen Schädlingsbekämpfungsmitteln. Vergleichen Sie diese mit der in A 150.2. erstellten Liste.

8.3.3. Biologische Schädlingsbekämpfung

In Maisfeldern richten Raupen des *Maiszünslers,* einer Schmetterlingsart, schwere Schäden an. Seit einigen Jahren kann man in Maisfeldern der BR Deutschland mehr und mehr kleine, an den Maispflanzen befestigte Pappkärtchen beobachten. Auf diesen Kärtchen befinden sich etwa 1500 in Getreidemotteneiern abgelegte Schlupfwespeneier von *Trichogramma evanescens.* Die sich aus den Eiern entwickelnden Wespen legen ihre Eier dann in die Eier des Maiszünslers ab. Die ausschlüpfenden Raupen der Schlupfwespen zerstören die Eier des Maiszünslers. Der Maiszünsler wird durch die Schlupfwespen so zu 57–90% vernichtet. Der geschilderte Fall ist ein Beispiel für biologische Schädlingsbekämpfung. Bei dieser Bekämpfung versucht man, die natürlichen Gegenspieler von Schadorganismen nutzbar zu machen. In der **indirekten biologischen Schädlingsbekämpfung** fördert man die natürlich vorkommenden Nützlingsbestände. Bei der direkten biologischen Schädlingsbekämpfung spielt die Massenzucht und das anschließende Aussetzen räuberischer oder parasitisch lebender Insekten eine Rolle. Als weitere Maßnahme steht der Einsatz von insektenpathogenen Mikroorganismen oder das Aussetzen von künstlich sterilisierten Insektenmännchen zur Verfügung. Bei der Borkenkäferbekämpfung verwendet man Fallen, die einen **Sexuallockstoff** (Pheromon) der Männchen enthalten.

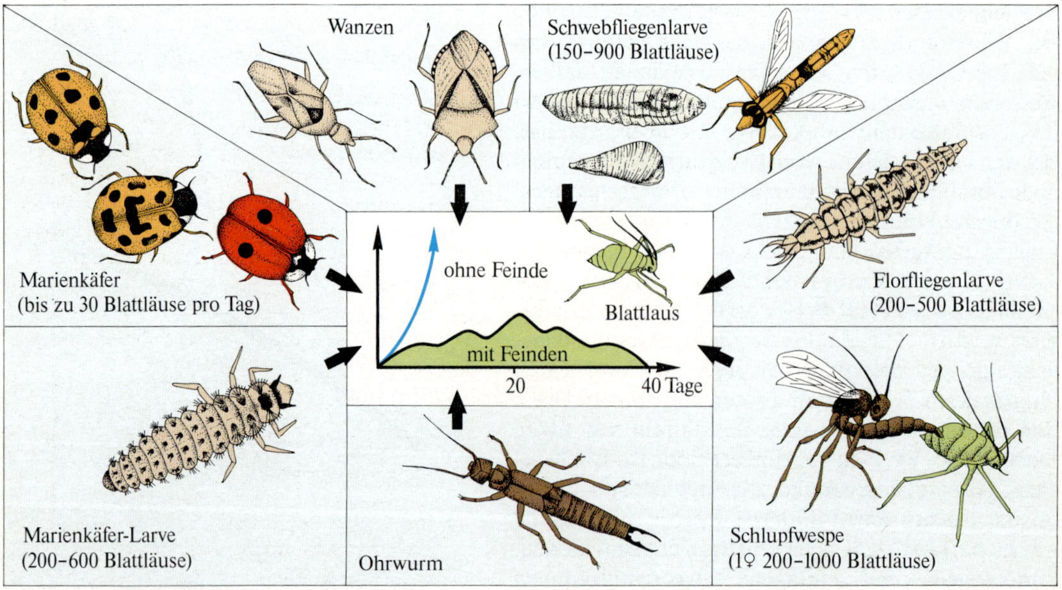

150.5. **Natürliche Feinde der Blattläuse**

8.3.4. Integrierter Pflanzenschutz

Etwa zwei Dutzend Arten von Apfelschädlingen bedrohen die Obstplantagen in der BR Deutschland. Eine Möglichkeit, die Schädlinge kurz zu halten, besteht im vorbeugenden Einsatz chemischer Bekämpfungsmittel. Diese werden nach einem jahreszeitlichen Plan, gewissermaßen nach dem Kalender, eingesetzt, ohne zu wissen, ob die Größe der Schädlingspopulation überhaupt eine Bekämpfung notwendig machen würde.
Eine andere Möglichkeit ist, pflanzenbauliche, biologische und chemische Methoden zu integrieren, um Schädlingspopulationen unterhalb der Schadensschwelle zu halten. So werden Stickstoffdünger nur nach genauen Bodenanalysen dem Boden zugeführt. Krankheiten wie Apfelschorf und Mehltau kann man durch eine standortgerechte Sortenwahl, regelmäßigen Baumschnitt und durch nicht zu dichte Pflanzungen begegnen. Regelmäßige Kontrollen der Obstplantagen geben Auskunft darüber, welche Schädlinge sich gerade in welcher Stärke entwickeln. Chemische Mittel werden erst bei Überschreitung bestimmter Werte eingesetzt. So stellt man z. B. mit Pheromonfallen die Anzahl der Apfelwicklerfalter, deren Raupen das Kerngehäuse der Früchte zerstören, fest. Zusätzlich zählt man die Anzahl der frischen Einstiche der Apfelwicklerraupen an den Früchten. Werden z. B. mehr als zwei Einstiche pro hundert Früchte gezählt, so ist die Schadensschwelle überschritten, bei der chemische Mittel zum Einsatz kommen müssen. Die **Schadensschwelle** gibt jeweils die Befallsstärke an, die gerade noch geduldet werden kann. Sie soll sicherstellen, daß die Kosten der Schädlingsbekämpfungsmaßnahmen den Nutzen nicht übersteigen. Zum Einsatz kommen möglichst selektiv wirkende, also nur den Schädling abtötende und den Nützling schonende Pestizide mit geringer Abbauzeit.
In Zukunft sollen die Pestizide durch weitere biologische Bekämpfungsmaßnahmen ergänzt und ersetzt werden. So sollen mittels krankheitserregender Mikroorganismen, wie z. B. durch *Bazillus thuringiensis,* die spezifische Insektenlarven befallen, Schädlinge bekämpft werden.
Integrierter Pflanzenschutz umfaßt immer ein Bündel von Maßnahmen wie richtige Bodenbearbeitung, richtige Düngung, fachgerechte Pflegemaßnahmen, günstige Saat- und Pflanztermine, richtige Fruchtfolge, Auswahl resistenter Sorten, Pflege der Nützlinge und Anwendung von selektiv wirkenden, leicht und schnell abbaubaren Pestiziden.

Integrierter Pflanzenschutz im Garten

1. Schädlingsabwehr durch richtige Mischkulturen mit Repellentpflanzen. *Repellents* sind von den Pflanzen produzierte Stoffe mit Pestizidcharakter. Diese für Wirbeltiere ungiftigen Stoffe werden innerhalb kürzester Zeit rückstandsfrei abgebaut.
So wehren z. B.
– Kapuziner- und Gartenkresse als Unter- oder Randsaaten Blattläuse an Rosen und Obstbäumen ab,
– Kopf- und Schnittsalat, zwischen Kohlgemüse gepflanzt, Erdflöhe ab,
– Tagetes als Unter- und Randsaat Wurzelnematoden ab,
– Tomaten neben Kohlgemüse die Kohlfliege ab,
– Schnittlauch und Knoblauch den echten Mehltau an Rosen und Obstbäumen ab,
– Zwiebelgewächse neben Möhren die Möhrenfliege ab.

2. Schädlingsabwehr durch pflanzliche Bekämpfungsmittel, die einmal die Abwehrkräfte der Pflanze selbst stärken und zum anderen giftige Substanzen gegen Schädlinge enthalten. Eine *Ackerschachtelhalmjauche* (1 kg frische Pflanzen plus 10 Liter Wasser, 1 bis 2 Wochen vergären lassen) kann nach fünfmaliger Verdünnung gegen echten und falschen Mehltau, Rost oder Schorf eingesetzt werden.
Eine *Brennesselbrühe* (1 kg frische Brennnessel plus 10 Liter Wasser, 10 bis 24 Stunden auslaugen lassen) kann als Spritzmittel gegen Blattläuse verwendet werden.

3. Schädlingsabwehr durch natürliche Feinde. Durch Schaffung von Nist- und Schlafplätzen können Gartennützlinge gefördert werden. Jeder unter ökologischen Gesichtspunkten angelegte Garten bietet vielen Tier- und Pflanzenarten Lebensraum und Nahrung, so daß die natürlichen Regulationsvorgänge das biologische Gleichgewicht herstellen und so einer starken Vermehrung von Schädlingen entgegenwirken.

A 151.1. Erklären Sie mit Hilfe der Abb. 150.5. die regulative Wirkung der Nützlinge auf die Schädlingspopulation.

A 151.2. Durch welche Maßnahmen könnten Nützlinge im Garten besonders gefördert werden?

Argumente für den Naturschutz
(Aus BUND-Information 2: „Aktiver Naturschutz“)

„1. Der Mensch ist in seiner Ernährung vollständig auf Pflanzen und Tiere angewiesen. Dabei spielen aus Wildpflanzen und Wildtieren gezüchtete Formen eine entscheidende Rolle. Aber auch freilebende Pflanzen und Tiere sind für die Ernährung nach wie vor wichtig. So deckt Japan etwa die Hälfte seines Eiweißbedarfes aus Meeresfischen.

2. Etwa 50% der in unseren Apotheken geführten Arzneimittel beruhen auf Wirkstoffen, die aus Pflanzen gewonnen werden. Der Pilz Penicillium notatum war vor der Entdeckung des Wirkstoffes Penicillin nur ein lästiger Schimmelpilz. Seitdem hat er vielen Menschen das Leben gerettet. Jede ausgestorbene Pflanzenart fällt als zukünftiger Wirkstofflieferant aus.

3. Pflanzen und Tiere sind wichtige Rohstoffe, z. B. Bäume für Baustoffe und Papier, Tiere für die Lederherstellung. Fossile Energieträger stehen nur noch begrenzt als Rohstoffe zur Verfügung. Deshalb werden die nächsten Generationen wieder mehr als jetzt von dem abhängen, was nachwächst. Jede ausgestorbene Pflanzen- und Tierart fällt als zukünftiger Rohstofflieferant aus.

4. Vögel, Fische und Pflanzen haben uns als hochempfindliche Giftanzeiger auf Umweltverseuchungen aufmerksam gemacht, die der Mensch zu seinem eigenen Schaden sonst zu spät bemerkt hätte. Auf diese Weise wurden viele Menschen vor Quecksilber-, DDT- und PCB-Vergiftungen bewahrt. Ausgestorbene Pflanzen- und Tierarten können auf zukünftige Umweltbelastungen nicht aufmerksam machen. Mit jeder ausgestorbenen Art wächst die Gefahr der unerkannten Umweltbelastung.

5. Je vielseitiger die Lebensbedingungen in einer Landschaft sind, um so mehr Arten freilebender Pflanzen kommen dort vor. Dadurch wird die Stabilität erreicht, die allen Arten zugute kommt. Sterben Arten aus, die vorher in Konkurrenz mit anderen Arten gelebt hatten, vermehren sich die überlebenden Arten oft explosionsartig. Auf diese Weise entstehen große wirtschaftliche Schäden.“

8.4. Naturschutz

8.4.1. Artenrückgang – Rote Liste

Der Seeadler, einst in vielen Teilen Norddeutschlands als Brutvogel anzutreffende Adlerart, ist vom Aussterben bedroht. Das Wappentier der Bundesrepublik Deutschland brütete 1983 nur noch in Schleswig-Holstein in drei Paaren, die insgesamt drei Jungvögel großzogen. Umfangreiche Schutzmaßnahmen wie Bewachung der Horste während der Brutzeit, Aufkaufen und Sperrung der Gewässer, die ihnen als Jagdgebiet dienen, sollen sie vor dem Aussterben bewahren. Neben der Zerstörung der Lebensräume haben Umweltchemikalien zum Rückgang beigetragen. Rückstandsuntersuchungen an Eiern und an Geweben toter Vögel ergaben u. a. DDE, ein giftiges Abbauprodukt des DDT, Hexachlorbenzol (HCB), ein Herbizid und Fungizid und polychlorierte Biphenyle (PCB), wie sie in der Kunststoffindustrie benutzt werden. Absterbende Embryonen in den Eiern und Unfruchtbarkeit der erwachsenen Vögel werden ursächlich mit diesen Rückständen in Zusammenhang gebracht. Der Seeadler ist ein Beispiel für viele bedrohte Tierarten in der BR Deutschland.
Wissenschaftler haben eine Bestandsaufnahme der gegenwärtig in der BR Deutschland vorkommenden Pflanzen- und Tierarten durchgeführt, um Art und Ausmaß der Gefährdung zu ermitteln. Die gefährdeten Arten hat man in sogenannten **„Roten Listen“**, nach fünf Gefährdungskategorien eingeteilt, zusammengestellt. Die **ausgestorbenen** oder **verschollenen Arten** bilden die erste Kategorie. Es handelt sich um Arten, die nachweisbar ausgestorben oder die früher in der BR Deutschland vorgekommen sind und seit mehr als zehn Jahren nicht mehr nachgewiesen wurden. Unter den Säugetieren gehören z. B. Auerochs, Braunbär, Elch, europäischer Nerz und Wisent dazu. Es folgen die vom **Aussterben bedrohten Arten.** Hierzu werden alle Arten gerechnet, deren Bestand auf eine kritische Größe zurückgegangen ist. Baumschläfer, Biber, Birkenmaus, einige Fledermausarten, Otter und Luchs müssen unter den Säugetieren als Beispiele angeführt werden. Die dritte Gefährdungskategorie umfaßt die **stark gefährdeten Arten,** deren Bestände in nahezu der gesamten BR Deutschland signifikant zurückgehen. Verschiedene Fledermausarten, Gartenschläfer, Seehund und Wildkatze sind als Beispiele unter den Säugetieren zu nennen. Zu den **gefährdeten Arten** gehören solche, deren Bestände regional niedrig sind, lokal zurückgehen oder

an manchen Orten verschwunden sind. Bei den Säugetieren gehören z. B. Brandmaus, Dachs, Iltis, Haselmaus und Siebenschläfer zu solchen gefährdeten Arten. Die **potentiell gefährdeten Arten** bilden die letzte Gefährdungskategorie. Es sind Arten, die auf wenige Vorkommen räumlich und zahlenmäßig begrenzt sind. Unter den Säugetieren werden Alpenschneehase, Alpenspitzmaus, Murmeltier und Schneemaus als potentiell gefährdet eingestuft.
Von den 45000–50000 Tierarten der Bundesrepublik wurden 1981 5000, also zehn Prozent, in den „Roten Listen" ausgewiesen. Von den 2350 Blütenpflanzen führte die Rote Liste 822, also über dreißig Prozent, als gefährdet auf. In der Bundesrepublik Deutschland werden nach Schätzungen die Hälfte aller Tierarten und ein Drittel aller Pflanzenarten, die 1981 noch existierten, das Jahr 2000 nicht mehr erleben.
Die „Roten Listen" sollen Öffentlichkeit, Politiker und Behörden über den aktuellen Stand der Gefährdung unserer Fauna und Flora informieren und Grundlagen für Artenschutzprogramme liefern.

Die Ursachen für den Rückgang der Arten sind mannigfaltiger Natur. Wenn heute z. B. jede zweite Schmetterlingsart ausgestorben oder vom Aussterben bedroht ist, so liegt es daran, daß sich die Lebensbedingungen zu ihren Ungunsten verändert haben. Wird z. B. auf den bewirtschafteten Wiesen durch Stickstoffdüngung das Wachstum der Gräser besonders gefördert, so kann die Wiese früher als normal zur Heugewinnung gemäht werden. Viele Blütenpflanzen kommen auf solchen Wiesen erst gar nicht zum Blühen, so daß ihr Bestand bedroht wird. Selbst wenn die Schmetterlingsraupen auf solchen Wiesen noch Futter finden, so sind die ausgeschlüpften Falter, die auf den Nektar der Blüten angewiesen sind, vom Hungertod bedroht. Gerade solche Arten, die auf einige oder wenige Futterpflanzen spezialisiert sind, werden in ihrem Bestand gefährdet. Würde man z. B. die Brennessel ausrotten, so würden sechs Schmetterlingsarten, deren Raupen ausschließlich von der Brennessel leben, aussterben. 24 weitere Schmetterlingsarten, die nur teilweise auf die Brennnessel als Futterpflanze angewiesen sind, wären möglicherweise vom Aussterben bedroht. Man kann davon ausgehen, daß das Verschwinden einer Wildkrautart das Aussterben von etwa zehn Kleintierarten nach sich zieht. Von den häufigsten hundert Ackerwildkräutern leben 1200 verschiedene Tierarten. So bildet die Quecke die Ernährungsbasis für 57, die Ackerdistel für 80, das Kreuzkraut für 76 und der Vogelknöterich für 40 verschiedene Tierarten.

	Gefährdete Arten Anzahl	%
1. Landwirtschaft – Flurbereinigung allgemein	339	58,3
– davon: Intensivierung des Ackerbaus	73	12,6
Intensivierung der Grünlandnutzung	139	23,9
Intensivierung der Sonderkulturen	14	2,4
2. Tourismus und Erholung	112	19,3
3. Rohstoffgewinnung und Kleintagebau	106	18,2
4. Städtisch-industrielle Nutzung	99	17,0
5. Wasserwirtschaft	92	15,8
6. Forstwirtschaft und Jagd	84	14,5
7. Abfall- und Abwasserbeseitigung	67	11,5
8. Teichwirtschaft	37	6,4
9. Militär	32	5,5
10. Verkehr und Transport	19	3,3
11. Wissenschaft	7	1,2

153.1. Verursacher des Artenrückganges. Es wurden 581 gefährdete Gefäßpflanzen untersucht. Da die Bedrohung jeweils von verschiedenen Verursachern ausgeht, treten viele Mehrfachnennungen auf.

A 153.2. Stellen Sie jeweils die Eingriffe zusammen, durch die die oben genannten Verursacher den Artenrückgang bewirkt haben.

153.3. Schmetterlingsraupen, die nur von der Brennessel leben

A 154.1. Stellen Sie Argumente der Landwirtschaft für Flurbereinigungsmaßnahmen zusammen.

A 154.2. Welche ökologischen Veränderungen sind durch Flurbereinigungsmaßnahmen aufgetreten (s. Abb. 154.5.).

A 154.3. Begründen Sie das Verschwinden einiger Arten und das Überleben anderer Arten nach den Flurbereinigungsmaßnahmen.

A 154.4. Machen Sie Vorschläge, wie die Nutzungsansprüche der Landwirtschaft auf der einen Seite und die des Naturschutzes auf der anderen Seite aufeinander abgestimmt werden könnten.

8.4.2. Biotopschutz und Rekultivierung

Noch vor 40 Jahren waren die landwirtschaftlich genutzten Flächen durch Kleinstbiotope wie Weg-, Ackerraine, kleine Naßflächen, Quellflüsse, Tümpel, Einzelbäume, Gebüsche, Hecken oder Feldgehölze gegliedert. Allein an die 600 Farn- und Blütenpflanzen und mehrere tausend Tierarten kamen auf den so genutzten Kulturflächen vor. Viele dieser Lebensräume sind Flurbereinigungsmaßnahmen der Landwirtschaft zum Opfer gefallen. Es wurden große landwirtschaftliche Nutzflächen für Monokulturen geschaffen, die mit geringem personellen Aufwand maschinell bearbeitet werden konnten. Diese Maßnahmen führten zu einer Ausräumung der Landschaft durch die Beseitigung der ökologisch vernetzten Saumbiotope. Dadurch sind in hohem Maße

154.5. Flurbereinigungsmaßnahmen und ihre Folgen für die Tierwelt

ökologische Rückzugsgebiete und ökologische Nischen zerstört worden. Als Folge sind heute über 300 Farn- und Blütenpflanzen in ihrem Bestand auf diesen Flächen gefährdet. Neben einer Verarmung der Arten- und Biotopvielfalt kam es zu einer verringerten ökologischen Stabilität und einer vergrößerten Schädlingsanfälligkeit der landwirtschaftlichen Flächen, die etwa 54% der Bundesrepublik Deutschland ausmachen. Will man die in Lebensgemeinschaften eingebundenen und mit ihren Lebensräumen vernetzten Lebewesen erhalten, so muß man die Biotope schützen und wiederherstellen. Artenschutz ist ohne Biotopschutz nicht möglich.
Die Ökologen fordern, daß die Agrarlandschaft mit einem Netz von aktiven Ökozellen, die miteinander in Verbindung stehen müssen, überzogen werden. Um diese Forderungen zu verwirklichen, wäre es nötig, 10% der Agrarfläche aus der Intensivbewirtschaftung auszugliedern und diese Flächen weder mit Pestiziden noch mit Düngern zu behandeln.

Ein Beispiel, wie unvermeidbare Eingriffe in die Landschaft durch **Rekultivierungsmaßnahmen** weitgehend wieder ausgeglichen werden können, stellt das Rheinische Braunkohlerevier dar. Hier wurden nach Abbau der Braunkohle im Tagebau durch gezielte Pflegemaßnahmen neue Wald- und Wasserbiotope geschaffen. Eine zweite Möglichkeit besteht darin, daß man solche Gebiete sich selbst überläßt. Durch die **Renaturierungsvorgänge** durchlaufen solche Flächen natürliche Sukzessionen. Kies-, Sand- und Tongruben gehören neben den Braunkohlelagerstätten zu den Landschaftsteilen, die durch Rekultivierungsmaßnahmen des Menschen oder durch Renaturierungsvorgänge ohne den Menschen zu neuen Lebensräumen für gefährdete Tiere und Pflanzen umgewandelt werden können.

Vor- und Nachteile der Hecken

Hecken
- bilden Wind-, Erosions- und Immissionsschutz,
- bieten bis zu 30 Strauch-, 12 Baum- und über 100 Pflanzenarten der Krautschicht Lebensraum,
- stellen ebenso für über 1200 Tierarten, unter ihnen 36 Vogel-, 20 Säugetier- und 110 Schlupfwespenarten den Lebensraum,
- werden von artenreichen Lebensgemeinschaften besiedelt, in denen die einzelnen Arten sich gegenseitig durch Rückkopplungsmechanismen im Bestand regulieren, so daß Schädlinge nicht überhand nehmen können,
- gliedern die Landschaft und erhöhen so ihren Erholungswert,
- beanspruchen Raum, der der landwirtschaftlichen Nutzung entgeht,
- beschatten die angrenzenden Felder,
- behindern den Einsatz landwirtschaftlicher Großmaschinen.

A 155.2. Bewerten Sie unter Einbeziehung der Abb. 154.5., 155.1. und 155.5. die geschilderten Vor- und Nachteile aus der Sicht des Landwirts und aus der Sicht des Ökologen.

A 155.3. Machen Sie Vorschläge, wie ökonomische und ökologische Interessen aufeinander abgestimmt werden können.

A 155.4. Berichten Sie über weitere Rekultivierungsmaßnahmen, wie sie z. B. von den Naturschutzverbänden an Mooren und Fließgewässern durchgeführt werden.

155.1. Durch Hecken gegliederte Landschaft

155.5. Ausgeräumte Landschaft

Bundesnaturschutzgesetz vom 20. 12. 1976

§ 1 Ziele des Naturschutzes und der Landschaftspflege

(1) Natur und Landschaft sind im besiedelten und unbesiedelten Bereich so zu schützen, zu pflegen und zu entwickeln, daß
1. die Leistungsfähigkeit des Naturhaushalts,
2. die Nutzungsfähigkeit der Naturgüter,
3. die Pflanzen- und Tierwelt sowie
4. die Vielfalt, Eigenart und Schönheit von Natur und Landschaft

als Lebensgrundlagen des Menschen und als Voraussetzung für seine Erholung in Natur und Landschaft nachhaltig gesichert sind.

(3) Der ordnungsgemäßen Land- und Forstwirtschaft kommt für die Erhaltung der Kultur- und Erholungslandschaft eine zentrale Bedeutung zu; sie dient in der Regel den Zielen dieses Gesetzes.

§ 2 Grundsätze des Naturschutzes und der Landschaftspflege

(1) Die Ziele des Naturschutzes und der Landschaftspflege sind insbesondere nach Maßgabe folgender Grundsätze zu verwirklichen, soweit es im Einzelfall zur Verwirklichung erforderlich, möglich und unter Abwägung aller Anforderungen nach § 1 Abs. 2 angemessen ist:

1. Die Leistungsfähigkeit des Naturhaushalts ist zu erhalten und zu verbessern; Beeinträchtigungen sind zu unterlassen oder auszugleichen.
3. Die Naturgüter sind, soweit sie sich nicht erneuern, sparsam zu nutzen; der Verbrauch der sich erneuernden Naturgüter ist so zu steuern, daß sie nachhaltig zur Verfügung stehen.
4. Boden ist zu erhalten; ein Verlust seiner natürlichen Fruchtbarkeit ist zu vermeiden.
6. Wasserflächen sind auch durch Maßnahmen des Naturschutzes und der Landschaftspflege zu erhalten und zu vermehren; Gewässer sind vor Verunreinigungen zu schützen, ihre natürliche Selbstreinigungskraft ist zu erhalten oder wiederherzustellen; nach Möglichkeit ist ein rein technischer Ausbau von Gewässern zu vermeiden und durch biologische Wasserbaumaßnahmen zu ersetzen.
9. Die Vegetation ist im Rahmen einer ordnungsgemäßen Nutzung zu sichern, dies gilt insbesondere für Wald, sonstige geschlossene Pflanzendecken und die Ufervegetation; unbebaute Flächen, deren Pflanzendecke beseitigt worden ist, sind wieder standortgerecht zu begrünen.
10. Wildwachsende Pflanzen und wildlebende Tiere sind als Teil des Naturhaushalts zu schützen und zu pflegen.

8.4.3. Naturschutzgesetze – Naturschutzgebiete

Der Naturschutz bemüht sich, gewachsene Landschaften und Landschaftselemente als intakte Lebensräume von Pflanzen und Tieren zu erhalten. Naturschutz will aber auch die Vielfalt der Natur als Lebensgrundlage des Menschen schützen und bewahren, Naturschutz muß dabei nicht nur die ökologischen Zusammenhänge in der Natur, sondern auch die konkurrierenden Nutzungsansprüche des Menschen berücksichtigen.

Das **Bundesnaturschutzgesetz** von 1976 bildet als Rahmengesetz des Bundes die gemeinsame rechtliche Basis für den Naturschutz in den Bundesländern. Diese haben auf der Grundlage des Rahmengesetzes Vorschriften erlassen, die den Naturschutz in ihrem jeweiligen Bundesland regeln. Aufgrund dieser Vorschriften sind in den Ländern zum Schutz von Natur und Landschaft Naturschutzgebiete, Nationalparks, Landschaftsschutzgebiete und Naturparks geschaffen worden.

Naturschutzgebiete unterliegen den schärfsten Schutzbestimmungen. In ihnen soll das Ökosystem in seiner Ganzheit geschützt werden. In einem Naturschutzgebiet sind alle Handlungen, die zu einer Zerstörung, Beschädigung oder Veränderung des geschützten Lebensraumes oder seiner Bestandteile führen können, verboten.

Einen ähnlich starken Schutz erhalten sogenannte **Naturdenkmäler.** Es handelt sich hierbei um besondere Formen oder Einzelbildungen der Natur von erdgeschichtlicher (z. B. Felsen, Quellen, geologische Aufschlüsse) oder biologischer Art (alte Einzelbäume oder Baumgruppen). Ebenso können weniger als 5 ha große Flächen (Moore, Laich- und Brutgebiete) als Naturdenkmäler geschützt werden. Ferner erlaubt es das Gesetz, Hecken oder Baumbestände als **geschützte Landschaftsbestandteile** auszuweisen.

Auch die **Nationalparks** wie der Bayerische Wald (13000 ha), der Alpenpark Berchtesgaden (20400 ha), der Nationalpark Wattenmeer Niedersachsen (200000 ha) und der Nationalpark Wattenmeer Schleswig-Holstein (270000 ha) dienen als weiträumige Gebiete der Erhaltung eines möglichst artenreichen heimischen Pflanzen- und Tierbestandes. Touristische Erschließung mit entsprechenden Einrichtungen schränken die Schutzfunktion der Nationalparks vielfach ein.

Landschaftsschutzgebiete sind Räume, die für die Erhaltung oder Wiederherstellung der Leistungsfähigkeit des Naturhaushaltes, wegen der Vielfalt, Eigenart oder Schönheit des Landschaftsbildes oder wegen der besonderen Bedeutung für die Erholung geschützt sind. Eine planmäßige, den natürlichen Verhältnissen angepaßte Entwicklung und die ordnungsgemäße land-, forst- und fischereiwirtschaftliche Nutzung kann weiter betrieben werden.

Naturparks sind großräumige Gebiete, überwiegend Landschafts- und Naturschutzgebiete, die nach den Grundsätzen und Zielen der Raumordnung und Landesplanung für die Erholung oder den Fremdenverkehr vorgesehen sind.

Selbst die nach dem Gesetz am stärksten geschützten Naturschutzgebiete genießen keinen Vollschutz, da sie vielfach aufgrund der Landwirtschaftsklausel einer land- und forstwirtschaftlichen, einer jagd- oder fischereilichen Nutzung unterliegen. Ausnahmen machen nur die Naturschutzgebiete, die der öffentlichen Hand oder Naturschutzverbänden gehören. Viele Naturschutzgebiete liegen als isolierte Inseln ohne Pufferzonen in unmittelbarer Nachbarschaft von intensiv genutzten und belasteten Gebieten. Hinzu kommt, daß etwa 50% der Naturschutzgebiete durch Freizeitaktivitäten in Anspruch genommen werden. Die geschilderten Belastungen haben dazu geführt, daß sie ihre eigentliche Aufgabe, nämlich Schutz und Erhaltung von Lebensräumen gefährdeter Tier- und Pflanzenarten, nicht mehr erfüllen können.

Die Ökologen fordern deshalb, ein **integriertes Schutzgebietssystem** aufzubauen. Geschützte Landschaftsteile wie Baumreihen, Feldhecken oder andere Saumbiotope könnten die Schutzgebiete untereinander verknüpfen. Damit würde ein Verbundsystem im Sinne einer Vernetzung entstehen, so daß die nachteiligen Isolationseffekte zumindest stark gemindert werden. Nach Schätzungen der Ökologen wären zur Erreichung dieses Zieles etwa 8–12% des Bundesgebietes nötig.

Der Naturschutz wird auch in Zukunft im Zielkonflikt mit den vielfältigen Nutzungsansprüchen der Gesellschaft stehen. Vielleicht kann der Zielkonflikt dadurch abgebaut werden, daß sich der Mensch stärker darauf besinnt, daß er seiner Geschichte und seiner Entwicklung nach ein Glied der Natur ist, aus der er nicht ohne Schaden ausbrechen kann. Sein ökologisches und ökonomisches Handeln müßte davon bestimmt werden, die notwendigen natürlichen Grundlagen nicht zu zerstören, sondern geeignete Lebensräume für die Zukunft sicherzustellen und zu entwickeln. Ebenso müßten vorhandene Umweltschäden – soweit möglich – behoben werden.

Auszüge aus dem Abschlußbericht der Projektgruppe „Aktionsprogramm Ökologie"
(Umweltbrief Nr. 29, Herausgeber: Der Bundesminister des Innern)

„Nutzungskonflikte erfordern Abwägung und Kompromisse, die ein Nebeneinander von Arten- und Biotopschutz einerseits und der Wirtschaft andererseits ermöglichen. Eine solche Abwägung findet kaum statt, und die wirtschaftliche Nutzung der Natur hat in der Bundesrepublik Deutschland in aller Regel Vorrang. Für den Arten- und Biotopschutz bleiben nur unzureichende Restflächen übrig, er ist zum ‚Resteverwerter' geworden."

„Natürlich ist es notwendig, bestimmte Anteile des nutzbaren Raumes für wirtschaftliche Interessen zur Verfügung zu haben. Selbst die daraus resultierende Verdrängung von Arten ist ethisch neutral, solange sie der Befriedigung menschlicher Grundbedürfnisse dient, nicht aber, wie heute so oft, der Überproduktion und der Ermöglichung eines Luxuskonsums. Die Lebensraumvernichtung von Tier- und Pflanzenarten aus solchen allein am Egoismus des Menschen orientierten Gründen ist nicht nur ethisch verwerflich, sondern auch auf Dauer dem Menschen schädlich, weil seine Überlebensgrundlagen dadurch beeinträchtigt werden."

„Es ist uns unverständlich, warum seitens der Politik immer neue Beweise von Ökologen für eindeutig sich abzeichnende Fehlentwicklungen gefordert werden; weshalb längst überfällige Entscheidungen wieder und wieder wissenschaftlich durch immer neue Sachverständigengutachten abgesichert werden müssen. Der Verdacht ist unabweisbar, daß von nicht wenigen einflußreichen Politikern die Arbeit der Wissenschaftler für eine Strategie des Nichtstuns mißbraucht wird."

A 157.1. Diskutieren Sie die gesellschaftlichen Durchsetzungsmöglichkeiten des ökologischen Naturschutzes. Beziehen Sie Ihre eigenen Lebensumstände und Lebensansprüche mit ein.

A 157.2. Erkundigen Sie sich nach Aktivitäten der traditionellen Naturschutzorganisationen und solchen von „Greenpeace" und „Robin Wood". Führen Sie eine kritische Bewertung dieser Aktionen durch.

Register

*Fette Seitenzahlen weisen auf ausführliche Behandlung im Text hin; ein * hinter den Seitenzahlen verweist außerdem auf Abbildungen; f. = die folgende Seite; ff. = die folgenden Seiten.*

A
Abbau-Stoffwechsel **66**
Abbauvorgänge **108***
Abfall 71 f., **146** f.
Absorption 65
Absorptionskurve **60***
Abwasser 9*, 140, **132** f.
Abwehrmechanismen **33**
Abwehrstoffe (Repellents) **33**, 151
Acetyl-Coenzym A **68**
Adenosintriphosphat (ATP) **56** f., 61, 63*, 65 f., 68*, 69*
ADI-Wert **145**, 148 f.
Agrarlandschaft **10**
Algen 74, 106*, 107, 110, 111*, 120, 128 f., 133
Alkoholische Gärung **67, 70**
ALLENsche Regel **18***
Allesfresser 13
Allelopathie **32**
Alterspyramide **47***
Aluminiumionen **86**, 87*, 142
Angriffsmimikry **41**
Anonymer Verband **31**
Anregungszustand 60
Antennenmolekül 60, 65
Äquator, thermischer 15
Archaebakterien **14**
Artenarmut 80, 103
Artenmächtigkeit **80**
Artenreichtum 80, 103
Artenrückgang **153**
Artenverlust **77**
Atmosphäre 6*, **7**, 24, 27, 43, **72** f., 82, 100
Atmung **68, 70**, 74*, 102
Atmungsintensität 70
Atmungskette **69***
Auenwald 9*, **96***
Aufforstung 77, 79, 82
Ausstrahlung 15*
Autökologie **7**
Autolyse **108**

B
Bachbereich **90**, 91* f.
Bachforelle 91*, **92***, **95**
Bacteroid **43***
Bakterien 44, 73, 86, 93, 95, 102, 107 f., 113, 133
Bakterienkultur 44 f.
Bakterienrhodopsin **56**
Barbe **95**
Baumgrenze 20*
Baumschicht **78**
Benthal **102***
BERGMANNsche Regel **18***
Bergwald **82**
BERLESE-Apparatur 141*
Bestandeszuwachs 74*
Beute **33**
Bevölkerungsentwicklung **46***
Bilharziose **38**
Bioindikator **138**
Biologisches Gleichgewicht **49**, 107
Biomasse **53** ff., 64, 67, **71**, 74, 79, 106
Biomassenverlust 76
Biomassepyramide **75***
Biosphäre 6*, 21, 46, 56, 63, 72 f.
Biotop 7, **55**, 92, 103*, 154 f.
Biozönose **7**, 32, **55**, 95, 103, 106, 110
Blattpigment 58, 60
Blattschneiderameisen **41***
Blütenbestäubung **42**
Boden 77, **140** ff.
Brandrodung **77**
Brennessel 33*
Brennstoff, fossiler 72* f.
Brenztraubensäure **66**
Brutfürsorge **37**
Bruttoprimärproduktion **74**, 109
Buche **30**, 64*, 78, **84***, 88*, **89**, 143*
Buchenwald 71, 74*, **78, 80** f., 143*
Buttersäure-Gärung **67**

C
C-Autotrophie **56**
CALVIN-Zyklus **62**, 64 f.
Carnivore 55
Carotine 58*
Cellulosevergärung 67
Celluloseverdauung 41
Cercarie (Gabelschwanzlarve) 38*
Chemoautotrophie **65**
Chemoheterotrophie **66***
Chemosynthese **65**, 74
C-heterotroph **66**
Chlorophyll 58*, **60**
Chloroplast 60, **62***, 86
Chromatogramm **58***
Citronensäure 68
Citronensäure-Zyklus **68**
Coenzym **57**, 61, 65, 67 ff.
C_3-Pflanze **64**
C_4-Pflanze **64***
C_4-Verbindung **64**

D
DDT **148** f., 152
Deckungsgrad **80**
Denitrifikation 73*
Detritus **107**
Destruent **55** f., 106 ff., 141
dichteabhängige Faktoren **48** f.
Dichteanomalie **104**
dichteunabhängige Faktoren **47**, 49
Dioxine **147**, 149
Dissimilation **66** ff., 72*
Dreifelderwirtschaft **10**
Druckpotential 26
Dunkelreaktion **62**
Durchlaßzelle 27 f.*

E
Eigenfeuchte Pflanze **26**
Einnischung **50*** ff., 76
Eintagsfliegenlarven 92 f., 115*, **118***
Elektronenakzeptor 61
Elektronenfluß 69*
Elektronentransport **61***, 69
Elektronentransportkette **61***, 69
Endkonsument 71*
Endodermis 27, 28*
Endosymbiont 43
Endoxidation **68** f.
Energiebedarf 66, 68
Energiediagramm **57***
Energieerhaltungssatz **71**
Energiefluß **71** f., 74 f.
Energieniveau 60
Energiepyramide **75***
Energietransfer 71
Energieumwandlung **60**
Energiewechsel **57**
Entropie **71**
Entropiesatz **71**
Entwicklungsphase 47
Enzym **57**, 112
Enzym-Substrat-Komplex **57**
Epidermis 28*
Epilimnion **102**, 105
Epiphyt **76**
Escherichia coli **121**
Eskimohund **18***
Eutrophierung **110** f.
Evolution 66, 68

F
$FADH_2$ **69**
Feldwirtschaft 8*
Ferntransport **27**, 28*
Feuchtlufttier **24** f.*
Feuchtpflanze **29***
Fichte 47*, **79, 84*, 88*** f., 143*
Fichtenforst **79***
Flechten **42, 138***
Fließgewässer **90** ff., 111, 155
Fließgleichgewicht **55**
Flurbereinigung 11, **143, 154**
Fließbereich **90**, 91*, 93
Forstwirtschaft **79**
Fortpflanzungsphase 47
Freßaktivität 53
Fruchtfolge **10***
Fruchtwechselwirtschaft 10
Fuchs **18***

G
Gallen **39***
Gärung **66** f.
Gasspürgerät 85*
Geburtenrate **45**
Gedrängefaktor 49
Generationswechsel 39
Genpool **44**, 77
Gewässergüte **114** ff., **128** f.
Gleichwarmes Tier **16** ff.
Grundwasser 24*, 82, 95 f., **130*** f.
Global 2000 **46**, 77
Globalstrahlung 14, 71*
Glycerinaldehyd-3-phosphat 63
Glykolyse **66***, 68
Groppe **94**
Gründüngung **43**

H
HAECKEL, ERNST **7**
Haftwasser 24*
Hainsimsen-Buchenwald **80**
Halbschattenpflanze **23**
Hallenwald **80***
Halobakterien **56**
Hamster **17***
Hartholzaue **96**
Hecke **155***
Heterotrophie **56**
Hitzeschädigung 65
Hitzetod **16***, 25
Hochwaldgrenze 20*
Höhenstufen **20***
Holzproduktion 79
Humus 77, **140**, 149
Hydrosphäre **6*** f.
hyperosmotisch 25
Hypolimnion **102**, 105
hypoosmotisch 25
Hyperparasitismus **36**

I
Indigokarmin-Methode **59**
Industrialisierung **11**
Interspezifische Beziehung **31** f., 40
Interzellularraum 28*
Intraspezifische Beziehung **31**, 49
isosmotisch 25

J
Juvenilhormon 33

K
Kahmhaut 32
Kälteresistenz **14**, 16, 20
Kältestarre **16***
Kältetod **16***
Kamel **25**
Katalase 57*
Katalysator 57*, **139***
Kiemendeckelfrequenz 19
Kindersterblichkeit 46
Klärwerk **99**, 132*

Knöllchenbakterien **43**
Köcherfliegenlarven 92f., 115*, **118***
Koevolution 37, 41
Kohlenstoffdioxid **72**f., 108
– Gehalt 72*
– Konzentration 65*
– Problem **73**
– Produktion 70
Kohlenstoffkreislauf **72***f.
Kohlenstoffspeicher 72
Kohlenstoffvorräte **73**
Kohlenwasserstoffe 95, 98*, 100, 130, 137, 146
Kompensationspunkt 23
Konkurrenz 30, **32**, 152
Konkurrenzausschluß **32**
Konkurrenzvermeidung **32**, 39
Konsument **53, 55**f., 66, 72, **106**, 108
Korallenriff 40
Krautschicht **78**
Krebs 136f.*
Kreislaufprozeß **72**
Kronenschicht 79
Kulturlandschaft **10**
Kulturpflanze 20
Kulturversuch **32***
Kurztagpflanze **23***
Kutikula 22, 26, 28*

L
Läusefleckfieber 36
Landschaftsschutzgebiet **156**
Landwirtschaft 11*, 20, 43, 82, 143, 154
Langtagpflanze **23***
Laufvögel 51*
Lebensgemeinschaft 7, **55**, 71
Lebensraum **55**, 95f., 97, 102, 112f., 140, 157
Leghämoglobin 43
Leitbündel 27f.*, 64
Leitbündelscheidenzelle **64***
Leitorganismen **116**ff.
Leuchtkäfer 31*, 35
Lichtabsorption 58*, **60**
Lichtbauchreflex **21**
Lichtenergie 60
Lichtgenuß **22**f., 78, **81**
Lichtintensität 21*f., 64f.
Lichtreaktion **60**f., 63
Lichtsättigung 64
Lithosphäre 6*, **7**
Litoral 102*f.
Lockstoff (Pheromon)) 31, 150
Luchs 48*
Luftfeuchte 24
Luftverschmutzung 73, **134**ff.
L_{D50}-Wert 99, **148**

M
Mais 64*
Malaria **37**
Massenwechsel **49**
Matrix 68*
Maximum **12**, 13*
MEADOWS **46**
Menschenlaus 36*
Mesophyllzelle **64***
Milchsäure-Gärung **66**f.
Mimikry (Scheinwarntracht) **34***f.
Mineralisierer **55**
Mineralisierung **108**, 110, **140**
Minimum **12**, 13*
Miracidium (Wimperlarve) 38*
Mitochondrium **68***
Monokultur **82, 148, 154**
Moor **112**f., 113*, 155f.
Moosschicht **78**
Mungo **49**
Mykorrhiza 32
Mykose 37

N
NAD^+ 65, 66f.*, 69
$NADP^+$ **61**, 63*, 69*
Nachahmer **35***, 40
Nachahmungstracht (Mimese) **34***
Nachtschwärmerblume 42*
Nadelholz 79
Nadelholzkultur 9*
Nährschicht **102***, 112
Nahrungskette **53**, 71, 75, 100, 106f., 109, 142, 149
Nahrungskonkurrenz 50
Nahrungsmittelbelastung **144**f.
Nahrungsmittelproduktion 46
Nahrungsnetz **54, 107***
Nahrungspyramide **106**
Nahrungsspezialist 13, 33
Nahrungsstufe 71
Nakuru-See **52**ff.
Nationalpark **156**
Natronsee 52
Naturlandschaft **10**
Naturpark **157**
Naturschutz **153**ff.
Naturschutzgebiet **156**f.
Naturverjüngung 78
Naturwald **78**
N-autotroph 73
Nettophotosynthese 64
Nettoprimärproduktion **74***
N_2-Fixierung **73***
Nische **50**f.
– ökologische **50**, 155
– reale **51**
Nistplatz 11*
Nitrate 73, 86, 98*, 108*, 110*f., 128, 129*, 133, 144
Nitrifikation 73*
Nitrogenase 43
Nitrosamine **144***
Nordseeverschmutzung **100**, 101*
Nutznießertum, einseitiges **40**

O
Ökologie **7**
Ökosystem 7, 44, 52, **55, 71, 74**f., **78, 96**, 106f., 109, 112, **140**
Optimum **12**, 13*
– autökologisches **30**
– synökologisches **30**
Orchideen-Buchenwald **80**
Organismus, chemotropher **56***
Osmose 26
Osmoregulation **25**
Osmotisches Potential 26
Oxalessigsäure 64
Ozon **86**, 135f., **137***

P
Palisadenparenchym 64*
Papierfaktor **33**
Paramecium **32***
Parasit **36**f., 39, 74, 86, 87*
Parasitenkette 75
Parasit-Wirt-Beziehung **36**f.
Parasitoid (Raubparasit) **37**
Pärchenegel **38***
Pelagial **102**
Perlgras-Buchenwald **80**
Pestizide 11, 144, **148***ff.
Pflanzenfresser 51*, 55
Pflanzenkrankheiten **37**
Pflanzenschutz **151**
Phosphate **108**f., **110***f., 128, 129*, 133, 135
3-Phosphoglycerinsäure 63
Photolyse **61**
Photoperiode **23**
Photophosphorylierung **61**
Photosynthese 21, 23, 42, 53, **56**ff., 61, **63**, 72*, 73f., 76, 78, 86, 87*, 102
Photosyntheserate 65
Photosystem **60***f.
Pigment, akzessorisches **60**
Pigmentsystem **60**
Pionierorganismus 42
Plankton 92f., 100, 103, 106, **120***, 122f., 128
Pleuston **102**
Pollendiagramm **78***
Polychlorierte Biphenyle (PCB) **100***, 144, 146, 152
Population **44**ff.
Populationsdichte 44, **47**ff.
Populationsgröße 44, 47
Populationsökologie **7**
Populationsschwankung **47***f.
Populationswachstum 44, **45***
Präferendum **12**, 13*
Primärkonsument **55***, 71*, 75*, **106**f., 109*
Primärproduktion **71**, 73, 109, 112f., 123*
Produktivität **74**, 76
Produktivitätspyramide **75**
Produzent **53, 55**f., 65, 72, 74f., **106**, 108
Pseudokrupp **136**
Putzerlippfisch **40***
Putzsymbiose **40**f.
Pyramide, ökologische **75**

Q
Quellkörper 26

R
Räuber **33**
Räuber-Beute-Beziehung **33**ff., 48, 107
Randeffekt **27**, 28*
Raubtier 51*
Reaktionsgeschwindigkeit-Temperatur-Regel (RGT-Regel) **19**
Reaktionsnorm **13**
Reaktionszentrum **60**, 65
Recycling **147**
Redoxsystem **61**, 69
Regenwald, tropischer 74*, **76***f.
Reiher **50***
Rekultivierung **97, 154**f.
Renaturierung 155
Resistenz 37, **149***
Rheinverschmutzung **98**f.
Rhizobium 43
Ribulose-1,5-bisphosphat 63
Rodung 72*
Rote Liste **152**f.
Rückkopplungsmechanismus 48
Ruhestadium 24

S
Sättigungskurve 65
Saisondimorphismus **21***
Saisonehe **31**
Salzpflanze 51
Salzsee 52
Saprobiensystem 114, **128**f.
Saprovore **55**
Saurer Regen 86
Sauerstoff 61, 63, 66, 68f., 90, 93, 105*, 109f., 110*, 112, 128, 136f.
Sauerstoffbedarf, biologischer (BSB) **125**
Sauerstoffbedarf, chemischer (CBS) **127**
Sauerstoffbestimmung **124***f.
Sauerstoffgehalt 95, 99
Sauerstoffnachweis **59***
Säuger 51*
Saugkraft 26f.
See **102**ff.
– eutropher **111**f.
– oligotropher **111**f., 128
– Zirkulationsvorgänge **104**f., 110, 123
Sekundärkonsument **55***, 71*, 75*, **106**f., 109*
Selbstregulation 55, **74**
Selbstreinigung 95, **111***
Senkwasser 24*
Seveso 147, 149
Silver Springs 75, 109
Smog **136**
Soda 52
Solarkonstante 14
Sonnenblatt 23
Sonnenpflanze **22***f., 64
Spaltöffnung **27***f.
Substratspezifität 57
Stabilität **74**
Substanzumwandlung 62
Substratabbau **66, 68**, 69*
Substratwasserstoff **66**ff.
Sukkulenz **29**
Sukzession **112**, 155
Sulfatbestimmung **126**
Symbiose **40**ff.
Synökologie **7**

Sch
Schädlingsbekämpfung **148**ff.
– biologische **150**
– chemische **148**
Schattenblatt 23
Schattenpflanze **22***f., 64
Schlafapfel 39
Schlammröhrenwurm **93**
Schließzelle 28
Schlüssel-Schloß-Prinzip **57**
Schneegrenze 20*
Schrecktracht **34***
Schutzeinrichtungen, passive **33**
Schutztracht **34***f.
Schwammparenchym 64*
Schwefeldioxid **85**f., 134*ff., 139
Schwefelwasserstoff 108*, 110*, **126**, 128
Schwermetalle 86, 87*, 139, **142***ff., 146

St

Stammholz 79
Stärke 59, 63
Stärkenachweis **59***
Steinfliegenlarven 92f., **118***
Sterberate **45**f.
Stickstoffkreislauf **73***
Stockwerkbau 22, **78**ff.
Stoffkreislauf **72**ff., **108**f.
Stoffwechsel **56**ff., 68
Strauchschicht **78**
Streß 49
Stroma 62f.

T

Temperatur **13**, 24, 90, 92, 105*, 122f.
Temperaturgang **81***
Temperaturprofil **81***
Temperaturorgel **12***
Temperaturregulation 16
Temperaturtoleranz **13**
Temperaturverhältnisse **15**, 104
Termiten **31*** 41
Tertiärkonsument 75*, **106**, 109*
Thermodynamik **71**
Tiefseefische 7
Tierfangende Pflanzen **112***
Tierfresser 55
Tierläuse 36
Tierverband **31**
Tierwanderung **49**
Toleranzbereich 12, 13*, 30
Toleranzkurve **12**, 13*, 20
Transpiration **27**f.
Transpirationssog **27**, 28*
Treibhauseffekt **73**, 77
Trinkwasser **98**f., **130**f., 131*
Trockenlufttier **24**, 25*
Trockenpflanze **29***
Thylakoid **60**ff.

U

Überlebenskurve **47**
Überlebenswahrscheinlichkeit 44
Umgebungstracht **34***
Umweltbelastung 46
Umweltfaktor Licht **21**ff.
Umweltfaktor Wärme **14**ff.
Umweltfaktor Wasser **24**ff.
Umweltfaktor Wind **30**
Umweltkapazität **45**
Umweltwiderstand **45**
Unterwuchs 78
UV-Strahlung 7, 20

V

Vegetation 72f.
Vegetationsaufnahme **80**
Vegetationsgebiet **30***
Vegetationsgürtel 20, **30**
Vegetationszonierung **22***
Verdunstungskälte 20
Verdunstungsschutz 24, 26
Vergeilung **23**
Verlandungsstadium **113**
Vermehrungsrate (Wachstumsrate) **44**ff.
Verklappung **100**
Vogelblume 42*
Vogeluhr **21**
VOLTERRA **48**
VOLTERRAsche Gesetze **48***
Vorzugsbereich **12**

W

Wachstumskurve **45***f.
Wald **78**ff.
– Bedeutung **82**f.
– naturnaher 81f.
– Schutzfunktion **82**
Waldgesellschaft **78**f.
Waldsterben 82, **84, 86**ff., 136
Wärmeabsorption 15*
Wärmereflexion 15*
Wärmeumsatz 15*
Warnmuster 34
Wasserabgabe **27**
Wasseraufnahme **26**f.
Wasserblüte **110**, 128
Wassergehalt 24
Wasserhaushalt 25*, **26**ff., 82
Wasserkapazität 26
Wasserkreislauf **24**
Wassernutzung **130**f.
Wasserpflanzen **29***, 93, 103*, 109, 113f., 128
Wasserpotential **26**f.
Wasserschutzgebiet 82
Wasserumsatz **24***
Wassertransport **27* f.**
Wasserverfügbarkeit 26, 27*, 29
Wechselfeuchte Pflanze **26**
Wechselwarmes Tier **16**ff.
Weichholzaue **96**
Weltmodell **46**
Winterruhe **17**
Winterschlaf **17***
Wirkungsfeld **51**
Wirkungsgesetz der Umweltfaktoren **30**
Wirkungsgrad 67, 69
Wirkungsspektrum **65***
Wirkungsspezifität 57
Wirtschaftswald **78**
Wirt 36, 40
Wirtsspezifität 36
Wirtswechsel 37
Wurzeldruck **27**
Wurzelhaar 26, 27*f.

X

Xanthophylle 58*, **60**

Z

Zahlenpyramide **75***
Zehrschicht **102*, 112**
Zeigerpflanze **51**
Zellatmung **68**f.
Zentralvakuole 26
Zentralzylinder 27
Zersetzer **55**
Zinseszinsformel **44**
Zuwachsrate 76
Zwergsträucher 79